DAS AFFEN-BUCH

Papa hatte für uns alle Toupets gekauft

Das Affen-Buch

HERAUSGEGEBEN
VON
THOMAS SCHAEFER UND PETER KÖHLER

ILLUSTRIERT
VON
NIKOLAUS HEIDELBACH

HAFFMANS VERLAG

DEM UNBEKANNTEN AFFEN

BIBLIOGRAPHISCHE NACH-
UND HINWEISE IM ANHANG
AM SCHLUSS DES BANDES

SÄMTLICHE
ILLUSTRATIONEN VON
NIKOLAUS HEIDELBACH

ISBN 3 251 00246 5

Bei den Affen ist es nämlich nicht
anders als bei den Menschen.

Edgar Rice Burroughs

INHALTSVERZEICHNIS

Anstelle einer Einleitung

ZOOLOGIE

NATURGESCHICHTE

PHILOSOPHIE

GESELLSCHAFT

ERZIEHUNG

GEFANGENSCHAFT

VERBRECHEN

LIEBE

KUNST

SPRACHE

ANHANG

ANSTELLE EINER EINLEITUNG

Wilhelm Busch
DAS A UND O

A

Im Ameishaufen wimmelt es,
Der Aff frißt nie Verschimmeltes.

O

Der Orang-Utang ist possirlich,
Der Ochs benimmt sich unmanierlich.

ZOOLOGIE

Alfred Brehm

HANDTHIERE ZWEITER ORDNUNG

Erste Reihe
Handthiere (Primates)

Zweite Ordnung
Die Affen (Simiae)

Die erste Ordnung der Säugethiere lehrt uns den Menschen, die zweite – seine Zerrbilder kennen.

Wagler nennt die Affen »verwandelte Menschen« und wiederholt mit diesen Worten die uralte und noch immer neue Ansicht aller Völker, welche mit diesen fratzenhaften Wesen verkehrt haben und noch verkehren.

Von den alten Völkern scheinen nur die Inder und Egypter eine gewisse Zuneigung für die Affen gezeigt zu haben. Die alten Inder erbauten ihnen, wie ihre Nachkommen es heute noch thun, tempelartige Häuser, in denen sie schalten und walten durften; die alten Egypter gruben ihre Bildnisse in den unvergänglichen Porfir ein und schufen nach ihnen die Abbilder ihrer Götter. Bei den übrigen Völkern war es anders. Salomo ließ sich Affen aus Ophir kommen, wahrscheinlich nur zu seiner Belustigung; die Römer hielten sie sich zu ihrem Vergnügen und studirten, ihren Leib zergliedernd, an ihnen den innern Bau des Menschen; sie freuten sich der drolligen Nachahmungssucht der Thiere, ließen sie wohl auch mit Raubthieren kämpfen, befreundeten sich aber nie recht mit ihnen und verkannten auch niemals das »Thier« in ihnen. Anders war und ist es bei den Arabern. Diese sahen oder sehen in den Affen geradezu Verworfene, von Allah Verdammte, welche aus verabscheuungswürdigen Menschen zu Thieren verwandelt wurden und jetzt das Bild des Teufels und des Adamssohnes in wunderlicher Vereinigung zur Schau tragen.

Wir denken nicht viel anders. Die Affen sind uns nur Zerrbilder des Menschen und belustigen uns, so lange sie sich von ihrer guten Seite zeigen: so bald sie aber ihre schlechten Eigenschaften kund geben, schleudern auch wir noch das Urtheil der Verdammniß auf sie.

Es ist beachtenswerth, daß wir blos diejenigen Affen wirklich gern haben, wirklich anmuthig finden, welche die wenigste Ähnlichkeit mit den Menschen zeigen, während uns alle diejenigen Arten, bei denen diese Ähnlichkeit schärfer hervortritt, geradezu abscheulich erscheinen. Unser Widerwille gegen die Affen begründet sich ebensowohl auf deren leibliche, wie geistige Begabungen. Sie ähneln dem Menschen hinsichtlich ihres Leibes nur oberflächlich, geistig aber blos im schlechten Sinne und nicht im guten. In der Gestalt des Menschen zeigt sich das vollendete Ebenmaß und die schönste Einhelligkeit: in der Affengestalt giebt sich meist nur widerliche Fratzenhaftigkeit kund. Ein einziger Blick auf das Knochengerüst des Menschen und das des Affen zeigt den schon in der ganzen Anlage begründeten Unterschied; noch greller aber tritt die Unähnlichkeit beider so nah verwandter Säuger hervor, wenn wir vergleichend das vollendete Bild des Menschen und das eines Orang-Utang betrachten.

Kaum eine einzige andere Säugethierordnung zeigt eine solche Mißbildung, wie die Affen; Nichts ist hier regelrecht, Nichts ebenmäßig; überall bemerkt man nur Verzerrung und Unregelmäßigkeit. »Jeder Körpertheil«, sagt Giebel, »kennzeichnet die Affengestalt. Sie verräth bisweilen einige Ähnlichkeit mit andern Thieren, z.B. in den Pavianen mit den Hunden: aber es verhält sich dabei nicht anders, als mit der vielbewunderten Menschenähnlichkeit des Orangaffen. Es ist eben nur eine ganz allgemeine und oberflächliche, welche bei näherer Vergleichung mehr und mehr verschwindet. Bei der Unregelmäßigkeit, welche den ganzen Körperbau beherrscht, dürfen wir selbstverständlich keine Übereinstimmung in der äußern Erscheinung der Affengestalten erwarten. Schon die Körpergröße spielt in ziemlich weiten Grenzen: die Orangaffen erreichen Mannesgröße, die Seidenaffen und andere nur die des Eichhörnchen. Die Paviane sind kräftig, untersetzt; ihre Körperformen sind stark und fleischig, und ihr Bauch ist stark eingezogen: bei den Orangaffen dagegen ist der Leib stark aufgetrieben und besitzt lange, dünne Gliedmaßen; bei den Klammeraffen sind Leib und Gliedmaßen gleich dünn und mager, bei einzelnen Halbaffen sogar klapperdürr. Die einen tragen ein dünnes, spärliches Haarkleid, welches die Umrisse des Körpers deutlich durchschimmern läßt; andere hüllen sich in einen kurzen, dichten, enganliegenden Pelz; noch andere bekleiden sich mit einem langen, lockern, der am Kopfe, Rumpfe oder Schwanze sogar buschige Mähnen, Quasten oder einen struppigen Bart bildet. Die Farben sind im Allgemeinen zwar düster, grau, braun, schwarz, eintönig oder gemischt, jedoch fehlt es auch nicht an bunten Zeichnungen, hervorstechenden Tönen und darunter an solchen, welche wir sonst nirgends unter den Säugethieren finden. So mischt sich meergrüne Farbe mit grauer, Weiß sticht am Kopfe scharf gegen die allgemeine schwarze Färbung ab; ja, selbst Grün, Himmelblau, Blut- und Purpurroth kommen vor, wenn auch nur an nackten, haarlosen Stellen. Die Ohren ragen frei hervor oder verstecken sich ganz im Pelze; das Gesicht ist hundsartig verlängert oder kurz und glatt; die Hände sind fünfzehig; der Schwanz fehlt oder ist mehr als körperlang.«

Die Affen haben also Nichts, was ihnen einen Anspruch auf Schönheit geben könnte, und selbst ihre Vorzüge vor andern Thieren sind nur scheinbar. So könnte man vielleicht glauben, daß sie in ihren vier Händen größere Begabungen erhalten hätten, als der Mensch, welcher nur zwei Hände besitzt: allein dem ist nicht so. Die Hand ist allerdings schon von den alten Weltweisen als dasjenige Werkzeug anerkannt worden, welches den Menschen leiblich zum Menschen macht: allein die Affenhand ist eben auch nur eine ungelungene Nachbildung der vollendeten Menschenhand. Und »nicht die Zahl gleichförmiger Werkzeuge«, sagt Oken, »sondern die Zahl der ungleichförmigen, nicht die Vielheit, sondern die Manchfaltigkeit ist die Vollkommenheit. Der Affe kann mit seinen vier Händen nur Einerlei thun: nämlich sich halten und klettern; er kann daher die vordern Hände nicht einmal als Hände gebrauchen, weil er sie nicht frei bekommt, weil die hintern nicht im Stande sind, allein den Leib zu tragen, wie beim Menschen.« Somit hat er auch in seinen vier Händen Nichts voraus, so erscheint auch dieses edle Werkzeug bei ihm nur verbildet, nur verzerrt.

Die Übereinstimmung des inneren Leibesbaues der Affen ist größer, als man, von ihrer äußeren Erscheinung folgernd, vermuthen möchte. Das Geripp enthält 12 bis 16 Brustwirbel, 4 bis 9 Lendenwirbel, 2 bis 5 Kreuzbein- und 3 bis 33 Schwanzwirbel; das Schlüsselbein ist stark; die Unterarmknochen sind getrennt und sehr beweglich; die Handwurzelknochen sind gestreckt, die der Finger aber theilweise verkümmert, während an den Hinterfüßen gerade der entgegensetzbare Daumen auffällt. Der Schädel ist sehr verschieden gestaltet, je nachdem der Schnauzentheil hervor- oder zurücktritt und der Hirnkasten sich erweitert; die Augen liegen immer vorn, in stark umrandeten Knochenhöhlen, und die Jochbögen stehen nicht bedeutend vom Schädel ab. Das Gebiß enthält alle Zahnarten, und zwar in ununterbrochenen Reihen, d.h. ohne Lücken zwischen den verschiedenen Zähnen: – vier Schneidezähne, zwei oft außerordentlich und wie bei Raubthieren entwickelte Eckzähne, zwei oder drei Lück- und drei Mahlzähne in jedem Kiefer, pflegen es zu bilden. – Unter den Muskeln verdienen die, welche die Vorderhände bewegen, unsere Beachtung, weil sie im Vergleich zu denen der Menschenhand außerordentlich vereinfacht, ja verkümmert sind. Hierdurch eben wird der Affenhand jene tausendfältige Beweglichkeit unmöglich, welche unsere Hand auszeichnet. »Die Vergleichung beider Hände allein«, sagt Giebel, »erweist die behauptete Abstammung des Menschen von den Affen als durchaus unmöglich und bekundet deren Unbildungsfähigkeit, zu so mancherlei häuslichen Handgeschäften sie sich auch abrichten lassen.« Die Hinterhände der Affen sind der Menschenhand ähnlicher, als die Vorderhände, verlieren aber als Körperstützen ihre Freiheit und damit ihre Brauchbarkeit. Wie die Hand, unterscheidet sich auch der Kehlkopf vielfach von dem des Menschen; er befähigt das Thier nicht zu einer Sprache im menschlichen Sinne; die sackartigen Erweiterungen der Luftröhre begünstigen dagegen gellende, heulende Laute, welche unserem Ohre geradezu entsetzlich vorkommen.

Der Affenleib zeigt also äußerlich und innerlich so viele Eigenthümlichkeiten, daß die Unähnlichkeit zwischen Affe und Mensch größer erscheinen muß, als die Ähnlichkeit. Der hagere, behaarte Leib ohne Gesäß, die langen Arme, die dünnen Beine ohne Waden, die Gesäßschwielen bei einem großen Theile der Arten, der vielen zukommende lange Schwanz und vor allem der thierische Kopf mit dem rückliegenden und kleinen Schädel und den eingezogenen, dünnen Lippen müssen auch den oberflächlichsten Beobachter das Thier im Gegensatze zum Menschen erkennen lassen. Ein einziger Blick auf den vollendeten

Menschen, auf Denjenigen, welchen der Künstler vor sich sah, als er das Götterbild seines Apollo schuf: – ein einziger Blick auf ihn genügt, um die unübersteigliche Schranke festzustellen, welche Mensch und Thier auf ewig scheidet.

In dem Affen zeigt sich das Thier aber in noch abschreckenderer Weise, wenn man seine geistigen Fähigkeiten einer Prüfung unterzieht. Man braucht nur das Affengesicht zu studiren, um zu wissen, weß Geistes Kind man vor sich hat. Niemals hat dieses Gesicht einen edlen, gutmüthigen, treuherzigen Ausdruck. Es kann wohl sanft erscheinen, dann aber fehlt auch das Kluge, Geweckte: der sanfte Affe ist ein schläfriger, trauriger Gesell und nur leiblich noch ein Affe. Bei dem wirklichen, echten Affen schaut das geistige Wesen immer grell aus dem Gesicht heraus. Dies wird am auffallendsten, wenn man vergleicht. Der bei voller Geistesruhe gemüthlich, menschenartig aussehende Orang-Utang wird ganz Thier, sobald sich eine Leidenschaft in seiner Seele regt. Auch der für den Affen Eingenommene vermißt dann augenblicklich die hohe, unbehaarte Menschenstirn und das zurücktretende Menschenkinn, vermißt selbst die Zornesgluth im Menschenauge: denn die gefaltete, haarige Stirn, die fletschende Schnauze mit den Raubthierzähnen und der flachen Nase und die funkelnden Augen des zornigen Affen lassen sofort jeden Gedanken an Menschenähnlichkeit verschwinden. Aber der Orangaffe ist noch nicht das vollendete Thier im schlechten Sinne: dieses ist der Pavian oder Hundskopf. Er ähnelt entfernt unserem edlen, treuen Hausfreunde, dem menschlichsten aller Thiere – soweit es das geistige Wesen anlangt – unserem Hunde: aber er ähnelt ihm, wie bemerkt, nicht mehr, als der Orangaffe dem Menschen ähnelt, und im Zorn ist von dieser Ähnlichkeit keine Spur mehr zu bemerken. Das gerade bei den Pavianen und noch mehr bei den Mandrilen in der auffallendsten und widerwärtigsten Weise gefärbte, dickwulstige und tiefgefurchte Gesicht mit den tückischen, falschen Augen erscheint dann so viehisch, so scheußlich abschreckend, daß uns das liebe Hundegesicht dagegen wie das eines treuen Herzensfreundes anspricht.

Die Beweglichkeit des Affengesichtes ist unglaublich groß. In einem Nu durchlaufen es alle nur denkbaren Ausdrücke; Freundlichkeit und Wuth, Ehrlichkeit und Tücke, Lüsternheit,

Genußsucht, Geilheit und hundert andere Eigenschaften und Leidenschaften geben sich rasch nach und durch einander auf diesem treuen Spiegel des Innern kund. Und noch will es scheinen, als könne das Gesicht den Kreuz- und Quersprüngen des Affengeistes kaum folgen.

Unter den verschiedenen Arten der Ordnung zeigt sich hierin eine merkwürdige Steigerung. Je klüger, listiger, schlauer, tückischer, geiler, unverschämter und wilder der Affe ist, um so beweglicher, zugleich aber verzerrter, mißgebildeter und häßlicher ist sein Gesicht. Unschuldig, kindlich sehen blos die geistesärmeren, stilleren Affen aus, und doch ist der Wechsel in ihrem Gesichtsausdruck noch immer ein erstaunlich rascher und umfassender. Mit zunehmendem Verstand mehren sich nur die schlechten Eigenschaften, nicht auch die guten.

Oken beschreibt den Affen im Vergleich zu dem Menschen in seiner kurzen Weise mit folgenden Worten:

»Die Affen sind dem Menschen ähnlich in allen Unsitten und Unarten. Sie sind boshaft, falsch, tückisch, diebisch und unanständig; sie lernen eine Menge Possen, sind aber ungehorsam und verderben oft den Spaß mitten im Spiel, indem sie dazwischen einen Streich machen, wie ein tölpelhafter Hanswurst. Es giebt keine einzige Tugend, welche man einem Affen zuschreiben könnte, und noch viel weniger irgend einen Nutzen, den sie für den Menschen hätten. Wachestehen, Aufwarten, verschiedene Dinge holen, thun sie blos so lange, bis sie die Narrheit anwandelt. Sie sind nur die schlechte Seite des Menschen, sowohl in leiblicher wie sittlicher Hinsicht.«

Es läßt sich nicht leugnen, daß diese Schilderung fast durchgängig richtig ist. Wir wollen jedoch auch gegen die Affen gerecht sein und dürfen deshalb wirklich gute Seiten derselben nicht vergessen. Über ihre geistigen Eigenschaften in Einem abzuurtheilen, ist nicht gerade leicht, weil die ganze Sippschaft zu viele sich widersprechende Eigenthümlichkeiten zeigt. Man muß freilich anerkennen, daß die Affen boshaft, listig, tückisch, zornig oder wüthend, rachsüchtig, sinnlich in jeder Hinsicht, zänkisch, herrsch- und raufsüchtig, reizbar und grämlich, kurz leidenschaftlich sind, darf aber auch die Klugheit und Munterkeit, die Sanftheit und Milde, die Freundlichkeit und Zutraulichkeit gegen die Menschen, ihre Unterhaltungsgaben, ihre erheiternde Ernsthaftigkeit, ihre Geselligkeit, ihren Muth und ihr Einstehen für das Wohl der Gesammtheit, ihr kräftiges Vertheidigen der Gesellschaft, welcher sie angehören, selbst gegen die ihnen überlegenen Feinde, und ihre oft sehr unschuldige Lust an Spielereien und Neckereien nicht vergessen. Und in einem Punkte sind sie alle groß: in ihrer Liebe gegen ihre Kinder, in dem Mitleiden gegen Schwache und Unmündige nicht allein ihrer Art und Familie, sondern selbst anderer Ordnungen, ja sogar anderer Klassen des Thierreichs. Der Affe ist in seiner sinnlichen Liebe ein Scheusal; er kann aber in seiner sittlichen Liebe manchem Menschen ein Vorbild sein! Eine Tugend hat der Affe also doch: – aber leider übertreibt er diese einzige gute Eigenschaft oft in solchem Grade, daß er selbst sie lächerlich erscheinen läßt.

Wie soll man nun diese in jeder Beziehung so widersprechende, so verschiedene Gesellschaft hinsichtlich ihrer geistigen Eigenthümlichkeiten beschreiben? Ich glaube am besten und kürzesten mit den Worten der Araber: als ein Mittelding zwischen Mensch und Teufel! Freilich sagen die Araber auch, daß sie Söhne, Enkel, Urenkel und Nachkommen des Ungerechten seien und wiederum nur Ungerechte zeugen würden, daß ihnen Nichts heilig, Nichts achtbar, Nichts zu gut und Nichts zu schlecht sei, daß sie keine Freundschaft hielten mit andern Geschöpfen des Herrn und verflucht wären seit dem Tage, an welchem sie durch das Strafgericht des Gerechten aus Menschen zu Affen verwandelt worden seien: – wir aber gedenken der heiteren Stunden, welche sie uns schon in der Kindheit bereiteten, und des Vergnügens, welches wir noch heute empfinden, wenn wir im Thiergarten vor dem Affenhause stehen, wir urtheilen und richten über sie mit möglichster Gerechtigkeit und Milde.

Die geistige Ausbildung, welche die Affen überhaupt erreichen können, erhebt sie keineswegs so hoch über die übrigen Säugethiere mit Ausschluß des Menschen, als man gewöhnlich angenommen hat. Namentlich ältere Schriftsteller sind der Bewunderung voll über die geistigen Leistungen der Affen. Sie haben sich bestechen lassen durch die Fertigkeiten, welche, da nur die Affen außer den Menschen sich dieselben aneignen können, geistigen Ursprungs zu sein scheinen. In Wahrheit aber leistet der Affe geistig nicht mehr, ja sogar viel weniger, als andere gescheite Säugethiere, z. B. der Elefant oder der Hund. Die Hand, welche er besitzt, gewährt ihm vor den genannten Thieren so große Vorzüge, daß seine Leistungen bei weitem größer erscheinen, als sie sind. Der Affe ist gelehrig, und der Nachahmungstrieb, welchen viele seines Geschlechts besitzen, erleichtert es ihm, irgend eine Kunst oder Fertigkeit zu erlernen. Deshalb eignet er sich nach kurzer Übung die verschiedenartigsten Kunststücke an, welche einem Hunde z. B. nur mit großer Mühe gelingen. Allein man darf nie verkennen, daß die Affen das ihnen Gelehrte immer nur mit einem gewissen Widerstreben ausführen, niemals aber mit der Freude und dem Bewußtsein, mit welcher die früher genannten Thiere für uns arbeiten. Es hält nicht schwer, einen Affen daran zu gewöhnen, mit Messer und Gabel zu essen, aus Gläsern zu trinken, Kleider anzuziehen, ihn zum Drehen des Bratspießes oder zum Wasserholen u. s. w. abzurichten; allein er wird Solches nie mit derselben Sorgfalt, ich möchte sagen, Gewissenhaftigkeit thun, wie ein wohlerzogener Hund: er beweist dabei auch nicht halb soviel Verstand, wie dieser. Dennoch kann man die großen geistigen Gaben, welche die Affen durchschnittlich besitzen, nicht leugnen. Ein gewisser Grad von Überlegung ist ihnen nicht abzusprechen. Sie besitzen ein ganz vortreffliches Gedächtniß und wissen ihre Erfahrungen sehr verständig zu benutzen. Sie verstehen es, mit wirklicher Schlauheit und List ihre Vortheile immer wahrzunehmen; sie bekunden ein gewisses Geschick in der Verstellung und lassen es sich oft gar nicht merken, daß sie irgend welche heillose Absicht in ihrem Gehirn ausbrüten; sie wissen sich Gefahren gewandt zu entziehen und finden trefflich die Mittel auf, sich gegen sie zu wahren oder zu vertheidigen. Doch alles Dieses bemerken wir auch beim Elefanten und Hunde, und zwar in noch größerer Ausdehnung. Auch Gemüth ist den Affen nicht abzusprechen. Sie sind der Liebe und Zuneigung fähig; sie besitzen Dankbarkeit und äußern ihr Wohlwollen gegen Diejenigen, welche ihnen Gutes thaten. Allein ihre Liebe ist ebenso leicht verscherzt, wie gewonnen. Nur bei einem einzigen Affen, welchen ich lange Zeit besaß, habe ich bemerkt, daß er unter allen Verhältnissen mir seine unverbrüchliche Zuneigung bewahrte. Sein Herz hatte blos für eine Liebe Raum, diese hatte ich gewonnen, und Niemand anders konnte sie erringen. Er biß Den, mit welchem er eben erst Freundschaft geschlossen hatte, sobald ich mich ihm und seinem neuen Freunde nahte.

Es ist beachtenswerth, daß alle Affen, trotz ihres Verstandes, oft auf die albernste Weise überlistet und getäuscht werden. Ihre Leidenschaften tragen häufig einen vollständigen Sieg über ihren Verstand davon. Sind jene rege geworden, so achten sie auch die plumpste Falle nicht mehr und vergessen ihre Sicherheit gänzlich über der Absicht, ihrer Gier zu fröhnen. Hierin unterscheidet sich z. B. der Fuchs außerordentlich weit und sehr zu seinem Vortheil von ihnen. Den Fuchs kann blos der ärgste Hunger in die Falle treiben, und auch dann muß diese noch mit größter List gelegt worden sein. Man hat oft beobachtet, daß er sich aus einer Falle selbst durch Abbeißen des gefangenen Gliedes befreit: einem Affen würde Solches nie einfallen. Die Malaien höhlen harte Kürbisse durch eine kleine Öffnung aus und füllen sie dann mit Stücken von Nahrung, namentlich mit Zucker oder mit Früchten, welche die Affen sehr gern fressen. Diese zwängen nun, um zu ihrer Lieblingsspeise zu gelangen, ihre Hände durch die enge Öffnung und erfassen eines der Stücke mit solcher Gier, das sie sich lieber von dem Menschen fangen lassen, als daß sie das einmal Erfaßte wieder losließen. In solcher Weise beherrschen die Leidenschaften auch die klügsten Affen, und deshalb eben sind wir berechtigt, ihren Verstand nur einen untergeordneten zu nennen. Mit dem wahren Menschenverstande hat der des Affen gar keine Ähnlichkeit; und es macht sich bei der Vergleichung der beiden Wesen auch sofort noch ein höchst wichtiger Unterschied bemerklich. Der Mensch nimmt mit den Jahren an Verstand und Weisheit zu: der Affe ist nur in der Jugend gelehrig, und mit den zunehmenden Jahren tritt das Vieh in ihm immermehr hervor, und die Leidenschaft unterjocht dann den Verstand vollständig. Die Erziehung vermag viel beim Affen zu leisten; sie schärft seine geistigen Fähigkeiten außerordentlich: allein ein wirklich befriedigendes Ergebniß erreicht sie nie, und deshalb eben kann der Affe nimmermehr Gesellschafter des Menschen werden.

Im freien Naturleben zeigen alle Affen übrigens keineswegs mehr geistige Fähigkeiten, als andere hochstehende Thiere. Ihr Verstand scheint sich erst zu entwickeln, wenn sie in Gesellschaft des Menschen gekommen sind.

Die Affen waren in früheren Schöpfungsabschnitten über einen viel größeren Theil der Erde verbreitet, als gegenwärtig. Sie lebten im südlichen Europa, in Frankreich und England. Freilich waren es nicht dieselben Arten, welche gegenwärtig noch leben, sondern anders gestaltete, die das rauhe Klima wohl vertragen konnten. Gegenwärtig ist ihr Vaterland auf die warmen Theile der Erde beschränkt. Gleichmäßige Wärme ist für sie Lebensbedingung. Blos einige Paviane gehen ziemlich weit in die Hochgebirge hinauf und ertragen dort größere Kältegrade, als man vermuthen möchte. Fast alle übrigen Affen sind höchst empfindlich gegen die Kälte und brechen in Klagen aus, sobald sie ihnen fühlbar wird. Mangel an Wärme ist auch einer der Hauptgründe, daß sie bei uns nur kurze Zeit ausdauern. – Jeder Erdtheil hat seine eigenen Arten: Asien und Afrika besitzen einige zusammen, wie sich aus der Lage dieser beiden Erdtheile zu einander auch leicht erklärt. In Europa kommt nur eine Art vor, und zwar in einem einzigen Trupp, welcher an den Felsenwänden Gibraltars unter dem Schutze der Besatzung dieser Festung lebt. Es ist aber höchst wahrscheinlich, daß die Stammväter dieser Herde erst von dem nahen Afrika eingeführt wurden. Gibraltar ist übrigens nicht der nördlichste Ort, welcher Affen besitzt; denn der japanesische Affe geht noch weiter nach Norden hinauf, etwa bis zum 37° nördl. Br. Nach Süden zu reichen die Affen ungefähr bis zum 35° südl. Br., doch nur in der alten Welt, während sich der Verbreitungskreis der Neuweltsaffen blos vom 28° nördl. Br. bis zum 29° südl. Br. erstreckt.

Der Verbreitungskreis einer Art ist ziemlich beschränkt, obwohl es vorkommt, daß in entfernten Ländern eines und desselben Erdtheils gewisse, sich sehr ähnliche Arten einander vertreten.

Die große Mehrzahl der Affen gehört dem Walde an, und nur ein kleiner Theil lebt in felsigen Gebirgen. Ihre Leibesausrüstung weist sie auf das Klettern an, und deshalb eben sind Bäume ihr Lieblingsaufenthalt. Alle echten Felsenaffen sind sehr ungeschickt auf Bäumen und besteigen diese daher auch blos im Nothfalle.

Die Affen gehören unstreitig zu den lebendigsten, beweglichsten Säugethieren. So lange sie auf Nahrungserwerb ausgehen, sind sie nicht einen Augenblick lang ruhig. Schon die Manchfaltigkeit ihrer Nahrung bedingt Dies. Ihnen ist alles Genießbare recht. Früchte, Zwiebeln, Knollen, Wurzeln, Sämereien, Nüsse, Knospen, Blätter und saftige Pflanzenstengel bilden die Hauptmasse ihrer Mahlzeiten; ein Kerbthier aber wird auch nicht verschmäht, und Eier, junge Vögelchen ec. sind Leckerbissen. Da giebt es nun immer Etwas zu begucken, zu erhaschen oder abzupflücken, zu beriechen und zu kosten, um es entweder zu genießen oder auch wegzuwerfen. Solche Untersuchungen erfordern aber viel Bewegung, und deshalb ist auch die ganze Bande nie ruhig. Die Sorge um das liebe Futter ist groß: sogar der gewaltige Elefant bekommt seine Prügel, wenn er so unverschämt ist, an der Affentafel – und das ist der ganze, große Wald – schmausen zu wollen. Von Eigenthum haben die Schelme nur sehr mangelhafte Begriffe: »Wir säen, aber die Affen ernten«, sagen die Araber Ost-Sudahns. Felder und Gärten werden von allen Affen als höchst erquickliche Orte angesehen und gebrandschatzt, daß es eine wahre Lust oder ein wahrer Jammer ist. Jeder einzelne Affe verwüstet, wenn er Dies thun kann, zehnmal mehr, als er frißt, und ist deshalb nur dem frommen, oder besser, abergläubischen Hindu erträglich, jedem andern Menschen aber tief verhaßt. Gegen solche Spitzbuben hilft weder Schloß noch Riegel, weder Hag noch Mauer; sie öffnen die Schlösser und steigen über Mauern hinweg, und was nicht gefressen werden kann, wird wenigstens mitgenommen, Gold und Edelsteine auch. Man muß eine Affenherde selbst gesehen haben, wenn sie auf Raub auszieht, um begreifen zu können, daß ein Landwirth sich halb todt über sie ärgern kann. Für den Unbetheiligten ist die Beobachtung der sich während des Raubzugs in ihrer ganzen Regsamkeit zeigenden Geschöpfe freilich ein höchst unterhaltendes Schauspiel. Alle Künste gelten! Es wird gelaufen, gesprungen, geklettert, gegaukelt, im Nothfall auch geschwommen. Die Künsteleien auf dem Gezweig übersteigen allen Glauben. Nur die Orangaffen und Paviane sind schwerfällig, die übrigen sind vollendete Gaukler; sie scheinen fliegen zu können. Sätze von zwanzig, ja dreißig Fuß Sprungweite sind ihnen Spaß; von dem Wipfel eines Baumes springen sie dreißig Fuß hernieder auf das Ende eines Astes, beugen denselben durch den Stoß tief herab und geben sich, während der Ast zurückschnellt, noch einen mächtigen Schwung; der Schwanz oder die Hinterbeine werden als Steuer lang ausgestreckt, und wie ein Pfeil durchfliegt das Thier die Luft. Sofort nach glücklicher Ankunft geht es weiter, durch die fürchterlichsten Dornen hindurch, als wandelte man auf getäfeltem Fußboden. Eine Schlingpflanze ist eine höchst bequeme Treppe für die Affen, ein Baumstamm ein gebahnter Weg. Sie klettern vor- und rückwärts, kopfoberst und kopfunterst, oben auf einem Aste hin oder unten an ihm weg; wenn man sie in einen Baumwipfel wirft, erfassen sie mit einer Hand ein Zweiglein und hängen an ihm geduldig, bis der Ast zur Ruhe kommt, dann steigen sie an ihm empor und so unbefangen weiter, als hätten sie sich stets auf ebenem Boden befunden. Bricht der Zweig, so fassen sie im Fallen einen zweiten, hält dieser auch nicht, so thut's doch ein dritter, und im Nothfalle macht ein Sturz eben auch Nichts aus. Was sie mit der Vorderhand nicht ergreifen können, fassen sie mit der Hinterhand, oder die neuweltlichen Arten mit dem Schwanze. Dieser muß gründlich herhalten. Er wird von allen als Steuer angewandt, wenn weite Sprünge gemacht werden sollen, dient aber auch sonst noch zu allem Möglichen, sei es auch nur als eine Leiter für den nächsten. Bei den Neuweltsaffen wird er zur fünften – nein, zur ersten Hand. An ihm hängt sich der ganze Affe auf und wiegt und schaukelt sich nach Belieben; mit ihm holt er sich Nahrung aus Spalten und Ritzen; ihn benutzt er als Treppe für sich selbst; er dient anstatt der Hängematte, wenn sein Eigner Mittagsruhe halten will.

Alle Affen sind unglaublich starkgliederig und heben Lasten, welche verhältnismäßig für unsere schwachen Arme zu schwer sein würden; ein Pavian, den ich besaß, hängte sich viele Minuten lang an einem Arme auf und hob seinen dicken Leib daran in die Höhe, so hoch es der Arm zuließ.

Die Leichtigkeit und Zierlichkeit ihrer Bewegungen zeigt sich übrigens nur beim Klettern. Ihr Gang ist immer mehr oder weniger plump und schwerfällig. Die leichten Meerkatzen und die behenden Krallenaffen gehen noch am besten, manche Arten sogar recht leicht; schon die Paviane aber humpeln in sehr spaßhafter Weise dahin und bewegen ihren dicken Hintern dabei so ausdrucksvoll, daß es aussieht, als wollten sie einen deutschen Bauerntanz aufführen. Der Gang der eigentlichen Baumaffen ist kaum noch Gang zu nennen. Während die vorher Erwähnten mit der ganzen Sohle auftreten, stützen diese sich auf die eingeschlagenen Knöchel der Finger ihrer Vorderhände und schlenkern den Leib schwerfällig vorwärts, so daß die hinteren Hände zwischen die vorderen zu stehen kommen. Dabei werden diese seitlich aufgesetzt und die Thiere stützen sich also auf die eingeschlagene Faust der Vorderhände und auf die Außenseite der hinteren. Unter Umständen gehen viele Affen auch wohl ein kleines Stück weit auf den Hinterbeinen allein; ein eigentlich aufrechter Gang ist das aber nicht zu nennen. Wenn sie mit den Vorderarmen das Gleichgewicht nicht mehr herstellen können, fallen sie nieder, und wirklich aufrecht, wie der Mensch, können sie überhaupt nicht gehen. Bei ernsterem Laufe, etwa wenn eine Balgerei bevorsteht, oder wenn sie verfolgt werden, gehen sie stets auf allen Vieren.

Einige Sippen der Ordnung schwimmen vortrefflich, andere gehen unter wie Blei, sobald sie ins Wasser fallen. Zu ersteren gehören die Meerkatzen, von denen ich einige mit der größten Schnelligkeit und Sicherheit über den blauen Nil schwimmen sah, zu den letzteren die Paviane und vielleicht auch die Brüllaffen; von jenen ertrank uns einer, als wir ihn haben wollten. Die Schwimmunkundigen scheuen deshalb auch das Wasser in hohem Grade: – man hat eine fast verhungerte Familie von Brüllaffen auf einem Baume gefunden, dessen Fuß durch Überschwemmung unter Wasser gesetzt worden war, ohne daß die Affen es gewagt hätten, nach anderen, kaum sechzig Schritt entfernten Bäumen sich zu retten. Ulloa, ein Naturforscher, welcher über brasilianische Thiere schrieb, hat daher für die armen, schwimmunkundigen Thiere eine recht hübsche Brücke erfunden, welche gewiß sehr gute Dienste leisten würde, wenn – die Affen sie benutzen wollten. Jener Gelehrte erzählt nemlich, daß je ein Brüllaffe mit seinen Händen den Schwanz eines andern packe und daß in dieser Weise die ganze Gesellschaft eine lange Kette aus lauter Affengliedern bilde, welche vermittelst des Schwanzes des Endgliedaffen am Wipfel eines Uferbaumes befestigt und dann durch vereinigte Kraft aller Glieder in Schwingungen gesetzt werde, bis das Vorderglied den Zweig eines Baumes des jenseitigen Ufers erfassen und sich dort festhalten könne. Auf der solchergestalt hergerichteten Brücke sollen nun zuerst die Jungen und Schwächeren auf das andere Ufer übersetzen, dann aber der Vorderaffe die ganze Kette, deren Endglied seine Klammer löst, zu sich hinüberziehen. Der Prinz von Wied, ein sehr gewissenhafter Beobachter, nennt diese Erzählung bei ihrem rechten Namen: »eine spaßhafte Fabel«; es ist aber um so merkwürdiger, daß noch in unserer Zeit einige Naturforscher an ihr mit voller Glaubensinnigkeit festhalten.

Das gesellige Leben unserer Thiere ist ein für den Beobachter sehr anziehendes. Wenige Arten leben einsiedlerisch; die meisten Affen schlagen sich in Banden zusammen. Von diesen erwählt sich jede einzelne ihren festen Wohnsitz, welcher größeren oder geringeren Umfang haben kann. Die Wahl fällt regelmäßig auf Gegenden, welche in jeder Hinsicht günstig scheinen. Etwas zu knacken und zu beißen muß es geben, sonst wandert die Bande aus. Waldungen in der Nähe menschlicher Ansiedelungen sind Paradiese; der verbotene Baum in ihnen kümmert die Affen nicht, wenn nur die Äpfel auf ihm gut sind. Mais- und Zuckerrohrfelder, Obst-, Melonen-, Bananen- und Pisanganpflanzungen gehen über alles Andere; Dorfschaften, in denen Jeder, welcher die unverschämten Spitzbuben züchtigt, den Aberglauben der Bewohner zu fürchten hat, sind auch nicht übel. Wenn sich die Bande erst über den Wohnort geeinigt hat, beginnt das wahre Affenleben mit all seiner Lust und Freude, seinem Kampf und Streit, seiner Noth und Sorge. Das befähigtste männliche Mitglied einer Herde wird Zugführer oder Leitaffe. Diese Würde wird ihm aber nicht durch das »allgemeine Stimmrecht« übertragen, sondern ihm erst nach sehr hartnäckigem Kampf und Streit mit andern Bewerbern, d. h. mit sämmtlichen übrigen alten Männchen, zuertheilt. Die längsten Zähne und die stärksten Arme entscheiden. Wer sich nicht gutwillig unterordnen will, wird durch Bisse und Püffe gemaßregelt, bis er Vernunft annimmt. Dem Starken gebührt die Krone; in seinen Zähnen liegt seine Weisheit. Es ist aber auch erklärlich, daß dem so ist: die stärksten Affen sind regelmäßig auch die ältesten, und ihnen müssen sich wohl oder übel die jüngeren, unerfahrenen unterordnen. Der Leitaffe verlangt und genießt unbedingten Gehorsam und zwar in jeder Hinsicht. Ritterliche Artigkeit gegen das schöne Geschlecht ist nicht seine Sache: im Sturm erringt er der

Minne Sold. Das *jus primae noctis* gilt ihm heute noch. Er wird Stammvater eines Volkes, und sein Geschlecht mehrt sich, gleich dem Abrahams, Isaaks und Jakobs, »wie der Sand am Meere«. Kein weibliches Glied der Bande darf sich einer albernen Liebschaft mit irgend welchem Grünschnabel hingeben. Seine Augen sind scharf, und seine Zucht ist sehr streng; er versteht in Liebessachen keinen Spaß. Auch die Äffinnen, welche sich, oder besser, ihn vergessen sollten, werden gemaulschellt und zerzaust, daß ihnen der Umgang mit anderen Helden der Bande gewiß vergeht; der betreffende Affenjüngling, welcher die Haremsgesetze des auf sein Recht stolzen Sultans verletzt, kommt noch schlimmer weg. Die Eifersucht macht diesen furchtbar. Es ist auch thöricht von einer Äffin, solche Eifersucht heraufzubeschwören; denn der Leitaffe ist Manns genug für sämmtliche Äffinnen seiner Herde. Wird diese zu groß, dann sondert sich unter der Führung eines inzwischen stark genug gewordenen Mitbruders ein Theil vom Haupttrupp ab und beginnt nun für sich den Kampf und den Streit um die Oberherrschaft in der Leitung des Ganzen und in der Liebe. Kampf findet immer statt, wo Mehrere nach gleichem Ziele streben; bei den Affen vergeht aber sicher kein Tag ohne Streit und Zank. Man braucht eine Herde nur kurze Zeit zu beobachten, so wird man gewiß sehr bald den Streit in ihrer Mitte und seine wahre Ursache kennen lernen.

Im Übrigen übt der Leitaffe sein Amt mit großer Würde aus. Schon die Achtung, welche er genießt, verleiht ihm eine gewisse Sicherheit und Selbstständigkeit in seinem Betragen, welche den ihm Untergebenen fehlt; auch wird ihm von diesen in jeder Weise geschmeichelt. So sieht man, daß sich selbst die Äffinnen bemühen, ihm die höchste Gunst, welche ein Affe gewähren oder nehmen kann, zu Theil werden zu lassen. Sie beeifern sich nämlich, sein Haarkleid stets von den lästigen Schmarotzern möglichst rein zu halten, und er läßt sich diese Huldigung mit dem Anstande eines Paschas gefallen, dem seine Lieblingssklavin die Füße krault. Dafür sorgt er nun aber auch treulich für die Sicherheit seiner Untergebenen und ist deshalb in noch größerer Unruhe, als sie. Nach allen Seiten hin sendet er seine Blicke, keinem Wesen traut er, und so entdeckt er auch fast immer rechtzeitig eine etwaige Gefahr.

Die Affensprache kann ziemlich reichhaltig genannt werden, wenigstens hat jeder Affe sehr wechselnde Laute für verschiedenartige Erregungen. Auch der Mensch erkennt sehr bald die Bedeutung der Töne, mit welchen der Affe seine Herde führt, und der Ausruf des Entsetzens, welcher stets die Mahnung zur Flucht in sich schließt, ist nun vollends bezeichnend. Er ist allerdings sehr schwer zu beschreiben und noch weniger nachzuahmen. Man kann eben nur sagen, daß er aus einer Reihe kurzer, abgestoßener, gleichsam zitternder und mißtöniger Laute besteht, deren Bedeutung der Affe durch die Verzerrung des Gesichts noch besonders erläutert. Sobald dieser Warnungston laut wird, nimmt die Herde eiligst die Flucht. Die Mütter rufen ihre Kinder zusammen; diese hängen im Nu an ihr fest und mit der süßen Bürde eilen sie so schnell als möglich nach dem nächsten Baum oder Felsen. Der alte Affe zieht voran und bezeichnet den Weg, welcher stets in der kühnsten Weise ausgeführt wird. Erst wenn er sich ruhig zeigt, sammelt sich die Herde und beginnt dann nach kurzer Zeit den Rückweg, um die unterbrochene Plünderung – denn nur von einer solchen flüchten sie – wieder aufzunehmen.

Jedoch nicht alle Affen flüchten vor Feinden; die Stärkeren stellen sich vielmehr selbst furchtbaren Raubthieren und dem noch gefährlicheren Menschen kühn zur Wehr und lassen sich auf Kämpfe ein, deren Ausgang für den Angreifer mindestens zweifelhaft ist. Die größeren Affen, zumal die Paviane, besitzen in ihren Zähnen auch so furchtbare Waffen, daß sie es mit einem Feinde wohl aufnehmen können, besonders wenn dieser, wie gewöhnlich, einzeln herankommt, während sie die Vertheidigung stets in Masse unternehmen und im Kampfe außerordentlich treu und fest zusammenhalten. Die Weibchen lassen sich nur, wenn sie sich ihrer Haut wehren oder ihr Junges vertheidigen müssen, in Kämpfe ein; dann aber zeigen sie verhältnißmäßig ebenso große Tapferkeit, wie die Männchen. Die meisten Affen kämpfen mit ihren Händen und Zähnen, sie kratzen und beißen; allein es wird von vielen Seiten einstimmig versichert, daß manche Arten auch mit Stöcken, zumal mit abgebrochenen Baumästen, sich vertheidigen, und es ist gewiß, daß sie Steine, Früchte, Holzstücke und dergleichen von oben herab auf ihre Gegner schleudern. Schon mit dem Pavian läßt sich kein Eingeborner in Kämpfe ein, vor Allem aber nicht, wenn er ohne das furchtbare Feuergewehr ihm entgegentreten sollte. Die Orangaffen und namentlich die Gorillas sollen so stark und gefährlich sein, daß der Mensch, welcher mit ihnen in Streit geräth, sein Feuergewehr ausschließlich zu seiner Selbstvertheidigung, niemals aber zum Angriffe benutzen kann. Jedenfalls ist die beispiellose Wuth der Affen, welche deren Stärke noch bedeutend steigert, sehr zu fürchten, und die Gewandtheit, welche sie alle besitzen, nimmt ihrem Feinde nur zu häufig die Gelegenheit, ihnen einen entscheidenden Schlag beizubringen.

In der Freiheit lebt jede Affenart für sich oder vereinigt sich höchstens mit ganz ähnlichen Arten; in der Gefangenschaft halten jedoch fast alle Arten gute Freundschaft, und es bildet sich hier ein ähnliches Herrschafts- und Abhängigkeitsverhältniß, wie unter einer Bande. Der Stärkste erringt auch hier die Oberherrschaft. Größere Arten nehmen sich der kleineren, hilfloseren regelmäßig an, und zwar thun Dies die Männchen ebensowohl wie die Weibchen. Große Äffinnen zeigen selbst Gelüste nach kleinern Menschenkindern oder allerlei jungen Thieren, welche sich tragen lassen. So abscheulich der Affe sonst gegen Thiere ist, so liebenswürdig beträgt er sich gegen Kinder oder Pfleglinge, und daher ist die Affenliebe sprichwörtlich geworden. Am meisten zeigt sie sich natürlich an den eigenen Affenkindern.

Die Affen gebären ein Junges, wenige Arten zwei. Dies ist regelmäßig ein kleines, überaus häßliches Geschöpf, scheinbar mit doppelt so langen Gliedmaßen, wie seine Eltern sie besitzen, und mit einem Gesichte, welches dem eines Greises viel ähnlicher sieht, als dem eines Kindes, so faltig und runzelig ist es. Dieser Wechselbalg ist aber der Liebling der Mutter in noch weit höherem Grade, als es bei dem Menschen unter ähnlichen Umständen der Fall zu sein pflegt: sie hätschelt und pflegt ihn in rührender oder – lächerlicher Weise, wie man will; denn die Liebe streift an das Lächerliche. Das Kind hängt sich bald nach seiner Geburt mit seinen beiden Vorderhänden an den Hals, mit seinen beiden Hinterhänden aber an die Weichen der Mutter fest, in der geeignetsten Lage, die laufende Mutter nicht zu behelligen und ungestört zu saugen. Größer gewordene Affenkinder springen bei Gefahr auch wohl auf Schulter und Rücken ihrer Eltern.

Anfangs ist das kleine Wesen natürlich sehr gefühl- und theilnahmslos, um so zärtlicher aber ist seine Mutter. Sie hat ohne Unterlaß mit ihrem Liebling zu thun; bald leckt sie ihn, bald laust sie ihn wieder, bald drückt sie ihn an sich, und bald nimmt sie ihn in beide Hände, als wollte sie sich an seinem Anblicke weiden, bald legt sie ihn sich an die Brust, bald schaukelt sie ihn hin und her, als wollte sie ihn einwiegen. Plinius versichert ganz ernsthaft, daß die Äffinnen ihre Jungen aus lauter Liebe oft zu Tode drückten; doch ist Dies in der Neuzeit niemals beobachtet worden. Nach einiger Zeit beginnt der junge Affe mehr oder weniger selbstständig zu werden und verlangt namentlich ab und zu ein wenig Freiheit. Diese wird ihm gewährt. Die Alte läßt ihr Schoskind aus ihren Armen, und es darf mit andern Affenkindern scherzen und spielen; sie verwendet aber keinen Blick von ihm und hat es in beständiger Aufsicht; sie geht ihm willig auf allen Schritten nach und erlaubt ihm Alles, was sie ihm gewähren kann. Bei der geringsten Gefahr stürzt sie auf ihr Kind zu, läßt einen ganz eigenen Ton hören und ladet es durch denselben ein, sich an ihre Brust zu flüchten. Etwaigen Ungehorsam bestraft sie mit Kniffen und Püffen, oft mit förmlichen Ohrfeigen. Doch kommt es selten vor, denn das Affenkind ist so gehorsam, daß es manchem Menschenkinde zum Vorbilde dienen könnte, und gewöhnlich genügt ihm der erste Befehl seiner Mutter. In der Gefangenschaft theilt sie, wie ich mehrfach beobachtet habe, jeden Bissen Brod treulich mit ihrem Sprößlinge und zeigt an seinem Geschick einen solchen Antheil, daß man sich oft der Rührung nicht erwehren kann. Der Tod eines Kindes hat in der Gefangenschaft regelmäßig das Hinscheiden der Mutter zur Folge; der Gram bringt sie um. Stirbt eine Äffin, so nimmt das erste beste Mitglied der Bande die Waise an Kindesstatt an, und Dies thut sowohl die Äffin, wie der Affe. Die Zärtlichkeit gegen ein Pflegekind der eigenen Art ist kaum geringer, als die, welche dem eigenen Kinde zu Theil wird; bei anderen Pfleglingen aber ist Dies anders; hier zeigt sich der Affe oft als unerklärliches Räthsel. Er pflegt seinen angenommenen Liebling nach Möglichkeit, drückt ihn an sich, laust oder reinigt ihn sonstwie, behält ihn unter steter Aufsicht u. s. w., giebt ihm aber gewöhnlich Nichts zu fressen, sondern nimmt das für das Pflegekind bestimmte Futter ohne Gewissensbisse zu sich, und hält auch, während er frißt, den kleinen Hungrigen sorgsam vom Napfe weg. Ich habe das mehrfach an meinen zahmen Pavianen und Meerkatzen beobachtet, wenn sie sich junge Hunde oder Katzen zu Pfleglingen auserkoren hatten.

Es ist noch nicht ermittelt, wieviel Jahre der Affe durchschnittlich zu seinem Wachsthum braucht. Daß diese Zeit bei den Größeren eine längere, als bei den Kleineren ist, versteht sich wohl von selbst. Die Meerkatzen und die amerikanischen Affen sind wahrscheinlich in drei bis vier Jahren vollkommen erwachsen, die Orangaffen und die Paviane aber mögen acht bis zwölf Jahre zu ihrem Wachsthum bedürfen. Im Freileben scheinen alle Affen wenigen Krankheiten ausgesetzt zu sein; wenigstens weiß man Nichts von Seuchen, welche dann und wann unter den Affen wütheten. Wie hoch sie ihr Alter bringen, kann auch nicht bestimmt werden; doch darf man wohl annehmen, daß die größeren Arten einige vierzig Jahre alt werden können. Bei uns zu Lande leiden alle außerordentlich von dem rauhen Klima. Die Kälte drückt sie sehr, verstimmt sie und macht sie still und traurig. Gewöhnlich bekommen sie auch bald die Lungenschwindsucht, und diese pflegt dann ihrem Leben rasch ein Ende zu machen. Ein kranker Affe ist eine Erscheinung, welche jeden Menschen rühren muß. Der arme, sonst so lustige Bursche sitzt traurig und elend da und schaut den mitfühlenden Menschen kläglich bittend, ja wahrhaft menschlich in das Gesicht. Je mehr er seinem Ende zugeht, um so milder wird er; das Thierische verliert sich ganz und gar, und die edlere Seite seines Geistes zeigt sich immer heller. Er erkennt jede Hilfe mit größtem Danke und sieht bald in dem Arzte seinen Wohlthäter. Man hat oft beobachtet, daß Affen, denen einmal ein Aderlaß verordnet worden war, dem Arzte, wenn sie sich wieder krank fühlten, immer gleich den Arm hinhielten, als wollten sie ihn bitten, daß er sie noch einmal von ihrem Leiden befreie. Auch bei übrigens gesunden Affen kränkelt in der Regel wenigstens der Schwanz; sein Ende wird wund, eitert, bekommt den Brand, und ein Glied nach dem andern fällt ab. Gegen diese Krankheit habe ich die Abnahme einiger Glieder als gutes Mittel kennen gelernt, untrüglich ist es freilich auch nicht. Gegen die entsetzliche Lungenschwindsucht giebt es nun gar keine Hilfe, und so bekommen wir selten Affen, welche unsere Luft lange ertragen, wenn auch einzelne Arten sich eher an unser Klima gewöhnen können, als andere.

Ich weiß nicht, ob ich irgend einen Affen als Hausgenossen anrathen darf. Die Kerle machen viel Spaß, verursachen aber noch weit mehr Ärger. Auf dumme Streiche aller Art darf man gefaßt sein, und wenn man eben nicht die Geisteskräfte des Affen studiren will, bekommt man die Dummheiten doch bald gründlich satt. Die größeren Arten werden auch mitunter gefährlich, denn sie beißen und kratzen fürchterlich. Als frei herumgehendes Hausthier ist der Affe gar nicht zu dulden, denn sein ewig regsamer Geist verlangt beständig Beschäftigung. Wenn ihm solche sein Herr nicht gewährt, schafft er sie sich selbst und dann regelmäßig nicht eben zum Vortheil des Menschen. Einige Arten sind schon wegen ihrer Unanständigkeit nicht zu ertragen; sie beleidigen jedes sittliche Gefühl fortwährend in der abscheulichsten Weise. Gegen alle Untugenden, die der Affe zeigt, gegen die tausend Dummheiten, die er sich zu Schulden kommen läßt, verschwindet der geringe Nutzen, welchen der zahme Affe Dem gewährt, welcher nicht ein Affenführer oder Besitzer einer Affenbühne ist. Übrigens ist es erstaunlich leicht, einen Affen zu allerlei Kunststücken abzurichten. Man zeigt ihm in handgreiflicher Weise Dasjenige, was er ausführen soll, und prügelt ihn so lange, bis er es ausführt: – hierin beruht die ganze Kraft, die man anwenden muß! In der Regel lernt der Affe nach ein bis zwei Stunden ein Kunststück vollkommen; doch muß man ihn in Übung halten, weil er es rasch wieder vergißt. Mit der Ernährung hat man keine Noth; der Affe frißt Alles, was der Mensch genießt, und ist nicht gerade wählerisch in seiner Kost. Der Aufwand also, den er verursacht ist sehr gering. – In ihrer Heimat schaden die Affen ungleich mehr, als sie nützen. Man ißt das Fleisch einiger Arten und verwendet das Fell anderer zu Pelzwerk, Beuteln u. dgl.: allein dieser geringe Nutzen kommt gar nicht in Betracht gegen den außerordentlichen Schaden, welchen die Thiere im Walde, Felde und Garten verursachen, und es ist wirklich unbegreiflich, daß heute noch die Inder in den bei ihnen wohnenden Affen heilige Geschöpfe sehen können und sie deshalb pflegen und hegen, als wären sie wirklich Halbgötter.

Fred G. Merfield

DER KETTENRAUCHENDE SCHIMP

Bei weitem der intelligenteste von den vielen Schimps, die auf ihrem Wege zu den Zoos durch meine Hände gingen, war Bo-Bo. Sie war eine Choga, eine schwarzgesichtige Schimpansin, und zehn Jahre alt, als ihr Besitzer einsehen mußte, daß ihr Temperament das Leben in einem Bungalow nicht mehr erlaubte. Ich übernahm sie mit einer genauen Liste ihrer Bedürfnisse, zu denen zu meiner Überraschung auch eine Ration von täglich zwanzig Zigaretten, einem Glas Rotwein und einem Aperitif gehörten. Sie trug ein Halsband mit einer langen, kräftigen Kette, und da man ihr nicht immer trauen durfte, hielt ich es für klüger, es nicht abzunehmen. Damals hatte ich meine Zulassung in Yaounde, und die Möglichkeit, daß Bo-Bo in der Stadt Amok liefe, besonders da ihre Gier nach Alkohol sie zu einem Wirtshausbesuch verleiten konnte, schien mir gefährlich.

Darum bekam sie während der sechs Monate, die sie bei mir blieb, ein eigenes Gehege, und das Kettenende wurde an einem Baumstumpf befestigt. Als Unterschlupf hatte sie eine geräumige Kiste und zum Wärmen einen großen Sack. Diesen liebte sie und hielt ihn peinlich sauber. Wenn sie morgens aufstand, schlang sie ihn sorglich um die Schultern oder über den Kopf, pickte unsichtbare Schmutzteilchen heraus und murrte ärgerlich, wenn sie ihn nicht nach ihrem Geschmack drapieren konnte.

Eine Zigarette war fällig, ehe diese unverbesserliche Sklavin des Nikotins an Frühstück denken konnte. Englische Zigaretten waren dort draußen teuer, und deshalb bekam sie nicht ihre zwanzig am Tage, aber als erfahrene Bettlerin mit vielen Tricks bewog sie früher oder später doch jemanden zu einer Spende. Hatte sie eine Zigarette angezündet, legte sie sich mit gekreuzten Beinen, einen Arm unter dem Kopf, auf den Rücken und inhalierte mit tiefster Befriedigung. Mit der Asche war sie sehr sorgsam und prüfte von Zeit zu Zeit das Zigarettenende mit Kennermiene. Konnte sie ein zweites Stäbchen bekommen, zündete sie es sofort am Ende des ersten an. Bestand aber offensichtlich keine Aussicht, in absehbarer Zukunft ein zweites zu bekommen, bemühte sie sich, aus diesem ersten möglichst viel zu machen, und drehte aus einem zusammengerollten Blatt eine Zigarettenspitze, wie sie es von Eingeborenen gesehen hatte.

Eines Tages besuchte der britische Vizekonsul in Douala, Herr Darwell, Yaounde. Da Bo-Bos Ruf weitverbreitet war, machte er ihr einen Besuch. Sie führte ihm ihre Kunststücke vor, dann schlug sie sich auf die Brust und streckte die Hand nach einer Zigarette aus als angemessenen Lohn für ihre Vorstellung. Darwell hatte eine Fünfzigerbüchse, nahm ein Stäbchen heraus und gab es ihr. Sie rauchte so eilig sie konnte und bettelte dann um ein zweites.

»O nein«, wehrte Darwell, »weiter kriegst du keins, sie sind zu teuer für Schimps.«

»Hoo, hoo, hoo«, sagte Bo-Bo und sah ganz gesittet und flehend aus, als sie inständig bittend in die Hände klatschte. Er weigerte sich weiter, und als sie diesmal hoo-hoote, stampfte sie ärgerlich mit dem Fuß auf. Dann machte Darwell einen Fehler. Um sie zu necken, stellte er die Zigarettenbüchse gerade außer ihrer Reichweite auf die Erde. Bo-Bo reckte sich so weit vor, wie die Kette erlaubte, aber es fehlten noch fünfzehn Zentimeter. Ein paar Augenblicke stand sie auf allen vieren und überlegte das Problem; dann löste sie es. Sie drehte der Büchse den Rücken zu und warf sich blitzschnell zur Erde. So war ihre Reichweite um ihre Körperlänge vergrößert, und sie erwischte die Büchse ganz leicht mit dem Fuß. Bevor der verblüffte Darwell sie ihr fortschnappen konnte, war sie damit in ihrem Kasten und hoo-hoote und verhöhnte ihn unter ihrem Sack hervor.

»Na, ich will verdammt sein«, rief Darwell. »Noch dazu die letzte Büchse! Merfield, alter Junge, versuchen Sie, sie zurückzubekommen!«

»Nicht um die Welt! Sie haben Bo-Bo geneckt. Holen Sie sich die Büchse nur selbst.«

Darwell ging auf Bo-Bos Kiste zu, aber als er auf einen Meter herankam, kam sie in rasender Wut heraus, und in ihren Zügen stand Mord. Er ergriff die Flucht, und beim Rennen traf ihn eine Handvoll feuchten schwarzen Drecks mitten auf den Rücken seines weißen Rocks.

Montags war Waschtag, und Bo-Bo stampfte vor Ungeduld, mit der kleinen Wäsche anzufangen. Sie bekam ein Bündel alter, schmutziger Kleider, die extra diesem Zweck dienten, eine verzinkte Eisenwanne, Waschbrett, Seife, Wasser und Klammern. Eine Wäscheleine wurde in passender Höhe über das Gehege gezogen. Waren die Vorbereitungen getroffen, so prüfte Bo-Bo zunächst die Kleider und überlegte sichtlich, welches sie zuerst waschen sollte. Neben kräftigem Gebrauch des Waschbretts wandte sie ihre eigene Technik an, das Stück hoch in die Luft zu halten und dann mit Schwung in die Wanne zu werfen, daß Wolken seifigen Schaums aufsprühten; mit großer Fixigkeit und Begeisterung wurde der ganze Vorgang wiederholt. Nach dem Waschen spülte sie die Kleider in einem besonderen Eimer, wrang sie aus und hängte sie zum Trocknen auf. Sie hatte ihr Bestes getan – nur leider waren die Kleider unter ihren Händen schmutziger geworden als zuvor. Bo-Bo selbst indessen war hochzufrieden mit dem Ergebnis ihres Fleißes und machte sich nun an die nächste Aufgabe des Tages. Von einem meiner nachgiebigen Männer borgte sie ein Buschmesser und mähte den Rasen. Mit ihrer behelfsmäßigen Sichel machte sie weite Schwünge, und bei jedem Ausholen schwang sie sie hoch über den Kopf. Zugleich stampfte sie mit dem linken Fuß und murrte wütend gegen das Gras, als übte sie Vergeltung an einem langgehaßten Feinde. Hinterher fegte sie das Geschnittene mit allen herumliegenden Abfällen zusammen und untersuchte den Boden genau, ob sie nichts übersehen hätte.

Zur Hilfe in Haus und Garten war sie immer bereit, siebte Mehl oder rodete Süßkartoffeln so sauber wie mein Koch! Nachmittags hielt sie gewöhnlich ein Schläfchen; konnte sie aber nicht schlafen, amüsierte sie sich damit, Steine auf das Wellblechdach des benachbarten Bankhauses zu werfen, sehr zum Ärger der darunter arbeitenden Leute. Um sechs kam die Zeit für ihren Aperitif und dann für das Glas Wein, das sie sich selbst einschenkte und wie ein Kenner schlürfte. Was Gesellschaft anbetrifft, war sie wählerisch und hatte nur wenige nahe Freunde. Wer sich um ihre Gönnerschaft bemühte, wurde streng geprüft und häufig abgewiesen. Es bekam ihnen übel, wenn sie das »Nein« nicht hinnehmen wollten. Mein Koch, der gewöhnlich einer der wenigen Begünstigten war, verscherzte irgendwie ihre Zuneigung und entging nur knapp der Enthauptung durch das von Bo-Bo geschwungene Buschmesser.

Vermutlich werden nur Leute, die Schimpansen kennen, Bo-

Bos beachtlichste und nützlichste Fertigkeit einschätzen können. Eine der schlimmsten Plagen im tropischen Afrika sind die winzigen Fliegen, »Jiggers« genannt, die sich einem unbemerkt unter die Zehenhaut bohren und Entzündungen und Infektionen verursachen. Eingeborenenkinder werden durch diese Parasiten oft auf die Dauer verkrüppelt. Es ist immer kluge Vorsicht, am Tagesende seine Füße zu untersuchen. Gewöhnlich holt man die Tiere mit einem Bambusspan heraus, und wenn das nicht ein Könner macht, kann es sehr schmerzhaft sein. Bo-Bo verstand sich so gut darauf wie irgendeiner. Man setzte sich neben sie, hielt ihr die Füße und ein Bambusstückchen hin und überließ ihr das übrige. Die Zehen so dicht vor ihrer Nase, daß sie blinzeln mußte, polkte sie die scheußlichen Dinger in kürzester Zeit heraus und war so geschickt darin, daß die Eingeborenen Schlange standen, um von ihr behandelt zu werden. Bo-Bos abendliche Sprechstunde war ein denkwürdiger Anblick.

Schließlich mußte ich mich von ihr trennen. Sie bekam einen passenden Käfig und wurde nach London verschifft, wo sie der einzige je von der Zoologischen Gesellschaft ausgestellte Choga war. Ihr Leben dort schildern am besten die Worte von Laurie Smith, dem Hauptwärter der Menschenaffen.

»Bo-Bo wurde ein Riesenerfolg in Regent's Park und weithin bekannt als der ›kettenrauchende Schimp‹. Wegen der Gefahr, das Stroh in Brand zu setzen, ist den Besuchern im Affenhaus das Rauchen nicht erlaubt, geschweige denn den Tieren. Aber irgendwie brachte Bo-Bo es oft fertig, eine Zigarette zu erwischen. Sie begriff indessen schnell, daß im Zoo nicht so leicht daranzukommen war wie in Afrika, und richtete sich entsprechend sparsam ein. Statt die Zigarette ganz zu rauchen, löschte sie sie nach der ersten Hälfte und legte den Rest auf eine kleine Leiste. Sie schien sich der Feuersgefahr bewußt zu sein, denn sie sah genau nach, daß keine verglimmenden Funken verblieben. Wenn es sie dann wieder gelüstete zu rauchen, steckte sie die Zigarette in den Mundwinkel und machte den Vorbeikommenden so lebhaft anschauliche Gebärden, daß sie bald Feuer bekam. Man konnte ihr eine Streichholzschachtel oder ein Feuerzeug reichen, sie verstand beides nicht nur richtig zu handhaben, sondern auch nach Gebrauch zurückzugeben.

Nicht lange nach ihrer Ankunft in Regent's Park begann Bo-Bo an Gewicht zu verlieren und die Nahrung zu verweigern. Man vermutete Tuberkulose, aber als die Behandlung nicht anschlug, suchte man die Ursache ihres Krankseins in schlechten Zähnen. Der weitbekannte Zahnarzt Kemp, mit langer Erfahrung in der Zahnbehandlung von Tieren, wurde zu ihrer Untersuchung gebeten, und ich verdanke ihm den folgenden Bericht über ihre Behandlung.

Bo-Bos gefährliche Anfälle böser Laune waren bekannt, und Kemp und der Wärter betraten ihren Käfig mit einigem Zagen. Die Möglichkeit, Schmerz könnte ihre Laune verschlimmern, machte eine gründliche Untersuchung zu riskant, aber der Wärter zog ihre Unterlippe sanft herunter, und Kemp sah sofort den schlechten Zustand der Zähne. Bo-Bo wurde in einen passenden Käfig gelockt, in den sie, wie ein Schimpanse es immer tun wird, aus reiner Neugierde hineinging. Drinnen wurde sie betäubt, und sieben ihrer schlechten Zähne wurden gezogen. Während der ersten Woche nach der Operation wollte Bo-Bo nicht fressen, nicht einmal die ausgesuchtesten Früchte, die man ihr anbot. Als man fast die Hoffnung aufgegeben hatte, erinnerte sich jemand ihrer Vorliebe für Wein und holte eine Flasche Chianti. Etwas Wein wurde in ein Glas gegossen, aber Bo-Bo wischte es beiseite, ergriff die Flasche und leerte sie in einem Zuge. Bald darauf begann sie, leicht besäuselt, zu essen und gewann ihre Gesundheit und gute Laune zurück.

Im Laufe der Nachbehandlung erwies sich Bo-Bo als vorbildliche Patientin. Sie ließ Kemp nicht nur täglich ihren Gaumen auswischen und die Wundhöhlen ausspritzen, sondern war eifrig bedacht, es selbst zu lernen. Mit den Wattebäuschen wurde sie gut fertig, aber die Spritze war zu schwierig: sie bekam den Trick, den Kolben herunterzudrücken, nicht heraus.

Während der Behandlung gewann Bo-Bo Interesse an Kemps Fingernägeln und trieb jeden Tag Nagelpflege für ihn; sie reinigte die Nägel mit einem Strohhalm. Sie und Kemp blieben bis zu ihrem Tode 1940, neun Jahre später, enge Freunde. Kemp besitzt noch ihren Schädel, der ihm zur Erinnerung an die erfolgreiche Behandlung geschenkt wurde.«

Aus dem Englischen von Anneliese Schmundt-Wyncken

Emil Reinicke

DER SCHLAUE AFFE

Der Affe sieht noch eben recht,
Daß ihn die Schlange fressen möcht'.

Schnell springt er auf das Krokodil,
Die dumme Schlange fehlt ihr Ziel.

Das Krokodil, vergnügt und faul,
Klappt ihren Kopf fest in das Maul

Und frißt sie langsam Stück um Stück.
Der Aff' geht heim auf dieser Brück'.

Wer andern schlimm zu schaden hofft,
Rennt in sein eig'nes Unglück oft.

Monty Python

AUS DEM AFRIKANISCHEN TAGEBUCH VON COLONEL B.B. WAKENHAM-PALSH M.C., O.B.E.

Kapitel 19

UM HAARESBREITE

Am nächsten Morgen beschloß ich, meinen gewohnten Vorfrühstücks-›Bummel‹, wie ich ihn nannte, in den *majambi* oder Dschungel zu unternehmen, um einen Blick auf den äußerst seltenen *chukawati bati* oder Fegefeuervogel zu erhaschen, den ›Traugott‹, wie wir unseren wackeren eingeborenen *ghabi* oder Führer nannten, dem Vernehmen nach am vorigen *lathbani* (Abend) gesehen hatte, während wir Ausschau hielten nach Harrys Bein.

Ich war erst ein paar Minuten den *majambi* (Dschungel) *ortobam* (Pfad) entlang›gebummelt‹, als mir aufging, daß da ein großer und recht grimmiger *fritbangowonkabwaki* oder Löwe halbverdeckt in der *ptii* oder Lichtung stand. Vertieft wie ich war in meine ornithologische *suki* (Suche), war ich vom Pfad abgekommen, und als der prächtige alte Kerl seinen mächtigen *goti* (Rachen) öffnete, um zu brüllen, und dabei eine *womba* (Garnitur) von Zähnen zeigte, die jedem ausgewachsenen Männchen wohl angestanden hätten – jeder so *bewapsiptuf'day* oder scharf wie ein Waliserkopf –, da stand ich so nahe bei ihm, daß ich, ohne mich zu bücken, mit der linken Hand sein prachtvolles Gaumenzäpfchen hätte packen können. Die Gunst der Stunde nutzend, tat ich dies auch und zwickte es heftig, ein bewährter englischer Kolonialoffiziers-*granwi* oder Schlich. Der Löwe staunte nicht schlecht ob meiner Kriegslist, und so gelang es mir, noch einige schöne gerade Linke gegen den Gaumen anzubringen – ich immer sauber Deckung haltend –, denen ich dann einen krachend guten rechten Haken folgen ließ, mein ganzes Gewicht in den Schlag legend (ganz so wie der alte ›Buffy‹ Spalding es mir vor so vielen Jahren gezeigt hatte, vor dem Nadel-Match gegen Uppington, wo ›Spindly‹ Crabber den Schneid gehabt hatte, sechsmal wieder vom Boden aufzustehen, und beim Losentscheid nur knapp verlor, was die *shulacht* oder Partie um die Hälfte verkürzt hätte), direkt in die Mähne meines Gegners.

Dann ein paar Schritte rückwärts tänzelnd, ließ ich mit meinen Finten die plumpen Schwinger des *fritbangowonkabwaki* wild ins Leere tappen, während ich mit meiner linken *patshi* oder Hand ein paar nützliche Punkte einheimsen konnte, und bald schon merkte ich, daß mit dieser simplen Strategie – ihn nie so nahe kommen zu lassen, daß er mit seinem mächtigen Rachen einen *nagasaki* oder größeren Schaden anrichten konnte – ich ihn in aller Gemütsruhe würde abknallen können. Tatsächlich bemerkte ich erst *tuantsig* (20) Minuten später, als ich schon einen ansehnlichen *rogambi* (Vorsprung) hatte und nach einem besonders pfundigen Ausweichmanöver einen Blick auf die Lichtung warf, daß unser Wettstreit nunmehr einen Kreis von Zuschauern hatte, nämlich an die fünfzehn Kumpel meines *fritbangowonkabwaki*, von denen einige sich bereits mit gesträubten Zähnen und Mähnen an unsere Wenigkeiten heranzupirschen begannen.

Ein Augenblick war mehr als ausreichend, um von ihren prachtvollen Mienen abzulesen, daß sie den Match mit ebenso eindeutigen wie einseitigen Sympathien verfolgten und wohl kaum Skrupel hätten, nötigenfalls auf der Seite meines Gegners ins Geschehen einzugreifen; und da sie mich meiner Einschätzung nach in diesem Falle allein ihrer zahlenmäßigen Überlegenheit wegen schließlich untergekriegt hätten, entschied ich mich für die Mutter der Porzellankiste, und indem ich scheinbar vor einem von *fritbangowonkabwakis* wilden Ausfällen zurückwich, verpaßte ich ihm noch einen Abschiedshieb auf die Schwanzwurzel (kein Schlag, dessen ich mich rühmen könnte, wenn er ihn auch für mehrere Minuten flachlegte, doch schien er mir entschuldigt durch die Erfordernisse der Situation, welche zuvörderst im wenig sportlichen Verhalten seiner Kollegen begründet waren) und sprang dann hoch nach dem niedrig hängenden Ast eines enormen *bwinda*-Baums (eine Baumart, die von fern mit unserem *ulm* oder Rüster verwandt ist, sich wegen des breiten, unregelmäßig geäderten Blatts mit seiner charakteristischen Gepardspfoten-Form und der eigenartigen Violett-Ocker-Färbung der äußeren Blätter seiner *gimbi* oder Knospen aber ganz leicht unterscheiden läßt) etwa viereinhalb Meter über meinem Kopf. Und keinen Moment zu früh, denn obwohl ich festen Halt gefunden hatte an dem Ast, der so bequem zur Hand gewesen war, hatten zwei von *fritbangowonkabwakis* Kameraden, die im selben Augenblick wie ich gesprungen waren, sich mit ihren Kiefern je einen meiner treuen Stiefel geschnappt, während ein dritter es fertiggebracht hatte, seine *Fänge* (Zähne) in meinen Hosenboden zu schlagen, allerdings nicht in meinen Allerwertesten selbst, sondern nur in den ihn umgebenden Stoff. Was muß das für ein Anblick gewesen sein: ich unrasiert an dem Ast baumelnd, mit drei enormen Löwen, die an mir hängen. Ich hatte tatsächlich einige Schwierigkeiten, mich so weit hochzuziehen, bis ich den Ast in den Mund nehmen konnte, um so die Hände freizubekommen für die ungleich dringlichere Aufgabe, das entschieden anhängliche Trio abzuhängen, dessen Bisse sich freilich als so *woki* oder schraubzwingenartig erwiesen, daß ich nicht ohne Bedauern zum Schluß kam, es würde mir nur unter Verzicht auf die bewußten Teile meiner Garderobe vergönnt sein, mich der Aufmerksamkeiten der drei zu entledigen.

Einen Dschungelstiefel aufzuschnüren, während man sich mit den Zähnen an einem Ast festhält und drei wütende Löwen an sich hängen hat, ist nicht so einfach, wie es scheinen mag, zumal wenn die betreffenden Löwen von ihren Kumpanen unten lautstark zu noch größeren Anstrengungen angefeuert werden; zu guter Letzt jedoch war es geschafft, und rechter Stiefel und rechter Löwe plumpsten zurück in die Lichtung, sogleich gefolgt von ihren Gegenstücken.

Nun, da die Last sich doch erheblich verringert hatte, waren die Shorts ein Klacks, und hastdunichtgesehen saß ich gemütlich oben auf dem Ast und sah hinunter auf die wütende Horde, die mittlerweile übrigens auf mehr als hundert angewachsen war. Ich muß schon sagen, sie machten einen eindrucksvollen *radau* (Krach). Aber in der Zwischenzeit hatte auch mein Magen zu knurren begonnen, und so lüftete ich meinen *sola topi*, schwenkte ihn kreuzfidel in ihre Richtung und wandte mich heim- und frühstückswärts, in der Hoffnung, *fritbangowonkabwaki* und Kompanie würden ihr Interesse an mir verlieren, sofern ich mich die nächsten paar Meilen an die Wipfel hielt – noch so ein bewährter Schlich oder *granwi.*

Man stelle sich daher meine Überraschung vor, als ich entdeckte, daß direkt neben mir auf dem Ast ein *yumboto* (Kongolesischer Gorilla) saß und mir den Weg versperrte, einer der größten *yumbotos*, die ich je gesehen habe – und im Laufe meines Lebens waren das nicht wenige, unter anderem auch ein altes Weibchen in Chukambara oder Neu-Strinz, welches in einem Anfall von *rage* (Pikiertheit), der daher rührte, daß es von einem Blitz getroffen worden war, zur allgemeinen Verwunderung einen Amboß mitten entzweiriß. Man sagt, daß seine außerordentliche Kraft, gepaart mit seiner fast schon legendären Reizbarkeit, den *yumboto* zur meistgefürchteten Kreatur ganz Afrikas macht, wenn auch viele behaupten, er greife nie einen Menschen an, solange der ihm nicht näher als drei Meilen komme. Na, dieser Bursche hier war allerdings ein Prachtstück, mit Unterarmen so dick wie der *poti* eines *nangatwami* oder *sitpu*, und nach dem ungnädigen Gesichtsausdruck zu schließen, war er geradezu sträflich schlecht gelaunt. Ich überreichte ihm als Freundschaftszeichen meinen *topi*, den er aber nur mit seinem Zeigefinger oberhalb der Krempe zu durchlöchern begann, während er mich gleichzeitig mit einem Blick bedachte, der mir mit voller Absicht bedeutungsgeladen zu sein schien. Da nun mal unter mir die Löwen waren, neben mir der mir den Weg versperrende Geselle, und kein anderer Ast in Sprungweite, entschied ich, es bleibe wohl nichts anderes zu tun, als stillzusitzen und abzuwarten, bis sich etwas ergäbe; aber noch bevor ich diesen Plan in die Tat umsetzen konnte, begann *yumboto* auf mich zuzurutschen und nach meinem Kopf zu greifen. Vorsichtig wich ich Richtung Astende aus, was ihn aber nur noch mehr ergrimmte; den Grund dafür erfuhr ich nur zu bald, denn ich stieß mit einem zweiten Gorilla zusammen, der offensichtlich schon die ganze Zeit zwischen mir und dem Ende des Astes gesessen hatte und ebenso offensichtlich die *bule* (Frau) meines Verfolgers war. Blitzartig wurde mir klar, daß dieser mein plötzliches Auftauchen zwischen ihnen als Übergriff auf ihre Beziehung interpretiert hatte und mein darauf folgendes Zurückweichen vor ihm als ersten Schritt zur Erreichung ihrer Gunst. Eine drollige Vorstellung! Die Zeit drängte jedoch, und ich ersann eine List. So ich den eifersüchtigen Gatten dazu überreden könnte, noch über die letzten Zentimeter auf mich zuzuspringen, würde der Ast unter unserem vereinten Gewicht und Gerangel möglicherweise brechen, so daß ich den Sekundenbruchteil vor dem Fall dazu nutzen könnte, mit dem *yumboto* als eine Art Sprungbrett den einfachen Halbsalto auszuführen, den ›Buffy‹ Spalding mir vor so vielen Jahren gezeigt hatte, und so den Ast hinter ihm und jenseits des Punktes, wo er vermutlich brechen würde, zu erreichen. Danach könnte ich ungehindert zum Frühstück schreiten, während meine einstigen Gefährten gezwungen wären, ihren Streit mit *fritbangowonkabwaki* und seinen Kameraden unten weiterzuführen. Ich wandte mich also *yumbotos* Weibchen zu, gab ihr einen anzüglich zu nennenden Klaps auf den Hintern und pflanzte einen Kuß mitten auf ihre Lippen. Dies rief *yumbotos* erwünschten Ansturm hervor, der Ast brach, und alles lief wie am Schnürchen.

Als ich mich ungefähr *jambotwanibokotwikatwanabrapfannbwanarsfikazami* (fünf) Minuten später durch die Bäume Richtung Lager bewegte, stellte ich zu meiner Überraschung fest, daß mir unten auf dem *majambi* oder *stakawi* oder *chittamba* oder Dschungelpfad seit der Lichtung nicht nur die sechzig oder siebzig Löwen folgten, sondern mitten unter ihnen dahinstürmend und ständig zu mir hinaufblickend, niemand anders als – *yumbotos* Frauchen! Ich reimte mir daraus zusammen, daß *fritbangowonkabwakis* Kumpel und meine Gorillas einander nicht etwa wie erhofft zu Hackfleisch verarbeitet hatten, sondern – Pack schlägt sich, Pack verträgt sich – übereingekommen waren, mich nun gemeinsam zu verfolgen. In diesem Augenblick hörte ich hinter mir ein Geräusch, wandte mich um und erblickte *yumboto,* der zusammen mit dreißig oder vierzig der hurtigeren Löwen durch die Bäume auf mich zugehangelt kam. Das Glück wollte es aber, daß ich zu der Zeit nicht mehr als eine halbe Meile vom Wananga-Fluß entfernt war, und so machte ich mich auf, so schnell ich konnte, in der Überlegung, daß ich das andere Ufer erreichen könnte, wenn es mir nur gelänge, eine passende Schlingpflanze zu finden, die über die wogenden Wasser hinge, was eine weitere Verfolgung doch erheblich erschwerte.

Ich hatte einen Vorsprung, und indem ich mich von Ast zu Ast schwang wie ein Mitglied der Familie der Langarmaffen oder *Hylobatidae,* gelang es mir, als erster den Fluß zu erreichen, wo ich zu meinem Entzücken eine einsame Schlingpflanze erspähte, die etwas stromaufwärts von einem Baum über die tosenden Kaskaden in den Wald auf der anderen Seite hinüberhing. Ideal! Und war ich erst drüben, so konnte ich dieses einzige Mittel der Überquerung vernichten und meinen ›Bummel‹ zu Fuß beendigen. Im Nu hatte ich den Baum erreicht, an dem meine Schlingpflanze hing, und schon war ich ein gutes Stück unterwegs zum anderen Ufer und konnte den großartigen Anblick des tobenden Wananga direkt unter mir bewundern. Noch bevor ich halb drüben war, begann mir allerdings klarzuwerden, daß meine ›Schlingpflanze‹ wohl nicht ganz das war, was sie schien, und wie ich so nach ihrem entfernten Ende Ausschau hielt, sah ich zu meinem grenzenlosen Erstaunen den unverwechselbaren eckigen Kopf, die gelbgrünen Zickzackmuster und die furchterregenden Fänge einer Anakonda, die von einem *wak-wak*-Baum zu mir herüberstarrte! Ich muß gestehen, ich war erstaunt. Eine Anakonda in Afrika! Wie die wohl ihren Weg von den Ufern des Amazonas hierhin gefunden hatte, ganz zu schweigen davon, warum sie in einer so seltsamen Stellung schlafen mochte – ich werde es nie erfahren; doch wie sich aufgrund der charakteristischen siebeneckigen Schuppen und der durchgehend neutralen Färbung dessen, was ich da in Händen hielt, bestätigen sollte: Es war eine Anakonda, und zwar eine, die ganz offensichtlich Anstoß daran nahm, zu einem Viadukt degradiert zu werden. Mit einem einzigen peitschenden Schwung ihres mächtig sich windenden Leibes wurde ich fortgeschleudert – wobei ich einem vorbeifliegenden Adler ausweichen mußte –, weit, weit hinauf in die Lüfte, bevor es mir vergönnt war, hinabzutauchen in den wartenden *maelström* (Fluß).

Mir schwante bereits, daß meine neue Umgebung andere Probleme bergen würde, denn der Wananga ist berüchtigt sowohl wegen seiner großen Zahl von Flußpferden und Krokodilen als auch wegen der Erbitterung, mit welcher die beiden Arten die Gattung Mensch betrachten, und siehe da, beim Auftauchen sah ich auch schon die gewaltigen Umrisse der ersteren von ihrem Ruheplatz stromaufwärts auf mich zusteuern, während mehrere Tausend der letzteren aus der entgegengesetzten Richtung auf mich eindrangen; in rasantem Kraulstil hielt ich auf das Ufer zu und hatte an die fünfzig Meter hinter mir, als ich zum erstenmal Atem holte – ganz entgegen dem wohlbegründeten Rat des alten Algy Bartlett, regelmäßig zu atmen und zu schauen, wo es langging, egal wie weit das Rennen schon gediehen sei, was ich so desaströs vergessen hatte, damals beim Drei-Ecken-Match gegen Oundle und Haileybury, wo ich, der ich nach acht Längen fast zehn Meter Vorsprung hatte, mich dermaßen in die Taue, die die Bahnen voneinander trennten, verhedderte, daß ich mich schließlich mit dem vierten Rang und einem einzigen Punkt zufrieden geben mußte. Jedenfalls, ich mußte büßen dafür, daß ich auf Algys Mahnung nicht gehört hatte, denn als ich knapp drei Meter vom Ufer entfernt hochkam, die Kroks und Flussis mir hart auf den Fersen, sah ich es zu meiner Enttäuschung von Gorillas und Löwen nur so wimmeln, *yumboto* und *fritbangowonkabwaki* immer vorneweg. Ich war in der Aufregung auf das falsche Ufer zugeschwommen! Eine prachtvolle Zwickmühle, in die ich mich da hineinmanövriert hatte! Nun, ich mußte retten, was zu retten war, schwamm also auf das nächste Krokodil zu, wartete, bis es seinen enormen Rachen geöffnet hatte ... dann blitzschnell vorwärtsspritzen, Luft in die Lungen reißen und mich ihm ins Maul schmeißen war eins, ich zog die Kiefer hinter mir zu und krabbelte – es war noch ganz baff – seinen Schlund hinunter in die relative Sicherheit seines Magens, wo ich mit angehaltenem Atem wartete, bis die Luft wieder rein würde. Als ich meinte, es sei so weit, setzte ich alle Karten auf einen schnellen Abgang, arbeitete mich seinen Thorax hinauf und begann es hartnäckig hinten im Hals zu kitzeln. Ich mußte nicht lange warten, denn plötzlich öffnete sich der Rachen, und mit dem mächtigsten Husten, das ich je aus solcher Nähe erlebt habe, wurde ich ans Licht hinausgeschleudert, direkt ans Ufer des Flusses und, ob Ihr's glaubt oder nicht, keine 10 (zehn) Meter von der Stelle entfernt, wo der Rest der Burschen sich eben über die teuflisch scharfen flambierten Nieren hermachte. Ich muß sagen, sie amüsierten sich nicht schlecht, als sie mich ohne Shorts aus einem Krokodil auftauchen sahen, doch ich nahm ihre Späße nicht weiter krumm, und binnen kurzem hatte ich mich zu ihnen gesellt, um an Nieren zu ergattern, was die Pfanne noch hergab.

Es mag manchem so vorkommen, als hätte ich eine alltägliche Geschichte ordentlich aufgebauscht. Weshalb ich mein Abenteuer so detailfreudig ausgemalt habe? Nun, am nächsten Tag ist meiner Frau *genau* dasselbe passiert.

Aus dem Englischen von Thomas Bodmer

Douglas Adams

N-TE COUSINS N-TEN GRADES

Wir waren nicht nach Zaire gekommen, um uns die Gorillas anzusehen. Nur ist es kaum möglich, den weiten Weg nach Zaire auf sich zu nehmen und sie sich dann entgehen zu lassen. Ich wollte das gerade damit begründen, daß sie unsere engsten Verwandten sind, bin aber nicht ganz sicher, ob diese Erklärung ausreicht. Meiner Erfahrung nach ist es normalerweise so, daß man sich bei einem Besuch in einem Land, in dem man Verwandte hat, am liebsten flach hinlegen und hoffen möchte, sie bekämen gar nicht mit, daß man in der Gegend ist. Bei den Gorillas setzt man sich aber wenigstens nicht der Gefahr aus, zum Essengehen gezwungen zu werden und sich ein paar Millionen Jahre Familiengeschichte anhören zu müssen, also kann man ungestraft vorbeischauen. Natürlich sind sie nur entfernte Verwandte – n-te Cousins, n-ten Grades. Wir stammen beide vom selben Vorfahren ab, der bedauerlicherweise nicht mehr unter uns weilt und seit Darwins Zeiten Anlaß zu endloser Spekulation darüber gegeben hat, was für eine Art Lebewesen er/sie denn eigentlich gewesen ist.

Der Zweig der Primatenfamilie, dem wir angehören (als reiche, erfolgreiche Angehörige der Familie, diejenigen, denen es gut geht und die sich in jeder Hinsicht um die anderen, weniger gut weggekommenen Familienmitglieder kümmern sollten), ist der der großen Menschenaffen – wir sind große Menschenaffen.

Die anderen großen Menschenaffen sind die Gorillas (die in drei Unterarten eingeteilt sind: Berggorillas, Östliche Flachlandgorillas und Westliche Flachlandgorillas), zwei Schimpansenarten sowie die Orang-Utans von Borneo und Sumatra. Unter diesen sind wiederum die Gorillas, die Schimpansen und wir am engsten verwandt. Von den Gorillas haben wir uns – evolutionsgeschichtlich gesehen – vor kürzerer Zeit getrennt als von den anderen großen Menschenaffen, und deswegen sind die Gorillas enger mit uns verwandt als mit den Orang-Utans. Wir sind wirklich sehr, sehr nahe Verwandte – einander so nah wie der Indische und der Afrikanische Elefant, die ebenfalls einen gemeinsamen ausgestorbenen Vorfahren haben.

Die Virunga-Vulkane, auf denen die Berggorillas leben, erstrecken sich entlang der Grenze zwischen Zaire, Ruanda und Uganda. Etwa zwei Drittel der ungefähr zweihundertachtzig in diesem Gebiet ansässigen Gorillas leben in Zaire, das restliche Drittel in Ruanda. Ich sage ungefähr, weil die Gorillas hinsichtlich evolutionärer Rahmenbedingungen bisher noch nicht weit genug entwickelt sind, um den Nutzen von Pässen, Devisen-Einfuhrformularen und Beamtenbestechung herausgefunden zu haben, und deshalb dazu neigen, hin und her über die Grenze zu wandern, wann immer sie diese tierische, primitive Laune packt. Obwohl einige Versprengte ab und zu einen Abstecher nach Uganda machen, gibt es grundsätzlich keine ständig dort lebenden Gorillas, weil der ugandische Teil der Virungas nur fünfundzwanzig Quadratkilometer groß, ungeschützt und voller Menschen ist, denen die Gorillas, sofern man ihnen die Wahl läßt, lieber aus dem Weg gehen.

*

Nach fünf Stunden schläfrigen Geholpers in einem Lastwagen trafen wir in Bukima ein, jenem Dorf am Fuß der Virungas, an dem die Straße endet und von dem aus wir zu Fuß weiterreisen mußten.

Oberhalb des Dorfes, vor einem großen Platz, stand ein lächerlich imposantes Ex-Kolonial-Gebäude, das, abgesehen von einem lächerlich kleinen, in den letzten Winkel gezwängten Büro, leerstand, in dem ein kleiner, uniformierter Mann sich düster grinsend in unsere Gorilla-Passierscheine vertiefte, als habe er so etwas noch nie oder wenigstens seit einer guten Stunde nicht mehr gesehen. Anschließend beschäftigte er sich einige Minuten lang mit einem Kurzwellenfunkgerät, bevor er sich wieder uns zuwandte und sagte, er wisse genau, wer wir seien, habe uns erwartet und werde uns wegen unserer guten Kontakte zum World Wildlife Fund in Nairobi einen zusätzlichen Tag bei den Gorillas zugestehen, und wer zum Teufel wir eigentlich seien, und warum ihm niemand erzählt habe, daß wir kämen?

Da wir nicht meinten, ihm bei der Beantwortung dieser Fragen behilflich sein zu können, ließen wir ihn allein und machten uns auf die Suche nach ein paar Trägern, die uns auf dem dreistündigen Fußmarsch zu unserem Nachtquartier, der Hütte des Wildhüters, begleiten sollten. Sie waren nicht schwer zu finden. Vor unserem Transporter hatte sich eine hoffnungsvolle Schar von ihnen versammelt, und unser Fahrer wollte unbedingt wissen, wie viele wir zum Transport aller unserer Taschen brauchen würden. Er schien das Wort »aller« ziemlich nachdrücklich zu betonen.

Plötzlich wurde uns etwas mit schrecklicher Deutlichkeit bewußt. Wir waren so scharf darauf gewesen, möglichst schnell aus Goma wegzukommen, daß wir einen entscheidenden Aspekt unseres Planes vergessen hatten, nämlich den Großteil unserer Sachen in einem Hotel in der Stadt zurückzulassen. Infolge dieser Nachlässigkeit hatten wir mehr Gepäck bei uns, als wir für den Ausflug zu den Gorillas tatsächlich brauchten.

Wesentlich mehr.

Außer der Gorilla-Beobachtungs-Grundausrüstung – Jeans, T-Shirt, irgendwas Wasserdichtes, einer Tonne Kameras und Dosenbirnen – hatte ich einen immensen Vorrat an schmutziger Wäsche dabei, einen Anzug und Schuhe, die ich bei einem Treffen mit meinem französischen Verleger in Paris getragen hatte, ein Dutzend Computerzeitschriften, ein Wörterbuch, zig Bände von Dickens' »Gesammelten Werken« und das Holzmodell eines Komodo-Warans. Ich halte es für richtig, mit wenig Gepäck zu reisen, aber ich halte es auch für richtig, mit dem Rauchen aufzuhören und rechtzeitig vor Weihnachten einkaufen zu gehen.

Ohne uns anmerken zu lassen, wie entsetzlich peinlich uns die Sache war, wählten wir eine Trägermannschaft aus, die diesen kleinen Berg für uns auf die Virunga-Vulkane schaffen sollte. Es störte sie nicht. Solange wir sie dafür bezahlen konnten, Dickens und Drachen zu den Gorillas rauf- und wieder runterzutragen, war für sie alles in bester Ordnung. Der weiße Mann hatte in Zaire wesentlich Schlimmeres angestellt, wenn auch vielleicht nichts wesentlich Dämlicheres.

Der lange Aufstieg zur Wildhüterhütte war mühsam und häufig von Pausen unterbrochen, in denen wir unsere Zigaretten und Coca-Cola-Vorräte mit den Trägern teilten, während sie die mit Dickens und den Computermagazinen gefüllten Taschen regelmäßig untereinander austauschten und verschiedene neuartige Methoden ausprobierten, sie auf dem Kopf zu behalten.

Die meiste Zeit trampelten wir durch feuchte Sagofelder, und mir kam plötzlich ein ebenso lächerlicher wie beglückender Gedanke. Wir marschierten durch das einzige mir bekannte Anagramm meines Namens – nämlich »Sago Mud Salad«. Ich stellte alberne Mutmaßungen an, welche tiefere, kosmische Bedeutung sich möglicherweise dahinter verbarg, und als ich den Gedanken endlich fallenließ, lag die Hütte, ein eher spartanischer, aber immerhin neuer und solider Holzbau, im schwächer werdenden Abendlicht vor uns.

Feuchte, schwere Nebelschwaden hingen über der Gegend und verhüllten die weit entfernten Vulkangipfel fast vollständig. Den unerwartet kalten Abend verbrachten wir im Schein zischender Grubenlampen; wir aßen unsere Dosenbirnen und das letzte verbliebene Brötchen und unterhielten uns in gebrochenem Französisch mit unseren beiden Führern, die Murara und Serundori hießen.

Beide, unnachahmlich elegante Typen in Tarnanzügen und schwarzen Uniformmützen, hingen schlapp über dem Tisch und streichelten gelangweilt ihre Gewehre. Wie sie uns erklärten, liefen sie bloß in diesem Aufzug herum, weil sie früher zu einer Kommandoeinheit gehört hatten. Alle Führer müßten Waffen tragen, erzählten sie uns, zum einen zum Schutz vor den wilden Tieren, vor allem aber für den Fall, daß sie auf Wilderer stießen. Murara sagte, er selbst habe schon fünf Wilderer erschossen. Achselzuckend fuhr er fort, so was sei *pas de problème.* Kein Ärger mit Ermittlungen oder ähnlichem; er hatte sie einfach erschossen und war nach Hause gegangen. Er lehnte sich auf seinen Stuhl zurück und befingerte beiläufig das Visier seines Gewehrs, während wir nervös mit unseren Birnenhälften herumspielten.

Natürlich stellt jede Form von Wilderei die größte Bedrohung für das Überleben der Berggorillas dar, aber man fragt sich doch unwillkürlich, ob man das Problem wirklich löst, indem man die Jagdsaison auf Menschen für eröffnet erklärt. Noch sind wir zwar keine gefährdete Art, aber es ist nicht so, daß wir nicht oft genug versucht hätten, eine zu werden.

*

Außer uns saßen an diesem Abend noch zwei weitere Personen in der Hütte. Und zwar zwei deutsche Studenten, deren Namen ich zwar zwischenzeitlich wieder vergessen habe, die ich aber, da sie nicht von all den anderen deutschen Studenten zu unterscheiden waren, denen wir auf unseren Reisen gelegentlich begegneten, einfach Helmut und Kurt nennen werde.

Helmut und Kurt waren jung, blond, tatkräftig, unglaublich gut ausgerüstet und uns in so gut wie jeder Hinsicht weit überlegen. Am frühen Abend bekamen wir sie kaum zu Gesicht, weil sie schwer mit der Zubereitung ihrer Mahlzeit beschäftigt waren. Dazu gehörte das Errichten eines Steinofens im Freien und anschließend allerlei Hin- und Hergelaufe mit Schüsseln voll kochenden Wassers, Stoppuhren, Taschenmessern und zerstückelten Teilen des örtlichen Wildbestandes. Schließlich setzten sie sich, verspeisten ihr Festmahl mit unerbittlicher Effizienz und weigerten sich auf beleidigende Art und Weise, unseren Dosenbirnenhälften wenigstens einen verächtlichen Blick zuzuwerfen.

Dann kündigten sie an, sie gingen jetzt schlafen, allerdings nicht etwa in der Hütte, sondern in einem mitgebrachten Zelt, das wesentlich besser sei. Es war ein deutsches Zelt. Sie verabschiedeten sich mit einem kur(t)zen Nicken und verschwanden.

Nachdem ich in dieser Nacht einige Zeit wach gelegen und mir Sorgen wegen Muraras und Serundoris gelegentlicher Neigung zum Leute-Erschießen gemacht hatte, begann ich mir schließlich statt dessen Sorgen wegen Helmut und Kurt zu machen. Ich wünschte mir, sie wären, wenn sie sich schon so verhalten mußten, nicht auch noch ausgerechnet Deutsche. Das war zu leicht. Zu offensichtlich. Es war, als begegnete man einem wahrhaftig dummen Iren, einer wahrhaftig fetten Schwiegermutter oder einem amerikanischen Geschäftsmann, der seinen zweiten Vornamen wahrhaftig mit einer Initiale abkürzt und Zigarre raucht. Man hat das Gefühl, gegen seinen Willen in einer Varieténummer aufzutreten, und möchte sich am liebsten hinsetzen und das Buch umschreiben. Wären Helmut und Kurt Brasilianer oder Chinesen oder Letten oder sonstwas gewesen, hätten sie sich genauso benehmen können, und es wäre überraschend und faszinierend und, was vor allem mich betraf, auch wesentlich einfacher zu beschreiben gewesen. Schriftsteller sollten nicht am

Aufrechterhalten von Klischees mitwirken. Ich fragte mich, was ich dagegen unternehmen sollte, kam zu dem Schluß, daß sie einfach Letten sein konnten, wenn ich es wollte, und ging anschließend sehr friedvoll dazu über, mir Sorgen wegen meiner Stiefel zu machen.

Vor dem Schlafengehen hatte Mark mir geraten, nach dem Aufstehen zuerst mal meine Stiefel umzudrehen und auszuschütteln.

Ich fragte ihn, weshalb.

»Skorpione«, erwiderte er. »Gute Nacht.«

Früh am nächsten Morgen erwarteten uns Murara und Serundori vor der Hütte, streichelten ihre Gewehre und Macheten und trugen dabei einen bedeutungsvollen Blick zur Schau, bei dem wir uns nicht sicher waren, ob er uns gefiel. Immerhin hatten sie gute Nachrichten für uns. Da Gorillas nicht dazu neigen, ihre persönlichen Verpflichtungen wegen zu Besuch kommender entfernter Verwandter umzustoßen, begegnete man ihnen manchmal erst nach einem achtstündigen Fußmarsch von der Wildhüterhütte aus. An diesem Tag allerdings, so die gute Nachricht, waren sie nur ungefähr eine Stunde von uns entfernt, also stand uns ein geruhsamer Tag bevor. Wir sammelten unseren Gorilla-Beobachtungs-Kram zusammen, ließen den Drachen, den Dickens und unsere Blitzleuchten wohlbedacht zurück, weil wir davon ausgingen, daß diese Dinge die Gorillas in unterschiedlichem Maße verärgern würden, wünschten Helmut und Kurt, die uns bei der Expedition begleiteten, einen guten Morgen und machten uns gemeinsam auf die Suche nach den Gorillas. Im dunstigen Morgenlicht ragte vor uns der Buckel des Mikeno-Vulkans auf.

Der Wald, in den wir eintauchten, war dicht und feucht, und darüber beschwerte ich mich bei Mark.

Er setzte mir auseinander, daß Gorillas gern in Gebirgsregenwäldern oder Wolkenwäldern leben. Und die befinden sich dreitausend Meter über dem Meeresspiegel, über der Wolkengrenze und sind ständig klamm. Ständig tropft Wasser von den Bäumen.

»Das ist etwas anderes als der primäre Regenwald im Flachland«, sagte Mark. »Eher ein sekundärer Regenwald, der entsteht, wenn ein ursprünglicher Regenwald abbrennt oder abgeholzt wird.«

»Ich dachte immer, das Hauptproblem bei den Regenwäldern wäre, daß sie nicht nachwachsen, wenn man sie abholzt«, sagte ich.

»Es entsteht kein neuer primärer Regenwald. Na, vielleicht doch, das weiß man nicht. Vielleicht nach Hunderten oder Tausenden von Jahren. Jedenfalls dauert es bedeutend länger, als unsere bisherigen Aufzeichnungen zurückreichen. Und der ursprüngliche Wildbestand wird bis dahin mit Sicherheit ein für allemal verschwunden sein.

Primärer Regenwald ist ein unglaublich komplexes System, aber wenn man dann wirklich mittendrin steht, sieht er halb leer aus. In der Wachstumsphase entsteht ein sehr hohes, dichtes Blätterdach, weil alle Bäume miteinander um das Sonnenlicht wetteifern. Da aber nur sehr wenig Licht durch dieses Dach dringt, hält sich das Pflanzenwachstum am Boden in Grenzen. Dafür entsteht das komplexeste ökologische System der Welt, das nur dazu da ist, die von den Bäumen absorbierte Sonnenenergie über den gesamten Wald zu verteilen.

Wolkenwälder wie dieser hier sind wesentlich einfacher. Die Bäume sind viel niedriger und stehen besser verteilt, deswegen ist auch der Boden dicht bewachsen, was den Gorillas gefällt, weil sie sich gut verstecken können. Und es gibt eine Menge Futter in Reichweite.«

Für uns allerdings wurde das Durchqueren des Waldes wegen der dichten, feuchten Vegetation zu einem harten Stück Arbeit. Murara und Serundori schwangen ihre Macheten so lässig durch das nahezu undurchdringliche Unterholz, daß mir erst nach einiger Zeit aufging, daß mehr dahintersteckte als vages Herumhacken.

Macheten haben eine ganz bestimmte Form, ein bißchen wie die Silhouette einer Banane mit verdicktem Ende. Nicht nur die Neigung und der Winkel der Klinge sind überall verschieden, sie ist auch an jeder Stelle unterschiedlich gewichtet. Es war faszinierend zu beobachten, wie unsere Führer die Richtung ihrer Schläge von einem Hieb zum anderen genau der Pflanzenform anpaßten, die sie abzuschlagen versuchten – mal war es ein dicker Ast, mal waren es Nesselbänke und dann verheddert herunterhängende Kletterpflanzen. Es sah aus wie ein sehr lässiges Tennisspiel, bei dem ein äußerst geschicktes Spielerpaar auf dem Platz stand.

Der Wald war aber nicht nur dicht, sondern auch kalt, feucht und voller großer schwarzer Ameisen, die uns alle bissen – nur Helmut und Kurt nicht, die sich aus Lettland spezielle ameisensichere Socken mitgebracht hatten.

Wir beglückwünschten sie zu ihrer weisen Voraussicht, aber sie zuckten die Achseln und taten es einfach ab. Letten sind immer gut vorbereitet. Sie musterten unsere Aufnahmegeräte und zeigten sich überrascht, daß wir diese Ausrüstung für angemessen hielten. In Lettland gäbe es wesentlich bessere Geräte als unsere. Wir sagten, das könne schon sein, nur wären wir sehr zufrieden mit ihnen, und auch die BBC scheine sie für diesen Auftrag bestens geeignet zu halten. Helmut (oder war es Kurt?) erklärte uns, daß sie in Lettland wesentlich bessere Fernsehanstalten hätten.

Der Ausbruch offener Feindseligkeiten wurde in diesem Moment glücklicherweise von einem Signal unserer Führer verhindert, die uns bedeuteten, uns still zu verhalten. Wir waren nahe bei den Gorillas.

»War doch klar«, sagte Kurt, und ein leichtes Lächeln kräuselte seine schmalen Lippen, als habe er die ganze Zeit über gewußt, daß die Gorillas an genau dieser Stelle sein würden.

Nur war es kein Gorilla, der die Aufmerksamkeit unserer Führer auf sich gezogen hatte, sondern ein Gorillabett. Im Unterholz neben dem Pfad, auf dem wir uns bewegten, war eine tiefe Einbuchtung, in der ein Gorilla die Nacht verbracht hatte. Pflanzen waren abgerissen und übereinandergelegt worden, damit der Gorilla nicht auf dem nachts kalten und klammen Boden liegen mußte.

Was Laien an Zoologen in hohem Maße eigenartig finden, ist ihre unersättliche Begeisterung für Tierexkremente. Ich verstehe ja, daß man aus diesen Exkrementen eine Menge Informationen über die Gewohnheiten und die Ernährungsweise der betreffenden Tiere herauslesen kann, aber nichts erklärt in meinen Augen die ungetrübte Verzückung, die diese Objekte auszulösen vermögen.

Ein kurzer Freudenjapser sagte mir, daß Mark welche gefunden hatte. Er fiel auf die Knie und begann seine Nikon über einem kleinen Haufen Gorillakot abzufeuern.

»Es ist im Nest«, erklärte er mir, nachdem er fertig war, »das ist sehr interessant, mußt du wissen. Die Berggorillas, also die, die hier leben, entleeren sich grundsätzlich in ihre Nester, weil es nachts zu kalt zum Aufstehen ist. Die Westlichen Flachlandgorillas tun das nicht. Für die ist es nicht so problematisch, nachts aufzustehen, weil sie in einem wärmeren Klima leben. Davon abgesehen, ernähren sich die Westlichen Flachlandgorillas von Früchten, was wohl ein weiterer Anreiz ist, sich nicht ins Nest zu scheißen.«

»Verstehe«, sagte ich.

Helmut wollte irgendwas sagen, vermutlich, daß sie in Lettland Gorillas hätten, die diesen weit überlegen seien, aber ich unterbrach ihn, weil ich plötzlich den merkwürdigen, unbehaglichen Eindruck hatte, von einem Laster angestarrt zu werden.

Wir blieben ganz ruhig und sahen uns sehr vorsichtig um. Es war nichts in unserer Nähe, es war nichts in den Bäumen über uns, und es war auch nichts in den Büschen, das uns verstohlen anspähte. Es dauerte ein paar Sekunden, bis wir überhaupt etwas sahen, aber dann bemerkten wir aus den Augenwinkeln eine kurze Bewegung. Ohne jede Deckung stand etwa dreißig Meter hinter uns auf dem Pfad etwas, das so groß war, daß wir es gar nicht bemerkt hatten. Es war ein Berggorilla oder vielleicht sollte ich besser sagen, ein Gorilla-Berg, der, auf seine Vorderknöchel gestützt, dastand und in dieser Haltung die Form eines großen, muskulösen, schrägen Hauszelts annahm.

Sie werden bestimmt schon häufiger gehört haben, daß diese Geschöpfe furchterregende Bestien sind, und ich möchte hier meinen ureigensten Eindruck hinzufügen: Diese Lebewesen sind furchterregende Bestien. Ich wüßte wirklich nicht, wie man sie sonst beschreiben sollte. Eine Art summende geistige Lähmung überkommt einen, wenn man einem derartigen Lebewesen zum erstenmal in freier Wildbahn begegnet, und tatsächlich gibt es ja auch keine anderen derartigen Lebewesen. Alle möglichen wilden und schwindelerregenden Gefühle steigen einem ins Hirn, die man nicht einordnen oder benennen kann, vielleicht, weil es Tausende oder Millionen von Jahren her ist, seit diese Gefühle zum letztenmal erweckt wurden.

*

Das Gefühl, das mich angesichts meines ersten Silberrücken-Gorillas in der Wildnis überkam, war schwindelerregend. Es war, als sollte ich irgend etwas tun, als würde eine Reaktion von mir erwartet, ohne daß ich wußte, was oder wie ich es tun sollte. Mein modernes Bewußtsein sagte einfach: »Lauf weg!«, aber ich konnte nichts weiter tun als dastehen, zittern und glotzen. Es war, als ob uns der richtige Zeitpunkt zwischen den Fingern hindurchglitt, zwischen uns und dem Gorilla in einen unüberbrückbaren Abgrund stürzte und uns hilflos gaffend auf unserer Seite zurückließ. Dem Gorilla war mittlerweile offenbar aufgegangen, daß wir gerade mit dem Fotografieren seines Kots beschäftigt gewesen waren, also stapfte er zurück ins Unterholz.

Wir nahmen die Verfolgung auf, waren aber – im Gegensatz zu ihm – nicht in unserem Element. Wir hätten nicht mal sagen können, wo ungefähr er eigentlich in seinem Element war, und nach einer Weile gaben wir auf und begannen, das Gebiet wieder etwas grundsätzlicher zu erforschen.

Der Gorilla, den wir gesehen hatten, war ein großer, männlicher Silberrücken gewesen. Silberrücken bedeutet, daß sein Rücken silbrig oder grauhaarig war. Nur die Rücken der Männchen verfärben sich, und das auch erst, wenn sie ausgewachsen sind. Gerüchte besagen, daß nur der männliche Anführer einer Gruppe einen silbernen Rücken bekommt, und zwar binnen weniger Tage oder Stunden, nachdem er die Führung übernommen hat, aber das ist offensichtlich Blödsinn. Weit verbreiteter und verlockender Blödsinn, aber eben Blödsinn. Und da wir schon beim Thema Blödsinn sind, sollte ich etwas erwähnen, das wir ein paar Tage später während eines Gesprächs mit Conrad Aveling erfuhren, einem Feldforscher aus Goma, der jahrelang für den Schutz der Gorillas in diesem Gebiet zuständig gewesen war.

Als wir Conrad erzählten, wie sehr uns Muraras und Serundoris Schilderungen vom Einfach-Losziehen-und-Wilderer-Umnieten beunruhigt hatten, ließ er sich in seinen Stuhl zurücksinken, klatschte sich auf die Schenkel und brüllte vor Lachen.

»Es ist einfach nicht zu fassen, was diese Burschen den Touristen so alles auftischen! Jetzt sagt bloß, die haben euch auch noch von ihrer Kommando-Vergangenheit erzählt?«

Einigermaßen schüchtern räumten wir ein, sie hätten. Conrad griff sich an die Augenbraue und schüttelte den Kopf.

»Das einzige, was an denen kommandomäßig ist«, sagte er, »ist ihre Uniform. Die kaufen sie nämlich von den Kommandos. Weil sie so gut wie nie bezahlt werden, verscherbeln die Kommandos die Dinger, um sich Essen leisten zu können. Das ist alles völliger Quatsch. Ich hab kürzlich schon mal so eine tolle Geschichte gehört. Ein Tourist hatte einen Führer gefragt – und zwar in Rawindi, wo es keine Gorillas gibt –, also dieser Tourist hatte gefragt: ›Was passiert, wenn ein Gorilla auf einen Löwen trifft?‹ Statt nun zu antworten: ›Tja, da Löwen und Gorillas in völlig verschiedenen Gegenden leben und gar nicht aufeinandertreffen *können*, ist das eine ziemlich dämliche Frage‹, meinte dieser Führer offenbar, er müsse sich eine originelle Antwort einfallen lassen. Also sagte er: ›Folgendes passiert: Der Gorilla prügelt den Löwen windelweich, rollt seinen Körper in Blätter und Zweige ein und trampelt dann darauf herum.‹ Ich hab von der Geschichte gehört, weil der Tourist anschließend zu mir kam und mir erzählt hat, wie irrsinnig faszinierend er das gefunden habe. Es gefällt mir nicht, wenn sie sich diese originellen Antworten ausdenken. Wenn man ihnen bloß klarmachen könnte, daß sie, falls sie die Antwort nicht wissen oder für nicht besonders interessant halten, das lieber zugeben sollen, als sich kompletten Schwachsinn auszudenken.«

Außer Frage aber stand, daß sich unsere Führer, wenn sie sich nicht gerade irgendwas ausdachten oder ihre Rambo-Phantasien auslebten, wirklich gut im Wald auskannten und eine Menge über Gorillas wußten. Sie hatten (wie Conrad Aveling durchgehend begeistert bestätigte) zwei Mitglieder der Gorillagruppe an den Kontakt mit Menschen »gewöhnt«. Dieses »Gewöhnen« ist ein sehr langwieriges, kompliziertes und heikles Unterfangen, besteht aber, kurz gesagt, darin, Kontakt zu einer Gruppe in der Wildnis aufzunehmen, sie über einen Zeitraum von Monaten oder gar Jahren tagtäglich zu besuchen – sofern man sie findet – und sie so zu trainieren, daß sie die Gegenwart von Menschen dulden, um sie schließlich studieren und selbst in Begleitung von Touristen aufsuchen zu können.

Die Dauer dieser Gewöhnungszeit hängt allein vom dominanten Silberrücken ab. Er ist derjenige, dessen Vertrauen man gewinnen muß. Bei der Familiengruppe, die wir besuchten, hatte es volle drei Jahre gedauert. Conrad Aveling hatte die ersten acht Monate bei diesem Projekt damit verbracht, mit den Gorillas durchs Unterholz zu kriechen, ohne dabei jemals einen von ihnen tatsächlich zu Gesicht zu bekommen, obwohl er häufig nicht weiter als fünf oder zehn Meter von ihnen entfernt war.

»Eins der Probleme bei der Gewöhnung in einer solchen Umgebung ist«, erklärte er uns, »daß man sich vor lauter Dickicht nicht sehen kann und deshalb ständig mit diesen plötzlichen Begegnungen in nur drei, vier Metern Entfernung rechnen muß, wobei man sich aber noch immer nicht sehen kann. Da fährt natürlich jeder aus der Haut. Der Gorilla fährt aus seiner Haut und ich aus meiner. Das ist unglaublich aufregend. Man bekommt einen richtigen Adrenalinstoß. Das Problem mit der Gruppe aus Bukavu war, daß der Silberrücken nicht auf mich losgehen wollte. Ich wollte aber, daß er das tat, weil er sich dann hätte zeigen müssen und begriffen hätte, daß ich keine Bedrohung darstellte. Aber er machte es einfach nicht, sondern umkreiste mich nur weiter. Normalerweise gehen sie auf einen los, und wenn sie das tun und man ihnen Auge in Auge gegenübersteht, haben beide Parteien einen Augenblick Zeit zu begreifen, daß keiner für den anderen eine Bedrohung darstellt, und der Gorilla wird sich zurückziehen.«

»Aber man nimmt doch wohl eine Unterwerfungshaltung ein, oder?« fragte Mark. »Man stellt sich ihm doch nicht?«

»Nein, ich nehme grundsätzlich keine Unterwerfungshaltung ein. Normalerweise kann ich mich vor Angst nicht bewegen.«

Hat der Silberrücken den Menschen erst einmal akzeptiert, schließt sich nicht nur der Rest der Gruppe zügig an, sondern lassen sich interessanterweise auch andere, im selben Gebiet lebende Gruppen gewöhnlich bedeutend schneller an die Gegenwart von Menschen gewöhnen. Ärger gibt es dabei so gut wie nie, vorausgesetzt, alle Beteiligten behandeln einander mit angemessenem Respekt. Die Gorillas sind absolut imstande, deutlich zu machen, wenn sie nicht gestört werden wollen. In einem Fall hatte eine Gorillagruppe wegen eines Zusammentreffens mit einer anderen Gorillagruppe einen besonders stressigen Vormittag verbracht und wollte um nichts in der Welt nachmittags von Menschen belästigt werden; als ein Spurenleser einige Touristen anschleppte und länger als erwünscht blieb, griff sich der Silberrücken die Hand des Spurenlesers und biß ihm ganz behutsam die Uhr ab.

Das Geschäft mit dem Tourismus ist und bleibt vertrackt. Ich selbst hatte die Gorillas schon seit Jahren besuchen wollen, mich jedoch aus Sorge, der Tourismus könne sowohl ihren Lebensraum als auch ihre Lebensgewohnheiten beeinträchtigen, abschrecken lassen. Außerdem besteht die Gefahr, die Gorillas Krankheiten auszusetzen, gegen die sie nicht immun sind. Bekanntlich war ja auch Dian Fossey, die berühmte, einzigartige Vorkämpferin des Gorillaschutzes, die meiste Zeit ihres Lebens eine leidenschaftliche Gegnerin des Tourismus und wollte die Welt von ihren Gorillas fernhalten. Dennoch hat aber auch sie sich gegen Ende ihres Lebens, wenn auch schweren Herzens, zu einer anderen Auffassung durchringen können, und nach heute vorherrschender Meinung ist der Tourismus, solange er sorgfältig kontrolliert und überwacht wird, der einzige Garant für den künftigen Fortbestand der Gorillas. Es ist traurig, aber leider nicht von der Hand zu weisen, daß es letztlich auf simple Ökonomie hinausläuft. Ohne Touristen stellt sich nur die Frage, was zuerst passiert – entweder wird der Lebensraum der Gorillas vollständig zerstört, um als Anbaufläche oder Feuerholz zu dienen, oder die Gorillas werden von Wilderern gejagt, bis sie ausgerottet sind. Ungeschminkt formuliert, sind die Gorillas heute für die Einheimischen (und die Regierung) tot weniger wert als lebendig.

Die Beschränkungen, die mit Nachdruck durchgesetzt werden, sehen so aus: Jede Gorillafamilie darf nur einmal täglich, normalerweise eine Stunde lang, von einer höchstens sechs Personen umfassenden Gruppe besucht werden, deren Mitglieder für dieses Privileg je einhundert US-Dollar zu zahlen haben. Wofür sie die Gorillas unter Umständen nicht mal zu sehen bekommen.

Wir hatten Glück; wir fanden sie. Obwohl es nach unserem ersten kurzen Zusammentreffen mit dem Silberrücken eine Zeitlang nicht so aussah, als sollten wir auf weitere Gorillas stoßen. Wir bewegten uns langsam und vorsichtig durchs Unterholz, während Murara und Serundori regelmäßig Keuch- und Grunzlaute ausstießen. Sinn dieser Übungen war, den Gorillas unser Kommen anzukündigen und zu unterstreichen, daß wir nichts Böses im Schilde führten. Die Geräusche sind Nachahmungen von Lauten, die die Gorillas selbst von sich geben. Obwohl es wohl ziemlich egal ist, ob man sie nun zu imitieren versucht oder nicht. Reinlegen kann man damit sowieso niemanden. Es beruhigt die Gorillas einfach, wenn man immer dasselbe Geräusch macht. Ginge es nach ihnen, könnte man genausogut die Nationalhymne absingen.

Als wir schon kurz davor waren, aufzugeben und umzukehren, versuchten wir es noch einmal mit einem Richtungswechsel, und plötzlich schien der Wald mit Gorillas regelrecht vollgestopft zu sein. In einem Baum, knapp einen Meter über unseren Köpfen, rekelte sich ein Weibchen, das träge mit den Zähnen Rinde von einem Zweig rupfte. Es nahm uns zur Kenntnis, war aber nicht interessiert. Zwei Babys alberten in vier Metern Höhe verwegen in einem ausgesprochen schmächtigen Bäumchen herum, und ein junges Männchen tuckerte auf der Suche nach Eßbarem durchs nahe gelegene Unterholz. Wir starrten die beiden Babys an, erstaunt und fasziniert von der herrlich ausgelassenen Hingabe, mit der sie umeinander und um das grauenhaft dürre Bäumchen wirbelten, das sie für diese Übung auserkoren hatten. Es war kaum zu fassen, daß der Baum sie überhaupt tragen konnte, und tatsächlich konnte er das auch nicht. In völligem Irrglauben, was die Gravitationsgesetze betraf, rauschten sie plötzlich durch die Äste zu Boden und trollten sich verzagt ins Unterholz.

Wir folgten ihnen und begegneten einem Gorilla nach dem anderen, bis wir schließlich auf einen Silberrücken stießen, der unter einem Busch auf der Seite lag, sich mit seinem hinter dem Kopf verschränkten langen Arm am gegenüberliegenden Ohr kratzte und dabei ein einigermaßen untätiges Astbüschel betrachtete. Uns war sofort klar, was er tat. Er lungerte herum. Das war ganz offensichtlich. Oder besser: Die Versuchung, es ganz offensichtlich zu finden, war überwältigend.

Sie sehen aus wie Menschen, sie bewegen sich wie Menschen,

sie halten Dinge in den Händen wie Menschen, und ihre Mimik und die ungemein menschlichen Blicke drücken etwas aus, das wir ganz instinktiv als Ausdruck menschlicher Gefühle empfinden. Wir sehen ihnen ins Gesicht und denken: »Wir wissen, wie sie sind«, aber genau das wissen wir nicht. Oder blockieren zumindest jeden möglichen Verständnisschimmer, indem wir uns mit ebenso einfachen wie verlockenden Mutmaßungen begnügen.

Auf Händen und Knien kroch ich langsam und ruhig dichter an den Silberrücken heran, bis ich nur noch einen halben Meter von ihm entfernt war. Er warf mir einen unbeteiligten Blick zu, als sei ich nur irgendwer, der gerade ins Zimmer gekommen war, und setzte seine Betrachtungen fort. Ich schätzte, daß das Tier ungefähr so groß war wie ich – fast zwei Meter –, hielt es aber für ungefähr doppelt so schwer. Größtenteils Muskeln, mit weicher schwarzgrauer Haut, die ihm ziemlich locker und, von groben schwarzen Haaren bedeckt, von der Vorderseite hing.

Als ich mich erneut bewegte, rückte er von mir ab, ungefähr fünfzehn Zentimeter, als ob ich mich etwas zu dicht neben ihn aufs Sofa gesetzt hätte und er jetzt grummelnd ein bißchen Platz machte. Dann legte er sich, die Faust unter das Kinn gestemmt, auf den Bauch und kratzte sich träge mit der anderen Hand die Wange. Ich blieb so ruhig und still wie möglich sitzen, obwohl mir aufging, daß ich gerade von Ameisen zu Tode gebissen wurde. Er sah uns ohne besondere Anteilnahme nacheinander an und wandte seine Aufmerksamkeit dann wieder seinen Händen zu, während er sich mit dem Daumen träge einige Schmutzflecken von einem der Finger kratzte. Ich hatte den Eindruck, daß wir für ihn ungefähr so interessant waren wie ein langweiliger Sonntagnachmittag vor dem Fernseher. Er gähnte.

Es ist so verflucht schwierig, Tiere nicht zu vermenschlichen. Derartige Eindrücke drängen sich einem ununterbrochen auf, weil sie soviel spontanes Wiedererkennen auslösen, wie illusorisch dieses Wiedererkennen auch immer sein mag. Nur auf diese Art und Weise läßt sich vermitteln, an was es *erinnerte.*

Nach einer längeren schweigsamen Pause zog ich vorsichtig mein rosa Schreibpapier aus der Tasche und begann mir die Notizen zu machen, von denen ich gerade abschreibe. Das schien ihn schon mehr zu interessieren. Ich nehme mal an, daß er vorher einfach noch nie rosa Schreibpapier gesehen hatte. Er verfolgte meine über das Blatt kritzelnde Hand eine Zeitlang mit den Augen, stand schließlich auf und berührte zuerst das Papier und dann die Spitze meines Kugelschreibers – nicht, um ihn mir wegzunehmen oder mich auch nur zu unterbrechen, sondern um zu sehen, was das war und wie es sich anfühlte. Ich war wirklich gerührt und wurde von dem albernen Impuls gepackt, ihm auch noch meine Kamera zu zeigen.

Er zog sich ein Stück zurück und legte sich etwa einen Meter von mir entfernt wieder hin, das Kinn wie zuvor auf die Faust gestützt. Mir gefielen sein ungewöhnlich nachdenklicher Gesichtsausdruck und die Art und Weise, wie sich seine Lippen durch den nach oben gerichteten Druck der Faust aufbauschten. Der beunruhigendste Hinweis auf Intelligenz allerdings schien mir aus den plötzlichen Seitenblicken hervorzugehen, die er mir nicht infolge bestimmter Bewegungen meinerseits zuwarf, sondern offenbar immer dann, wenn ihm gerade eine Idee gekommen war.

Ich begriff, welche Überheblichkeit hinter unserer Annahme steckt, wir könnten ihre Intelligenz beurteilen – als wäre die unsere irgendeine Norm, an der alles andere zu messen ist. Also versuchte ich mir vorzustellen, wie er uns sah, nur ist das natürlich so gut wie unmöglich, weil man beim Versuch, seine Vorstellungslücken zu überbrücken, unwillkürlich wieder bei den eigenen Annahmen landet und die irreführendsten Annahmen zudem ausgerechnet jene sind, von denen man gar nicht bewußt ausgeht.

Ich malte mir aus, wie er da unbeschwert in seiner eigenen kleinen Welt lag, meine Gegenwart darin tolerierte, obwohl er mir, wie ich glaube, womöglich Signale zuschickte, auf die ich nicht zu reagieren wußte. Und dann malte ich mir aus, wie ich da neben ihm saß, geschmückt mit meinen Intelligenzapparaten – meiner Gore-Tex-Kutte, meinem Stift und meinem Papier, meiner autofokussierenden, belichtungsautomatischen Nikon F4 – und meiner ganzen Unfähigkeit, auch nur irgend etwas von dem Leben zu begreifen, das wir hinter uns im Wald zurückgelassen haben. Aber irgendwo in der genetischen Geschichte, die wir alle in jeder einzelnen Körperzelle mit uns herumtragen, bestand eine innige Verbindung zu diesem Lebewesen – für uns so unerreichbar wie die Träume vom letzten Jahr, aber, genau wie diese Träume, immer unsichtbar und unergründlich gegenwärtig.

Was mir daraufhin in den Sinn kam, war, glaube ich, die vage Erinnerung an einen Film, in dem ein New Yorker, Sohn osteuropäischer Einwanderer, aufbricht, um das Dorf zu finden, aus dem seine Familie ursprünglich stammt. Er ist wohlhabend und erfolgreich und erwartet, aufgeregt in Empfang genommen und bestaunt zu werden.

Statt dessen wird er zwar nicht gerade abgelehnt oder gar weggeschickt, aber in einer für ihn vollkommen unverständlichen Art und Weise empfangen. Es irritiert ihn, daß man nicht angemessen auf seine Anwesenheit reagiert, bis er begreift, daß die Zurückhaltung, mit der man ihm begegnet, keine Ablehnung ist, sondern nur der Friede, in dem er als Gast, aber nicht als Störer, jederzeit willkommen ist. Die Geschenke, die er aus der Zivilisation mitgebracht hat, zerfallen in seinen Händen zu Staub, als ihm klar wird, daß alles, was er besitzt, nur ein Abglanz dessen ist, was er verloren hat.

Wieder betrachtete ich die Augen des Gorillas, weise und wissende Augen, und machte mir meine Gedanken über die Versuche, Affen eine Sprache beizubringen. Unsere Sprache. Wozu? Es gibt doch genügend Mitglieder unserer eigenen Spezies, die in und mit dem Wald leben und diese Sprache kennen und verstehen. Denen hören wir doch auch nicht zu. Wie kommen wir also darauf, daß wir uns ausgerechnet das anhören würden, was uns ein Affe zu sagen hätte? Oder darauf, daß er uns etwas von seinem Leben mitteilen könnte, in einer Sprache, die nicht aus diesem Leben entstanden ist? Vielleicht, dachte ich, ist es gar nicht so, daß sie eine Sprache erwerben müßten, sondern daß wir eine verloren haben.

Unsere Anwesenheit schien den Silberrücken schließlich doch zu ermüden. Er wuchtete sich auf die Füße und schleppte sich gemächlich in einen anderen Teil seiner Behausung.

Auf dem Rückweg zur Hütte entdeckte ich in meiner Kameratasche eine kleine Dose Thunfisch, die wir nach unserer Rückkehr zusammen mit einer Flasche Bier gierig vernichteten, und das bedeutete, um zwei Uhr nachmittags, das Ende der spaßigen

Ereignisse dieses Tages, es sei denn, man hält es für spaßig, einem Paar deutscher, Verzeihung, lettischer Studenten zuzuhören, das einem die Vorzüge seiner Taschenmesser auseinandersetzt.

Mark wurde dabei langsam ziemlich fuchsig, was sich daran zeigte, daß er seine Bierflasche ausgesprochen fest mit den Händen umklammert hielt und sie dauernd anstarrte. Kurt fragte uns, was wir als nächstes vorhätten, und wir sagten, wir würden zum Garamba-Nationalpark fliegen und mal sehen, ob wir irgendwelche weißen Nashörner auftreiben könnten. Kurt nickte und sagte, er selbst werde wohl heute nacht mal nach Uganda wandern.

Marks um die Bierflasche geschlungene Fingerknöchel wurden weißer. Nun zieht er es zwar wie die meisten Zoologen ohnehin vor, sich mit Tieren und nicht mit Menschen abzugeben, aber in diesem Fall waren wir uns vollkommen einig. Mir kam in den Sinn, daß wir einen Tag damit zugebracht hatten, völlig verzückt ein paar Berggorillas anzustaunen, daß uns besonders ihre scheinbare Ähnlichkeit mit uns Menschen ergriffen hatte und daß wir gerade diese Eigenschaft für eine ihrer faszinierendsten und fesselndsten hielten. Um anschließend herauszufinden, daß ein paar in Gesellschaft von wirklichen Menschen verbrachte Stunden bloß lästig und etwas verwirrend waren.

Aus dem Amerikanischen von Sven Böttcher

Ernst Herbeck

DER SCHIMPANSE

Der Schimpanse lebt auf der ganzen Welt. Er ist groß und behaart. Er isst inseit. Er geht wenig spaziren. Er liebt nur einmal. Der Schimpanse betet sehr viel. Im Schimpansen leben viele Tiere. Der Schimpanse ist klein.

NATURGESCHICHTE

Charles Darwin

ÜBER DIE VERWANDTSCHAFTEN UND DIE GENEALOGIE DES MENSCHEN

Da geringe und nicht bedeutungsvolle Punkte der Übereinstimmung zwischen dem Menschen und den höheren Affen in den systematischen Werken gewöhnlich nicht erwähnt werden und da dieselben, wenn sie zahlreich sind, deutlich unsere Verwandtschaft aufdecken, will ich einige wenige dieser Punkte speciell anführen. Die relative Stellung der Gesichtszüge ist offenbar dieselbe beim Menschen und den Quadrumanen; und die verschiedenen Gemüthserregungen werden von nahezu ähnlichen Bewegungen der Muskeln und der Haut oberhalb der Augenbrauen und um den Mund herum ausgedrückt. Einige wenige Gesichtsausdrücke sind in der That fast ganz dieselben, wie das Weinen bei gewissen Affenarten und das lärmende Lachen anderer, wobei die Mundwinkel rückwärts gezogen und die unteren Augenlieder gerunzelt werden. Die äusseren Ohren sind merkwürdig gleich. Beim Menschen ist die Nase in viel höherem Maasse hervorstehend als bei den meisten Affen; wir können aber den Anfang zur Krümmung einer Adlernase an der Nase des Hoolock-Gibbon's sehen; und dies ist bei dem *Semnopithecus nasica* bis zu einem lächerlichen Extrem geführt.

Das Gesicht vieler Affen ist mit Bärten, Backenbärten oder Schnurrbärten geziert. Bei manchen Arten von *Semnopithecus* wächst das Haar auf dem Kopf zu einer bedeutenden Länge und bei dem Mützenaffen strahlt es von einem Punkte auf dem Scheitel aus, mit einer auf der Mitte herablaufenden Scheitelung wie beim Menschen. Es wird gewöhnlich, gesagt, dass die Stirn dem Menschen sein edles und intellectuelles Ansehen gibt; aber das dichte Haar auf dem Kopfe des Mützenaffen *(Macacus radiatus)* endet nach unten ganz plötzlich, und es folgt ihm hier so kurzes und feines Haar oder Dunen, dass von einer geringen Entfernung aus die Stirn mit Ausnahme der Augenbrauen vollständig nackt erscheint. Man hat irrthümlicher Weise angeführt, dass Augenbrauen bei keinem Affen vorhanden wären. In der eben genannten Species ist der Grad von Nacktheit an der Stirn bei verschiedenen Individuen verschieden, und Eschricht gibt an, dass die Grenze zwischen der behaarten Kopfhaut und der nackten Stirn zuweilen nicht scharf bestimmt ist, so dass wir hier beiläufig einen Fall von Rückschlag auf einen Urerzeuger vor uns zu haben scheinen, bei welchem die Stirn noch nicht völlig nackt geworden war.

*

Man darf nun aber auch nicht etwa annehmen, dass die Ähnlichkeit, in den eben genannten und vielen andern Punkten, zwischen dem Menschen und gewissen Affen – wie der Besitz einer nackten Stirn, eines wallenden Haarwuchses auf dem Kopfe u.s.w. – sämmtlich nothwendig das Resultat einer ununterbrochenen Vererbung von einem mit diesen Merkmalen versehenen Urerzeuger oder eines später eingetretenen Rückschlags sind. Viele von diesen Übereinstimmungen sind wahrscheinlicher eine Folge analoger Abänderungen, welche, wie ich an einem andern Orte zu zeigen versucht habe, daher rühren, dass von gemeinsamen Stammformen ausgehende Organismen eine ähnliche Constitution haben und von ähnlichen, Variabilität hervorrufenden Ursachen beeinflusst worden sind. In Bezug auf die ähnliche Richtung der Haare am Vorderarm des Menschen und gewisser Affen lässt sich, da dieses Merkmal fast allen anthropomorphen Affen gemeinsam zukommt, wohl annehmen, dass es wahrscheinlich auf Vererbung zu beziehen ist; indessen doch nicht sicher, da auch einige sehr weit abstehende amerikanische Affen in gleicher Weise characterisirt sind. Dieselbe Bemerkung lässt sich auch auf den schwanzlosen Zustand des Menschen anwenden; denn der Schwanz fehlt bei allen anthropomorphen Affen. Nichtsdestoweniger lässt sich dieses Merkmal nicht mit Sicherheit der Vererbung zuschreiben, da der Schwanz, wenn er auch nicht völlig fehlt, doch bei verschiedenen anderen Arten der alten Welt und bei einigen der neuen Welt rudimentär ist und bei mehreren zu der verwandten Gruppe der Lemuren gehörenden Species völlig fehlt.

*

Über den Geburtsort und das Alter des Menschen. – Wir werden natürlich darauf geführt zu untersuchen, wo der Geburtsort des Menschen gewesen ist, d.h. auf der Stufe seiner Descendenzreihe, als unsere Urerzeuger von dem Stamme der Catarhinen sich abzweigten. Die Thatsache, dass sie zu diesem Stamm gehörten, zeigt ganz entschieden, dass sie die alte Welt bewohnten, aber weder Australien noch irgend eine oceanische Insel, wie wir aus den Gesetzen der geographischen Verbreitung schliessen können. In jedem grossen Bezirk der Erde sind die dort lebenden Säugethiere nahe mit den ausgestorbenen Arten desselben Bezirks verwandt. Es ist daher wahrscheinlich, dass Afrika früher von jetzt ausgestorbenen Affen bewohnt wurde, welche dem Gorilla und dem Schimpansen nahe verwandt waren; und da diese beiden Species jetzt die nächsten Verwandten des Menschen sind, so ist es fast noch mehr als wahrscheinlich, dass unsere frühen Urerzeuger auf dem afrikanischen Festland, und zwar hier eher als irgendwo anders, lebten. Es ist aber ganz unnütz, über diesen Gegenstand Speculationen anzustellen; denn ein Affe, fast so gross als der Mensch, nämlich der *Dryopithecus* von LARTET, welcher mit dem anthropomorphen *Hylobates* nahe verwandt war, existirte in Europa während der oberen Miocenperiode, und seit dieser so entfernt liegenden Periode hat die Erde sicher viele Revolutionen erfahren und es ist auch hinreichende Zeit für Wanderungen im grössten Maassstabe vergangen.

Zu der Zeit und an dem Ort, wann und wo dies auch gewesen sein mag, als der Mensch zuerst sein Haarkleid verlor, bewohnte er wahrscheinlich ein warmes Land, und dies würde einer Ernährung von Früchten, von denen er nach Analogie zu urtheilen lebte, günstig gewesen sein. Wir sind weit davon entfernt, wirklich zu wissen, wann der Mensch zuerst von dem Stamm der Catarhinen abzweigte; indess kann dies schon in einer so entfernten Periode eingetreten sein, wie der eocenen; denn die höheren Affen waren von den niedrigeren Formen der Ordnung bereits zu einer so frühen Zeit wie der oberen miocenen abgezweigt, wie durch die Existenz des *Dryopithecus* eben bewiesen wird. Wir sind auch vollständig unwissend darüber, in einem wie schnellen Verhältniss Organismen überhaupt, mögen sie nun hoch oder niedrig in der Stufenleiter stehen, unter günstigen Umständen modificirt werden können; indessen wissen wir, dass einige Organismen eine und dieselbe Form während eines enormen Zeitraums beibehalten haben. Nach dem, was wir im Zustand der Domestication an Thieren vor sich gehen sehen, bemerken wir, dass innerhalb einer und derselben Periode einige der gleichzeitigen Nachkommen einer und derselben Art gar nicht geändert zu haben brauchen, einige nur wenig und andere wieder bedeutend. So mag es mit dem Menschen der Fall gewesen sein, welcher im Vergleich mit den höheren Affen einen grossen Betrag an Modificationen in gewissen Merkmalen erfahren hat.

Die grosse Unterbrechung in der organischen Stufenreihe zwischen dem Menschen und seinen nächsten Verwandten, welche von keiner ausgestorbenen oder lebenden Species überbrückt werden kann, ist oft als ein schwer wiegender Einwurf gegen die Annahme vorgebracht worden, dass der Menschen von einer niederen Form abgestammt ist; für Diejenigen aber, welche durch allgemeine Gründe überzeugt an das allgemeine Princip der Evolution glauben, wird dieser Einwurf kein sehr grosses Gewicht zu haben scheinen. Solche Unterbrechungen treten unaufhörlich an allen Punkten der Reihe auf, einige sind weit, sehr scharf abgeschnitten und bestimmt, andere in verschiedenen Graden weniger nach diesen Beziehungen hin, so z. B. zwischen dem Orang und seinen nächsten Verwandten – zwischen dem Tarsius und den andern Lemuriden – zwischen dem Elephanten und in einer noch auffallenderen Weise zwischen dem *Ornithorhynchus* oder der *Echidna* und den andern Säugethieren. Aber alle diese Unterbrechungen beruhen lediglich auf der Zahl der verwandten Formen, welche ausgestorben sind. In irgend einer künftigen Zeit, welche nach Jahrhunderten gemessen nicht einmal sehr entfernt ist, werden die civilisirten Rassen der Menschheit beinahe mit Bestimmtheit auf der ganzen Erde die wilden Rassen ausgerottet und ersetzt haben. Wie Professor SCHAAFFHAUSEN bemerkt hat, werden zu derselben Zeit ohne Zweifel auch die anthropomorphen Affen ausgerottet sein. Die Unterbrechung wird dann noch weiter gemacht werden, denn sie tritt dann zwischen dem Menschen in einem noch civilisirteren Zustand als dem kaukasischen, wie wir hoffen können, und irgend einem so tief in der Reihe stehenden Affen wie einem Pavian auf, statt dass sie sich gegenwärtig zwischen dem Neger oder Australier und dem Gorilla findet.

Was das Fehlen fossiler Reste betrifft, welche den Menschen mit seinen affenähnlichen Urerzeugern zu verbinden dienen, so wird Niemand auf diese Thatsache viel Gewicht legen, welcher Sir C. Lyell's Erörterung gelesen hat, worin er zeigt, dass in sämmtlichen Classen der Wirbelthierreihe die Entdeckung fossiler Reste ein äusserst langsamer und vom Zufall abhängiger Vorgang gewesen ist. Auch darf man nicht vergessen, dass diejenigen Gegenden, welche am wahrscheinlichsten Reste darbieten, welche den Menschen mit irgend einem ausgestorbenen affenähnlichen Geschöpf verbinden, bis jetzt von Geologen noch nicht untersucht sind.

*

Die hauptsächlichste Folgerung, zu welcher ich in diesem Werke gelangte, nämlich dass der Mensch von einer niedriger organisirten Form abgestammt ist, wird für viele Personen, wie ich zu meinem Bedauern wohl annehmen muss, äusserst widerwärtig sein. Es lässt sich aber kaum daran zweifeln, dass wir von Barbaren abstammen. Das Erstaunen, welches ich empfand, als ich zuerst eine Truppe Feuerländer an einer wilden, zerklüfteten Küste sah, werde ich niemals vergessen; denn der Gedanke schoss mir sofort durch den Sinn: so waren unsere Vorfahren. Diese Menschen waren absolut nackt und mit Farbe bedeckt, ihr langes Haar war verschlungen, ihr Mund vor Aufregung begeifert und ihr Ausdruck wild, verwundert und misstrauisch. Sie besassen kaum irgend welche Kunstfertigkeit und lebten wie wilde Thiere von dem, was sie fangen konnten. Sie hatten keine Regierung und waren gegen jeden, der nicht von ihrem kleinen Stamme war, ohne Erbarmen. Wer einen Wilden in seinem Heimathslande gesehen hat, wird sich nicht sehr schämen, wenn er zu der Anerkennung gezwungen wird, dass das Blut noch niedrigerer Wesen in seinen Adern fliesst. Was mich betrifft, so möchte ich ebenso gern von jenem heroischen kleinen Affen abstammen, welcher seinem gefürchteten Feinde trotzte, um das Leben seines Wärters zu retten, oder von jenem alten Pavian, welcher, von den Hügeln herabsteigend, im Triumph seinen jungen Kameraden aus einer Menge erstaunter Hunde herausführte, – als von einem Wilden, welcher ein Entzücken an den Martern seiner Feinde fühlt, blutige Opfer darbringt, Kindesmord ohne Gewissensbisse begeht, seine Frauen wie Sclaven behandelt, keine Züchtigkeit kennt und von dem gröbsten Aberglauben beherrscht wird.

Der Mensch ist wohl entschuldigt, wenn er einigen Stolz darüber empfindet, dass er, wenn auch nicht durch seine eigenen Anstrengungen, zur Spitze der ganzen organischen Stufenleiter gelangt ist; und die Thatsache, dass er in dieser Weise emporgestiegen ist, statt ursprünglich schon dahin gestellt worden zu sein, kann ihm die Hoffnung verleihen, in der fernen Zukunft eine noch höhere Bestimmung zu haben. Wir haben es aber hier nicht mit Hoffnungen oder Befürchtungen zu thun, sondern nur mit der Wahrheit, soweit unsere Vernunft uns gestattet sie zu entdecken. Ich habe die Beweise nach meiner besten Kraft mitgetheilt, und wir müssen anerkennen, wie mir scheint, dass der Mensch mit allen seinen edlen Eigenschaften, mit der Sympathie, welche er für die Niedrigsten empfindet, mit dem Wohlwollen, welches er nicht bloss auf andere Menschen, sondern auch auf die niedrigsten lebenden Wesen ausdehnt, mit seinem gottähnlichen Intellect, welcher in die Bewegungen und die Constitution des Sonnensystems eingedrungen ist, mit allen diesen hohen Kräften doch noch in seinem Körper den unauslöschlichen Stempel seines niederen Ursprungs trägt.

Aus dem Englischen von J. Victor Carus

Franz Pocci

SCHIMPANSE, DER DARWINAFFE

Intermezzo in einem Aufzug

Personen

GERSTENZUCKER, *Professor und berühmter Reisender*
KASPERL LARIFARI
GRETL, *seine Frau*
FRÄULEIN BLAUSTRUMPF
BÜRGERMEISTER NEURER
SCHÖPPLER, *Magistratsrat*
TÜRMÜLLER, *Hausherr*
SPRITZLER, *Magistratsdiener*
EIN GERICHTSDIENER
SCHIMPANSE, *ein Affe*

*

Zimmer des Professors Gerstenzucker. Schreibpult, Karten, Globus, ausgestopfte Tiere, Retorten, Gläser, Bücher, ad libitum charakteristisch ausstaffiert.

(Gerstenzucker sitzt in seinem Lehnstuhle am Schreibpulte. Vor ihm auf dem Boden liegt ein toter Affe.)

GERSTENZUCKER: Er ist dahin! Mein treuer, guter Schimpanse – erschrecklich! Dieses kostbare, mir unersetzliche Exemplar! Das wichtigste Resultat meiner Reise um die Welt! – Was fang ich jetzt an? Der lebendige Beweis des Darwinismus, das evidenteste Subjekt für die Theorie, daß das Menschengeschlecht seinen Ursprung nur im *Affen* zu suchen hat; und wie weit in der Kultur war er durch meine Erziehung gebracht! Er war beinah schon ganz Mensch – (es klopft) – und nun ist er eine Leiche! Jetzt gerade eine Störung. Man soll nicht wissen, daß mein Schimpanse krepiert ist.

(Kasperl plumpst durch die Türe herein auf den Boden.)

Kasperl: Bitt um Verzeihung, gehorsamster Diener! die Tür muß nit recht zug'wesen sein. Bitt untertänigst –

Gerstenzucker: Wer sind Sie, mein Herr, daß Sie so ohne weiteres eindringen?

Kasperl: Wer ich bin? Ach! ein Unglücklicher, Hoimatloser.

Gerstenzucker: Wieso? Was wollen Sie hier?

Kasperl: Ich habe in einem Blattl ausgeschrieben gelesen, daß ein Herr Professor einen Budienten sucht, auf dessen Redlichkeit und Fleiß er sich verlassen könne. In dem Anfragsbüro hat man mich hierher gewiesen. Und da bin ich halt g'schickterweis gleich höflich zur Tür hereing'fallen.

Gerstenzucker: Sie suchen also einen Dienst? (Für sich:) Ein kurioses Exemplar, das.

Kasperl: Ja, ich suche einen Dienst, aber allein nur meiner Xalifixation angemessen und einen der Befriedigung meiner Substanz entsprechenden Aufenthalt.

Gerstenzucker (für sich): Der kommt mir gelegen. Vielleicht könnte ich ihn wohl gebrauchen. (Zu Kasperl:) Wo haben Sie Ihre Zeugnisse? Ihre Referenzen?

Kasperl: Ich busitze weder Zeugnisse noch Deferenzen. Wer nicht meiner Phusionomie traut, wer (erhaben:) mir nicht offen und ehrlich in mein blaues Auge schauen kann – der ist nicht *mein* Mann. Ich war bisher freier Staatsbürger – –

Gerstenzucker: Sie sind also wohl durch Verhältnisse genötigt, einen Dienst zu suchen?

Kasperl: O ja! Sehr ja! (Seufzt:) Die Verhältnisse, die Stricksale, die Wirren – Zwirren – – alles, alles – –

GERSTENZUCKER: Gut. Ich will es mit Ihnen versuchen, wenn Sie auf meine Bedingungen eingehen.

KASPERL: O sehr, denn ich bin schon oft eingegangen.

GERSTENZUCKER: Sie werden gut bezahlt und gut genährt. Ich hatte die Fatalität, meinen bisherigen treuen Diener zu verlieren –

KASPERL: Und nicht mehr zu *finden*?

GERSTENZUCKER: Zu verlieren – durch den *Tod!* Hier ist seine Leiche.

(Kasperl sieht den toten Affen,
macht einen Sprung zurück.)

KASPERL: Pfui Teufel! Dieser Budiente hat ja einen Schwoif!

GERSTENZUCKER: Ich habe ihn zwar als Wilden aus Afrika mitgebracht; allein er war ein treffliches Subjekt.

KASPERL: Und jetzt soll *ich* dieses Vieh vorstellen?

GERSTENZUCKER: Es ist meine Livree. Nun, also? –

KASPERL: Erlauben S' nur, daß ich mich ein bißl businne. (Für sich:) Gut bezahlt, gut genährt. 25 Gulden monatlich muß er mir geben. – Ah, auf einige Zeit kann ich's ja probieren, und auf die Maskerad kommt's mir auch net an; da kennt mich kein Mensch – auch meine Gretl nicht. Das gibt einen Hauptspaß. – (Zu Gerstenzucker:) Mir ist's recht und ich bin dabei; aber monatlich 25 Gulden und alles frei!

GERSTENZUCKER: Einverstanden. Folgen Sie mir in das Nebenzimmer. Nehmen Sie Ihren Vorgänger mit. (Ab durch die Seitentüre.)

(Unter komischem Zögern zieht Kasperl den toten Affen am Schwanze nach und folgt dem Professor. Fräulein Blaustrumpf in extravaganter Toilette tritt großartig durch die Haupttüre.)

FRÄULEIN: Alle Türen offen! Freier Eintritt in das Heiligtum der Wissenschaft. Dies ist groß! Dies ist würdig! – So denke ich mir auch den Mann. Nun soll ich ihn kennenlernen, Aug in Aug, diesen berühmten Mann. Schon dieses Zimmer, in welchem sein Geist schafft und wirkt, ist eigentümlich reizend. All diese Objekte! Und hier auf seinem Pult noch die kaum eingetunkte Feder! keine Stahlfeder! Nein, der alte würdige *Kiel!* Auch dies ist eigentümlich und groß. – – Er kömmt!

(Kasperl mit Affenmaske vor dem Gesichte und hinten an der Hose ein langer beweglicher Schwanz, im übrigen ganz in seinem gewöhnlichen Kostüme, Spitzkappe auf dem Kopf usw., tritt ein und glotzt das Fräulein an.)

FRÄULEIN: Ach! Was seh ich? – Dies ist wohl sein Schimpanse – sein Diener. Merkwürdig! (Spricht ihn an:) Schimpanse! Schimpanse!

(Kasperl macht ungeheure Reverenzen und Sprünge.)

KASPERL (für sich): Was ist denn das für eine kuriose Figur?

FRÄULEIN: Wie kann ich mich ihm wohl verständlich machen! Ist der Herr Professor zu Hause? Monsieur le Professeur, est-il chez lui?

KASPERL (sehr schnell): Ja, ja, ja, ja, oui, oui, oui, oui!

(Streckt den Schwanz in die Höhe.)

FRÄULEIN: Intelligentes Wesen! – Willst du mich melden? Fräulein Blaustrumpf.

Kasperl (springt auf den Tisch): Pr, pr, pr, pr, pr!

Fräulein: Ich bin Privatgelehrtin und Touristin.

Kasperl: Schnurrnurrschnurrnurristin!

(Lacht fürchterlich, springt mit einem Satze durch die Seitentüre ab.)

Fräulein (allein): Allerliebst! Da sieht man es unwiderlegbar: Darwin hat recht. Ein Affe und so intelligent, wie irgendein menschliches Wesen – allerdings zwar auf etwas niedrigerem Kulturstandpunkte; *so* mögen wohl die Urmenschen gewesen sein.

*

Offene Straße in der Stadt.

(Gretl, später Spritzler.)

Gretl: Zwei Stunden hab ich jetzt schon auf den Kasperl gewart't. Wo steckt *der* wieder? Er hätt mir schon lang die Antwort bringen können, ob er ein Logis für uns g'funden hat. Gewiß ist er wieder in einem Wirtshause hängen geblieben. Der Mensch ist unverbesserlich. Da kommt ja der Magistratsdiener: *der* hat's aber pressant heut!

Spritzler (eilt herein): Guten Morgen, Madame. Halten S' mich nur nit auf; ich hab keinen Augenblick Zeit.

Gretl: Nu, was gibt's denn gar so Wichtig's?

Spritzler: Nu – denken S' Ihnen, Madame Kasperl: Dem Professor Gerstenzucker ist sein Aff ausgekommen. Sie kennen ihn ja?

Gretl: Freilich! Ich hab ihn schon öfters mit sein'm Affen spazieren gehen sehen. Der ist aber ganz zahm; wie a Lampl ist er mit ihm gegangen.

SPRITZLER: Nun, das Vieh ist auf einmal rabiat worden, hat'n Herrn Professor selbst beutelt und ist ausg'sprungen.

GRETL: Das kann aber ein Unglück geben.

SPRITZLER: Er ist zwar ein gelehrter Aff, aber halt doch ein Aff. Er beißt und kratzt wie die andern. Beim blauen Bockwirt ist er gleich neing'rumpelt, hat'n Wirt, d' Wirtin, d' Kellnerin abgebeutelt, hat sich Bier und Würst geben lassen und ist nachher zum Fenster nausg'sprungen.

GRETL: O mein, o mein! Wenn ihm nur mein Kasperl nicht in die Händ lauft –

SPRITZLER: Jetzt hat man ihn –

GRETL: Den Kasperl? –

SPRITZLER: Nein – den Affen, beim Cafetier unter die Bögen hineinspringen sehen. Ich hab den Befehl, ihn zu fangen; aber ich muß erst einen Gerichtsdiener requirieren; denn allein trau ich mich nicht über das wilde Tier. Adieu, Frau Kasperl. Ich kann mich nimmer aufhalten. (Ab.)

GRETL: No, machen S' nur, daß 'n bald kriegen. (Nach der anderen Seite ab.)

(Bürgermeister Neurer und Magistratsrat Schöppler, letzterer ungeheuer dick und rotnasig, treten zusammen auf.)

NEURER: Das ist doch wirklich eine tolle Geschichte, Herr Magistratsrat: Ein Aff bringt die halbe Stadt in Alarm.

SCHÖPPLER: Da müssen Sie halt eine Sitzung zusammenberufen, Herr Bürgermeister.

NEURER: Aber ich bitte Sie, Herr Rat! Eine Sitzung wegen eines ausgekommenen Affen.

Schöppler: Das Ereignis ist ein Novum. Da können Sie nicht ohne Magistratsbeschluß verfügen.

Neurer: Ein einfacher Polizeifall! Da muß ich mir freie Hand vorbehalten.

Schöppler: Und ich meinerseits als Ratsmitglied müßte protestieren – nach Paragraph 125 des neuen Polizeistrafgesetzes und nach Paragraph 9 der Gemeindeordnung. Das Gesetz bestimmt noch dazu öffentliche Sitzung.

Neurer: Ich bin gewiß möglichst für Kollegialverfahren und öffentliche Verhandlung, allein hier liegt ein Ausnahmsfall vor, wo rasches Einschreiten angezeigt ist. Ich nehme die Verantwortung auf mich als Bürgermeister.

Schöppler: Das ist *Ihre* Sache, Herr Bürgermeister. Wenn Sie den Gegenstand so auffassen, kann ich nichts dagegen haben. Ich gehe vorläufig auf einen Schoppen ins Weinhaus. Wenn Sie mich brauchen, so kann man mich dort finden.

Geschrei (hinter der Szene): Halt's 'n auf! fangt's 'n!

Andere Stimmen: Der Aff, der Aff!

(Neurer und Schöppler fahren erschreckt auseinander.)

Neurer: Das ist kein Spaß, Herr Magistratsrat!

Schöppler: Da haben wir's. Da kommt der Aff! Hätten Sie nur gleich eine Sitzung anberaumt.

(Kasperl in der Affenmaske springt herein,
rumpelt Neurer und Schöppler über den Haufen,
macht die tollsten Sprünge.
Neurer läuft davon. Schöppler fällt auf den Bauch,
Kasperl prügelt ihn, Schöppler rafft sich
auf und geht ab.)

KASPERL: Platz, Platz! Kikeriki! Pr, pr, prrr. (Lacht ungeheuer.) Das ist a G'spaß! Das freut mich! Alle fürchten s' mich. Mein' Hausherrn hab ich auch umgerennt! – Aber jetzt muß ich wirklich a bißl ausschnaufen. Gegessen, getrunken, was in mich hineingegangen ist – beim blauen Bockwirt, im Kaffeehaus, im Schnapsladl – nachher das Springen und Laufen – no! Das echaufferiert weiter net! Potz Schlipperment! Da seh ich meine Gattin kommen. Mit der muß ich auch einen Jux haben. Ich versteck mich. (Versteckt sich hinter den Kulissen.)

GRETL (tritt ein): Das ist erschrecklich, was der Aff für eine Rebellion macht. Kein Mensch traut sich mehr aus'm Haus. Ich muß nur machen, daß ich heimkomm. Mein Kasperl hab ich auch nirgends g'funden!

KASPERL (springt von rückwärts auf Gretl und packt sie): Pr, pr, prrr!

GRETL (schreit furchtbar): Auweh! auweh! Der Aff! Helft's mir! Ich bin verloren!

KASPERL: Du, du, du – abscheulich's Weib!

GRETL: Lassen S' aus, Herr Aff, ich bitt gar schön!

KASPERL: Wo, wo, wo ist der Kasperl?

GRETL: Ich weiß net, wo mein lieber Mann ist. Woll'n Sie vielleicht was Gut's? oder einen Kaffee? Was Sie wollen, kriegen S'. Lassen S' nur aus! Sie erdrosseln mich ja.

(Kasperl brüllt und brummt.
Im Hintergrund erscheinen Spritzler
und der Gerichtsdiener.)

SPRITZLER: Da ist der Kerl!

GERICHTSDIENER: Jetzt aufgepaßt! Kurasch! *So* krieg'n wir'n gleich.

(Beide stürzen von rückwärts auf Kasperl und halten ihn fest.)

Spritzler: Haben wir dich, Bestie?

Kasperl: Oho – ho – ho, pr, pr, prrr!

(Gretl läuft davon.)

Spritzler: So, jetzt nur gleich auf'n Magistrat mit dir. Da wird man dir's schon zeigen.

Gerichtsdiener: Ja, da wird man dir Mores lehren!

(Führen Kasperl ab.)

Verwandlung

Amtszimmer auf dem Rathause.

(Spritzler und Gerichtsdiener bringen Kasperl gebunden herein. Kasperl macht einen ungeheuren Sprung auf den Professor.)

Gerstenzucker: Nun hat man dich, Schlingel? Was machst du aber auch für Streiche? Geschah dir ganz recht. Du brauchst wohl wieder einmal die Peitsche?

(Kasperl brüllt und macht pr, pr, prrr.)

Gerstenzucker: Sei nur ruhig und brav.

Neurer: Wünschen Sie, daß ich den Delinquenten in amtliches Verhör nehme. Dann müßte ich Sie bitten, den Dolmetsch zu machen.

Gerstenzucker: Ich denke, es wird nicht nötig sein.

NEURER: Jedenfalls ist der Vorfall für *Sie* nicht ohne Folgen. Es sind bereits Klagen auf Schadenersatz eingelaufen, actio de pauperie. Der Kerl hat viel Unheil angefangen.

GERSTENZUCKER: Fatal für mich, allein ich werde wohl bezahlen müssen. (Für sich:) Ich darf den Kerl nicht verraten, sonst ist mein Ruf kompromittiert.

KASPERL (beiseite zum Professor): Jetzt müssen Sie mich schon als Affen gelten lassen, bis wir draußen sind, sonst sind Sie als Lügner und Betrüger elend blamiert. Und wenn wir zu Haus sind, bitt ich mir 50 Gulden aus, damit ich's Maul halt. – – Pr, pr, pr! (Springt auf ihn.)

BÜRGERMEISTER: Ein lustiger Bursche, aber mir scheint, daß er doch ziemlich gezähmt ist.

GERSTENZUCKER: O ja, allein, da wir ihn jetzt hier haben, ersuche ich Sie, Herr Bürgermeister, den Burschen einsperren zu lassen und acht Tage bei Wasser und Brot zu füttern.

BÜRGERMEISTER: Wenn Sie es wünschen, soll es geschehen.

KASPERL: Was soll geschehen? Potztausend Schlipperment. Ich laß mich nicht einsperren.

GERSTENZUCKER: Unverschämt, man soll wissen, daß er kein Affe ist, sondern ein unartiger Patron.

BÜRGERMEISTER: Wie? Was muß ich sehen und hören? Die Stimme ist mir sehr bekannt.

KASPERL: Glaub's gern, daß Ihnen die Stimm bekannt ist. Sie haben mich oft genug einsperren lassen, Herr Bürgermeister.

BÜRGERMEISTER (lacht): Ha, ha, ha! Und heut ist es Ihnen besonders zuträglich. Was haben Sie wieder alles angefangen, Herr Kasperl!

GERSTENZUCKER: Und wie hat er sich gegen mich betragen!

BÜRGERMEISTER: Also fort! Man führe ihn ins Gefängnis.

(Gerichtsdiener will den Kasperl packen.)

KASPERL: Was net gar! Ich bin freier Staatsbürger. Wer mich packen will, den werde ich à la Schimpanse behandeln.

(Schlägt den Gerichtsdiener nieder.)

BÜRGERMEISTER: Unverschämt, unverschämt!

KASPERL: Ja, unverschämt! Ich bin heute als Aff das Opfer der Wissenschaft. Sie haben mir gar nichts zu sagen, Herr Neurer!

GERSTENZUCKER: Welche Frechheit!

KASPERL: Was woll'n denn Sie? Sie Betrüger mit der Darwinkomödie! Jetzt hab ich's satt.

(Springt furchtbar herum, schlägt Gerstenzucker nieder, dann den Bürgermeister usw. Allgemeines Getümmel, alle fallen zu Boden.)

KASPERL: Dies ist der Sieg des Darwinismus, der Mensch in seiner Ursprünglichkeit! Juhe, jetzt geh ich ins Wirtshaus.

(Der Vorhang fällt.)

Friedrich Engels

ANTEIL DER ARBEIT AN DER MENSCHWERDUNG DES AFFEN

Die Arbeit ist die Quelle alles Reichtums, sagen die politischen Ökonomen. Sie ist dies – neben der Natur, die ihr den Stoff liefert, den sie in Reichtum verwandelt. Aber sie ist noch unendlich mehr als dies. Sie ist die erste Grundbedingung alles menschlichen Lebens, und zwar in einem solchen Grade, daß wir in gewissem Sinn sagen müssen: Sie hat den Menschen selbst geschaffen.

Vor mehreren hunderttausend Jahren, während eines noch nicht fest bestimmbaren Abschnitts jener Erdperiode, die die Geologen die tertiäre nennen, vermutlich gegen deren Ende, lebte irgendwo in der heißen Erdzone – wahrscheinlich auf einem großen, jetzt auf den Grund des Indischen Ozeans versunkenen Festlande – ein Geschlecht menschenähnlicher Affen von besonders hoher Entwicklung. Darwin hat uns eine annähernde Beschreibung dieser unsrer Vorfahren gegeben. Sie waren über und über behaart, hatten Bärte und spitze Ohren, und lebten in Rudeln auf Bäumen.

Wohl zunächst durch ihre Lebensweise veranlaßt, die beim Klettern den Händen andre Geschäfte zuweist als den Füßen, fingen diese Affen an, auf ebner Erde sich der Beihülfe der Hände beim Gehen zu entwöhnen und einen mehr und mehr aufrechten Gang anzunehmen. Damit war *der entscheidende Schritt getan für den Übergang vom Affen zum Menschen.*

Alle noch jetzt lebenden menschenähnlichen Affen können aufrecht stehn und sich auf den beiden Füßen allein fortbewegen. Aber nur zur Not und höchst unbehülflich. Ihr natürlicher Gang geschieht in halbaufgerichteter Stellung und schließt den Gebrauch der Hände ein. Die meisten stützen die Knöchel der Faust auf den Boden und schwingen den Körper mit eingezogenen Beinen zwischen den langen Armen durch, wie ein Lahmer, der auf Krücken geht. Überhaupt können wir bei den Affen alle Übergangsstufen vom Gehen auf allen vieren bis zum Gang auf den beiden Füßen noch jetzt beobachten. Aber bei keinem von ihnen ist der letztere mehr als ein Notbehelf geworden.

Wenn der aufrechte Gang bei unsern behaarten Vorfahren zuerst Regel und mit der Zeit eine Notwendigkeit werden sollte, so setzt dies voraus, daß den Händen inzwischen mehr und mehr anderweitige Tätigkeiten zufielen. Auch bei den Affen herrscht schon eine gewisse Teilung der Verwendung von Hand und Fuß. Die Hand wird, wie schon erwähnt, beim Klettern in andrer Weise gebraucht als der Fuß. Sie dient vorzugsweise zum Pflücken und Festhalten der Nahrung, wie dies schon bei niederen Säugetieren mit den Vorderpfoten geschieht. Mit ihr bauen sich manche Affen Nester in den Bäumen oder gar, wie der Schimpanse, Dächer zwischen den Zweigen zum Schutz gegen die Witterung. Mit ihr ergreifen sie Knüttel zur Verteidigung gegen Feinde oder bombardieren diese mit Früchten und Steinen. Mit ihr vollziehen sie in der Gefangenschaft eine Anzahl einfacher, den Menschen abgesehener Verrichtungen. Aber grade hier zeigt sich, wie groß der Abstand ist zwischen der unentwickelten Hand selbst der menschenähnlichsten Affen und der durch die Arbeit von Jahrhunderttausenden hoch ausgebildeten Menschenhand. Die Zahl und allgemeine Anordnung der Knochen und Muskeln stimmen bei beiden; aber die Hand des niedrigsten Wilden kann Hunderte von Verrichtungen ausführen, die keine Affenhand ihr nachmacht. Keine Affenhand hat je das rohste Steinmesser verfertigt.

Die Verrichtungen, denen unsre Vorfahren im Übergang vom Affen zum Menschen im Lauf vieler Jahrtausende allmählich ihre Hand anpassen lernten, können daher anfangs nur sehr einfache gewesen sein. Die niedrigsten Wilden, selbst diejenigen, bei denen ein Rückfall in einen mehr tierähnlichen Zustand mit gleichzeitiger körperlicher Rückbildung anzunehmen ist, stehn immer noch weit höher als jene Übergangsgeschöpfe. Bis der erste Kiesel durch Menschenhand zum Messer verarbeitet wurde, darüber mögen Zeiträume verflossen sein, gegen die die uns bekannte geschichtliche Zeit unbedeutend erscheint. Aber der entscheidende Schritt war getan: *Die Hand war frei geworden* und konnte sich nun immer neue Geschicklichkeiten erwerben, und die damit erworbene größere Biegsamkeit vererbte und vermehrte sich von Geschlecht zu Geschlecht.

So ist die Hand nicht nur das Organ der Arbeit, *sie ist auch ihr*

Produkt. Nur durch Arbeit, durch Anpassung an immer neue Verrichtungen, durch Vererbung der dadurch erworbenen besondern Ausbildung der Muskeln, Bänder, und in längeren Zeiträumen auch der Knochen, und durch immer erneuerte Anwendung dieser vererbten Verfeinerung auf neue, stets verwickeltere Verrichtungen hat die Menschenhand jenen hohen Grad von Vollkommenheit erhalten, auf dem sie Raffaelsche Gemälde, Thorvaldsensche Statuen, Paganinische Musik hervorzaubern konnte.

*

Wie schon gesagt, waren unsre äffischen Vorfahren gesellig; es ist augenscheinlich unmöglich, den Menschen, das geselligste aller Tiere, von einem ungeselligen nächsten Vorfahren abzuleiten. Die mit der Ausbildung der Hand, mit der Arbeit, beginnende Herrschaft über die Natur erweiterte bei jedem neuen Fortschritt den Gesichtskreis des Menschen. An den Naturgegenständen entdeckte er fortwährend neue, bisher unbekannte Eigenschaften. Andrerseits trug die Ausbildung der Arbeit notwendig dazu bei, die Gesellschaftsglieder näher aneinanderzuschließen, indem sie die Fälle gegenseitiger Unterstützung, gemeinsamen Zusammenwirkens vermehrte und das Bewußtsein von der Nützlichkeit dieses Zusammenwirkens für jeden einzelnen klärte. Kurz, die werdenden Menschen kamen dahin, daß sie einander *etwas zu sagen hatten.* Das Bedürfnis schuf sich sein Organ: Der unentwickelte Kehlkopf des Affen bildete sich langsam aber sicher um, durch Modulation für stets gesteigerte Modulation, und die Organe des Mundes lernten allmählich einen artikulierten Buchstaben nach dem andern aussprechen.

*

Arbeit zuerst, nach und dann mit ihr die Sprache – das sind die beiden wesentlichsten Antriebe, unter deren Einfluß das Gehirn eines Affen in das bei aller Ähnlichkeit weit größere und vollkommnere eines Menschen allmählich übergegangen ist. Mit der Fortbildung des Gehirns aber ging Hand in Hand die Fortbildung seiner nächsten Werkzeuge, der Sinnesorgane. Wie schon die Sprache in ihrer allmählichen Ausbildung notwendig begleitet wird von einer entsprechenden Verfeinerung des Gehörorgans, so die Ausbildung des Gehirns überhaupt von der der sämtlichen Sinne. Der Adler sieht viel weiter als der Mensch, aber des Menschen Auge sieht viel mehr an den Dingen als das des Adlers. Der Hund hat eine weit feinere Spürnase als der Mensch, aber er unterscheidet nicht den hundertsten Teil der Gerüche, die für diesen bestimmte Merkmale verschiedner Dinge sind. Und der Tastsinn, der beim Affen kaum in seinen rohsten Anfängen existiert, ist erst mit der Menschenhand selbst, durch die Arbeit, herausgebildet worden.

Die Rückwirkung der Entwicklung des Gehirns und seiner dienstbaren Sinne, des sich mehr und mehr klärenden Bewußtseins, Abstraktions- und Schlußvermögens auf Arbeit und Sprache gab beiden immer neuen Anstoß zur Weiterbildung, einer Weiterbildung, die nicht etwa einen Abschluß fand, sobald der Mensch endgültig vom Affen geschieden war, sondern die seitdem bei verschiednen Völkern und zu verschiednen Zeiten verschieden nach Grad und Richtung, stellenweise selbst unterbrochen durch örtlichen und zeitlichen Rückgang, im ganzen und großen gewaltig vorangegangen ist; einerseits mächtig vorangetrieben, andrerseits in bestimmtere Richtungen gelenkt durch ein mit dem Auftreten des fertigen Menschen neu hinzutretendes Element – *die Gesellschaft.*

Hunderttausende von Jahren – in der Geschichte der Erde nicht mehr als eine Sekunde im Menschenleben – sind sicher vergangen, ehe aus dem Rudel baumkletternder Affen eine Gesellschaft von Menschen hervorgegangen war. Aber schließlich war sie da. Und was finden wir wieder als den bezeichnenden Unterschied zwischen Affenrudel und Menschengesellschaft? *Die Arbeit.* Das Affenrudel begnügte sich damit, seinen Futterbezirk abzuweiden, der ihm durch die geographische Lage oder durch den Widerstand benachbarter Rudel zugeteilt war; es unternahm Wanderungen und Kämpfe, um neues Futtergebiet zu gewinnen, aber es war unfähig, aus dem Futterbezirk mehr herauszuschlagen, als er von Natur bot, außer daß es ihn unbewußt mit seinen Abfällen düngte. Sobald alle möglichen Futterbezirke besetzt waren, konnte keine Vermehrung der Affenbevölkerung mehr stattfinden; die Zahl der Tiere konnte sich höchstens gleichbleiben. Aber bei allen Tieren findet Nahrungsverschwendung in hohem Grade statt, und daneben Ertötung des Nahrungsnachwuchses im Keime. Der Wolf schont nicht, wie der Jäger, die Rehgeiß, die ihm im nächsten Jahr die Böcklein liefern soll; die Ziegen in Griechenland, die das junge Gestrüpp abweiden, eh' es heranwächst, haben alle Berge des Landes kahlgefressen. Dieser »Raubbau« der Tiere spielt bei der allmählichen Umwandlung der Arten eine wichtige Rolle, indem er sie zwingt, andrer als der gewohnten Nahrung sich anzubequemen, wodurch ihr Blut andre chemische Zusammensetzung bekommt und die ganze Körperkonstitution allmählich eine andre wird, während die einmal fixierten Arten absterben. Es ist nicht zu bezweifeln, daß dieser Raubbau mächtig zur Menschwerdung unsrer Vorfahren beigetragen hat. Bei einer Affenrasse, die an Intelligenz und Anpassungsfähigkeit allen andern weit voraus war, mußte er dahin führen, daß die Zahl der Nahrungspflanzen sich mehr und mehr ausdehnte, daß von den Nahrungspflanzen mehr und mehr eßbare Teile zur Verzehrung kamen, kurz, daß die Nahrung immer mannigfacher wurde und mit ihr die in den Körper eingehenden Stoffe, die chemischen Bedingungen der Menschwerdung. Das alles war aber noch keine eigentliche Arbeit. Die Arbeit fängt an mit der Verfertigung von Werkzeugen. Und was sind die ältesten Werkzeuge, die wir vorfinden? Die ältesten, nach den vorgefundenen Erbstücken vorgeschichtlicher Menschen und nach der Lebensweise der frühesten geschichtlichen Völker wie der rohesten jetzigen Wilden zu urteilen? Werkzeuge der Jagd und des Fischfangs, erstere zugleich Waffen. Jagd und Fischfang aber setzen den Übergang von der bloßen Pflanzennahrung zum Mitgenuß des Fleisches voraus, und hier haben wir wieder einen wesentlichen Schritt zur Menschwerdung. *Die Fleischkost* enthielt in fast fertigem Zustand die wesentlichsten Stoffe, deren der Körper zu seinem Stoffwechsel bedarf; sie kürzte mit der Verdauung die Zeitdauer der übrigen vegetativen, dem Pflanzenleben entsprechenden Vorgänge im Körper ab und gewann damit mehr Zeit, mehr Stoff und mehr Lust für die Betätigung des eigentlich tierischen (animalischen) Lebens.

Und je mehr der werdende Mensch sich von der Pflanze entfernte, desto mehr erhob er sich auch über das Tier. Wie die Gewöhnung an Pflanzennahrung neben dem Fleisch die wilden Katzen und Hunde zu Dienern des Menschen gemacht, so hat die Angewöhnung an die Fleischnahrung neben der Pflanzenkost wesentlich dazu beigetragen, dem werdenden Menschen Körperkraft und Selbständigkeit zu geben. Am wesentlichsten aber war die Wirkung der Fleischnahrung auf das Gehirn, dem nun die zu seiner Ernährung und Entwicklung nötigen Stoffe weit reichlicher zuflossen als vorher, und das sich daher von Geschlecht zu Geschlecht rascher und vollkommener ausbilden konnte. Mit Verlaub der Herren Vegetarianer, der Mensch ist nicht ohne Fleischnahrung zustande gekommen, und wenn die Fleischnahrung auch bei allen uns bekannten Völkern zu irgendeiner Zeit einmal zur Menschenfresserei geführt hat (die Vorfahren der Berliner, die Weletaben oder Wilzen, aßen ihre Eltern noch im 10. Jahrhundert), so kann uns das heute nichts mehr ausmachen.

Christian Morgenstern

DAS VERMÄCHTNIS

Eine Legende

Es war um die Zeit, da der Affe zum Menschen wurde. Und am Vor-Abend seiner Menschwerdung versammelte der Affe noch einmal alle Tiere der Erde um sich, um von ihnen Abschied zu nehmen.

»Morgen will ich Mensch werden«, sprach er wehmütig zu ihnen, »und ihr werdet mich alle verlassen und meiden, und ein Kampf wird entstehen zwischen meinem Samen und eurem Samen.«

»Jawohl, ein Kampf!« brüllte der Löwe.

»Du willst mehr werden als wir!« brummte das Nashorn.

»Das wirst du büßen müssen!« wiederholte giftig der Floh.

»Lassen wir das!« sagte mit einem Anflug unbeschreiblicher Müdigkeit der Affe, »und feiern wir heute noch ein Fest des Friedens und der Freude miteinander.«

»So sei es!« riefen die Tiere und drängten sich gutmütig und wohlwollend um den scheidenden Bruder und fragten ihn, ob sie ihm nicht noch etwas Liebes tun oder mitgeben könnten.

Da ward dem Affen noch trübseliger zumute und er setzte sich unter eine Palme und fing jämmerlich an zu schluchzen.

Ein tiefes Mitleid ging durch die weichen Tierherzen. »Wir wollen den Armen trösten!« begann endlich das Schaf und schritt allen voran auf den Weinenden zu. Lange sah das Schaf dem Affen in die Augen und dann sprach es: »Trage mein Bild stets in deinem Herzen, so wird es sein, als ob ich mit und in dir weiterlebte!« Dem Schaf folgte das Kamel, sah dem Affen tief in die Augen und sagte das gleiche zu ihm.

Und herzu traten der Ochs, der Esel, das Schwein, der Pfau, die Gans, der Tiger, der Wolf, die Hyäne und viele andere Tiere, und jedes sah den Affen lange an und sprach feierlich zu ihm: »Trage mein Bild stets in deiner Seele, so wird es sein, als ob ich mit dir weiterlebte.«

Die letzten, die herantraten, waren der Löwe, der Adler und die Schlange.

Der Affe konnte vor Abgespanntheit kaum mehr aus den Augen schauen, und als die Schlange sich verabschiedete, sank er sofort in Schlaf. Aber wirre und schreckliche Träume ängstigten ihn, und gegen Morgengrauen erhob er sich im Halbschlummer von seinem Lager und tastete sich zur nahen Quelle. Mit Augen, deren Schleier klares Bewußtsein noch nicht zu zerreißen vermochte, blickte er in den Wasserspiegel, der, leicht bewegt, sein Bild wiedergab.

Wie sah er aus! Da schwamm auf zitternden Wellen das Bild des einfältigen Schafes – oder – nein! es war das häßliche Kamel, das mit arroganten Zügen aus den Wogen ihn anstarrte – –, mit einem Male schien es der blutrünstige Tiger, als den er sich auf den Fluten sah, – und kaum, daß er genauer hingespäht, war es ein Pfau, der ihm sein eitles Rad entgegenschlug. Endlich brach ein Sonnenstrahl durch die Bäume, und der Affe erwachte aus seinem traumhaften Zustande. Verwundert rieb er sich die

Augen und wollte sogleich den nächsten Baumriesen empor, als sein Blick von ungefähr in die Quelle fiel.

Da erkannte er, daß er über Nacht Mensch geworden war. Und Adam zog aus, bis daß er Eva fand, und verbreitete sein Geschlecht über die ganze Erde.

Sir Galahad

ETWAS WIE EINE AFFENHYPOTHESE

Eigentlich ist es mehr die Verschiebung des ganzen Problems um ein Tempo nach rückwärts, bis auf die Menschenaffen, denn nach H. Freudenthal sind schon diese entweder *vater-* oder *mutterrechtlich* organisiert. Die rein männerrechtlichen Orang-Arten haben sehr ausgeprägte sekundäre Geschlechtsmerkmale, weil sie in einzelnen *Vater*familien leben, also vorher ein Kampf der Männchen stattfindet, wer das begehrte Weibchen »heimführen« darf. Durch diese Wahl werden Individuen von stark ausgeprägtem Sexualcharakter für die Nachzucht ausgelesen. Die Schimpansen dagegen leben in Herden oder weiblichen Horden, nicht familienweise, ohne Kampf der Männchen untereinander um die Weibchen, sondern »in einer Art mutterrechtlicher Verfassung«.

Auch bei menschlicher Bevölkerung mit Mutterrecht sind Mann und Frau viel weniger sekundär geschlechtlich differenziert als dort, wo Vaterrecht herrscht, mit Frauenraub, Zweikampf oder auch nur Rivalität der Männer (siehe Vaerting). Doch mehr noch: »Wir können in bezug auf den äußeren Habitus feststellen, daß in einzelnen, genau definierbaren erblichen Merkmalen die menschliche Bevölkerung der verschiedenen Erdteile sich verhält wie die Menschenaffen in denselben Erdteilen. Wer ein scharfes Auge für Formenvergleichung besitzt, dem kann die auffallende Ähnlichkeit junger Exemplare der Orang-Utan-Rasse mit Malaien und Ostasiaten nicht entgehen, bis in die »blauen Mongolenflecke« hinein, auch mit der braunen indischen Bevölkerung und ihrer Überhöhung des Schädels, weil ja die Orang-Rassen als einzige Affen Schädel mit Höhenentwicklung zeigen. Ebenso sonderbar stimmt nach dieser Theorie das Temperament bei den Ostasiaten und den Orangs überein. Beide »buddhistisch«, melancholisch, der Tat abgeneigt, mit dem Hang zu stiller Beschaulichkeit und Nachdenken. Dagegen sind wieder schwarze Rassen und Gorillas verwandt, beide mit fliehendem Schädel, herkulischem Muskelbau, roter Kopfkappe und beim Fötus spiraligem Haar; Neger wie Gorilla haben das gleiche phlegmatisch-cholerische Temperament, faule Perioden wechseln mit Einsatz der ganzen Persönlichkeit und starker Aufregung ab.

Nun kommt das, was uns eigentlich im engeren Sinn angeht: Junge Europäer und Schimpansen haben die gleiche rosige Tönung von Gesicht, Hand und Sohle und die gleiche Krümmung der Oberschenkelknochen, die ureuropäischen Neandertaler überdies die gleiche Betonung der Breitenentwicklung am Schädel wie der Schimpanse. Die heutigen Lang- und Schmalschädel sind uneuropäisch und wie die heutige männerrechtliche Verfassung mit dem asiatischen Menschen aus Asien übertragen worden. Bei Steinzeit-Europäern herrscht selbst in bezug auf die mutterrechtliche Verfassung der Horden eine vollkommene Analogie mit den gleichfalls europäischen Schimpansen, bis in das sanguinisch-übermütige, bewegungslustige Temperament hinein. Das stimmt erstaunlich mit Paudlers Theorie des Cro-Magnon-Menschen der europäischen Steinzeit, dessen Quadratschädel und Mutterrecht. Dagegen stimmt die soziale Organisation der Malaien und der eingeborenen Affenarten keineswegs zusammen, die Menschen sind dort im Gegenteil matriarchalisch, nicht oranghaft-vaterrechtlich.

Die Ähnlichkeiten von Menschen- und Affenrassen der gleichen Kontinente brauchen natürlich nicht aus direkter abstammungsmäßiger Verwandtschaft in Darwinschem Sinn zu kommen. Im Dschungel ist auch die Blüte getigert, Lianen und Schlangen wirken wie Schwestern, und das Paideuma brütet ein Zusammenstimmen aus noch weit über nennbare und berührbare Ähnlichkeit hinweg.

Aus der besprochenen Studie bestätigt sich wieder einmal, was wir lange schon wissen: daß der Europäer ein Herdentier ist, als

Bereicherung aber kann vielleicht der neue Hinweis auf das Schimpansoide an ihm dankbare Beachtung finden. Es ist erfreulich, daß bei Freudenthal die Anthropoiden recht gut abschneiden, teils als »Buddhisten«, teils durch tatenfrohes Temperament. Denn sonst, und zwar jedesmal, wenn den Leuten moralisch etwas aneinander nicht recht ist, geht es an den armen Affen aus, das hat Briffault sehr treffend bemerkt. So sagen die polygamen Singhalesen verächtlich von den Weddas: Sie leben monogam »wie die Affen«, und erzürnte Missionare sagen wieder über die Liebesformen der Singhalesen: Sie leben polygam »wie die Affen«.

Gottfried Benn

DAS AFFENLIED

Ihr Spiel Gottes! Himmel sind die Schatten
Der großen Wälder um euer Fell.
Schlaf, Fraß und Liebe reift still auf eurem
Blut-Sommerland. Ihr seligen Mäher! –

Ein schmerzlicher Auswuchs,
Von irgend einer Seuche aufgetrieben
Aus euerm kleinen, runden, furchenlosen
Leib-Gehirnchen, ist unsere Seele.

Du liebes Blut! Von meinem kaum getrennt!
Tauschbar. Durchrausche mich noch einen Tag!
Sieh: Stunden, frühere, ausgelebte,
Da wir noch reif am Ufer hockten:
Da ist das Meer und da die Erde –
Seht diese ausgelebten Stunden,
O diese Landungen aller Sehnsucht
Lagern um euch!

PHILOSOPHIE

Immanuel Kant

AFFENGESCHLECHT

Sie werden eingetheilt in ungeschwänzte, kurzgeschwänzte oder Pavians und langgeschwänzte Affen oder Meerkatzen.

a. Ungeschwänzte Affen.

Der Orang-Utan, der Waldmensch, davon die größten in Afrika Pongos genannt werden. Sie sind in Kongo, ingleichen in Java, Borneo und Sumatra anzutreffen, gehen immer aufrecht und sind sechs Schuh hoch. Wenn sie unter Menschen gebracht werden: so nehmen sie gerne starke Getränke, machen ihr Bette ordentlich und decken sich zu. Das weibliche Geschlecht hat seine monatliche Reinigung und ist sehr melancholisch. Meinung der Javaner von ihrem Ursprunge. Es giebt noch eine kleinere Gattung, welche die Engländer Schimpanse nennen, die nicht größer ist als ein Kind von drei Jahren, aber mit den Menschen viele Ähnlichkeit hat. Sie gehen zu ganzen Heerden aus und erschlagen die Neger in den Wäldern.

Zu den ungeschwänzten Affen gehört noch der Affe von Ceylon und der Manomet mit einem schweinähnlichen Schwanze. – Der langärmichte Gibbon, ein gutmüthiges Thier, das sich meistens auf Bäumen aufhält.

b. Langgeschwänzte Affen oder Meerkatzen.

Einige sind bärtig. Die bärtige Meerkatze hat eine Art weißer Kopfkrause und ahmt dem Menschen sehr nach. Hierher gehört ferner die schwarze, glatte Meerkatze, welche mit ihrem Schwanze sich allenthalben anhängt. Man giebt vor, daß sie ordentlich eine Meerkatzenmusik unter sich machen sollen. Andere sind auch bärtig, als der ledergelbe Muskusaffe. Dieser ist klein, von gutem Geruch und fromm.

c. Paviane.

Sie haben einen Hundskopf und können sehr geschwinde auf zwei Füßen gehen. Sie bestehlen das Feld und die Gärten. Die Amerikaner glauben alle, daß diese Affen reden können, wenn sie wollten, aber sie thäten es nur nicht, um nicht zur Arbeit gezwungen zu werden. Sie fangen Muscheln mit dem Schwanze oder legen einen Stein in die geöffnete Muschel. Man kann hiezu noch zählen die Schooßäffchen oder Sanguins, deren die größere Art die Farbe und Größe der Eichhörnchen, die kleinere aber die Größe einer geballten Damenfaust hat. Sie sind sehr artig, aber auch sehr eigensinnig und sehr zärtlich, so daß, wenn von dort her welche nach Europa gebracht werden, die mehrsten unterwegs umkommen, wenn sie gleich einzeln noch so sauber in Baumwolle eingewickelt sind.

Georg Wilhelm Friedrich Hegel

EINE SATYRE AUF DEN MENSCHEN

Die Säugethiere haben Brüste, vier articulirte Extreme und alle Organe ausgebildet. Weil sie Brüste haben, säugen und nähren sie ihre Jungen aus sich selbst. Diese Thiere kommen so zum Gefühl der Einheit des Einen Individuums mit dem andern, zum Gefühl der Gattung, die im Erzeugten, worin eben beide Individuen Gattung sind, zur Existenz gelangt, wenn auch diese Einheit des Individuums mit der Gattung in der Natur wieder zur Einzelnheit herunter fällt. Die vollkommenen Thiere verhalten sich aber noch zu dieser Existenz als Gattung, indem sie darin ihr Allgemeines empfinden; das sind die Säugethiere, und unter den Vögeln die, welche noch brüten. Die Affen sind am bildsamsten, und lieben ihre Jungen am meisten; der befriedigte Geschlechtstrieb wird ihnen noch objectiv, indem sie selbst in ein Anderes übergegangen sind, und in der Sorge für die Mittheilung von dem Ihrigen die höhere begierdelose Anschauung dieser Einheit haben.

*

Bei den Säugethieren unterscheiden sich die Klassen sehr genau danach: aa) in Thiere, deren Füße Hände sind, – der Mensch und der Affe (der Affe ist eine Satyre auf den Menschen, die dieser gern sehen muß, wenn er es nicht so ernsthaft mit sich nehmen, sondern sich über sich selbst lustig machen will).

Arthur Schopenhauer

VOM INTELLEKT

Wie mit jedem Organ und jeder Waffe, zur Offensive oder Defensive, hat sich auch, in jeder Thiergestalt, der Wille mit einem INTELLEKT ausgerüstet, als einem Mittel zur Erhaltung des Individuums und der Art: daher eben haben die Alten den Intellekt das *ἡγεμονικον*, d. h. den Wegweiser und Führer, genannt. Demzufolge ist der Intellekt allein zum Dienste des Willens bestimmt und diesem überall genau angemessen.

*

Der außerordentliche Verstand der Affen war nothwendig; theils weil sie, bei einer Lebensdauer, die selbst bei denen mittlerer Größe sich auf funfzig Jahre erstreckt, eine geringe Prolifikation haben, nämlich nur Ein Junges zur Zeit gebären; zumal aber, weil sie HÄNDE haben, denen ein sie gehörig benutzender Verstand entsprechen mußte, und auf deren Gebrauch sie angewiesen sind, sowohl bei ihrer Vertheidigung, mittelst äußerer Waffen, wie Steine und Stöcke, als auch bei ihrer Ernährung, welche mancherlei künstliche Mittel verlangt (z. B. Aufschlagen der Nüsse mit Steinen, Einschieben eines Steins in die offen stehende Riesenmuschel, welche sonst zuklappen und die das Thier derselben herausholende Hand abklemmen würde), und überhaupt ein geselliges und künstliches Raubsystem nöthig macht, mit Zureichen der gestohlenen Früchte, von Hand zu Hand, Ausstellen von Schildwachen u. dgl. m. Hiezu kommt noch, daß dieser Verstand hauptsächlich ihrem jugendlichen Alter eigen ist, als in welchem die Muskelkraft noch unentwickelt ist: z. B. der junge Pongo, oder Orang-Utan, hat in der Jugend ein relativ überwiegendes Gehirn und sehr viel größere Intelligenz, als im Alter der Reife, wo die Muskelkraft ihre große Entwicklung erreicht hat und den Intellekt ersetzt, der demgemäß stark gesunken ist. Das Selbe gilt von allen Affen: der Intellekt tritt also hier einstweilen vikarirend für die künftige Muskelkraft ein.

*

Wenn wir nun, nach allen diesen Betrachtungen über die genaue Übereinstimmung zwischen dem Willen und der Organisation jedes Thieres, und von diesem Gesichtspunkt aus, ein wohlgeordnetes osteologisches Kabinet durchmustern; so wird es uns wahrlich vorkommen, als sähen wir ein und dasselbe Wesen (jenes Urthier de Lamarcks, richtiger den Willen zum Leben) nach Maaßgabe der Umstände seine Gestalt verändern und aus der selben Zahl und Ordnung seiner Knochen, durch Verlängerung und Verkürzung, Verstärkung und Verkümmerung derselben, diese Mannigfaltigkeit von Formen zu Stande bringen.

*

Im Verein damit aber besteht die größte Wandelbarkeit, Bildsamkeit, Fügsamkeit dieser selben Knochen, in Hinsicht auf Größe, Gestalt und Zweck der Anwendung: und diese sehen wir mit ursprünglicher Kraft und Freiheit durch den WILLEN bestimmt werden, nach Maaßgabe der Zwecke, welche die äußern Umstände ihm vorschieben: er macht daraus, was sein jedesmaliges Bedürfniß heischt. Will er als Affe auf den Bäumen umherklettern; so greift er alsbald mit vier Händen nach den Zweigen und streckt dabei *Ulna* nebst *Radius* unmäßig in die Länge: zugleich verlängert er das *os coccygis* zu einem ellenlangen Wickelschwanze, um sich damit an die Zweige zu hängen und von einem Ast zum andern zu schwingen. Hingegen werden jene selben Arm-Knochen bis zur Unkenntlichkeit verkürzt, wenn er als Krokodil im Schlamme kriechen, oder als Seehund schwimmen, oder als Maulwurf graben will, in welchem letztern Fall er den *Metacarpus* und die Phalangen zu unverhältnißmäßig großen Schaufelpfoten, auf Kosten aller übrigen Knochen, vergrößert.

*

Da nun aber der Intellekt, seinem Wesen zufolge, ein Werkzeug von höchst vielseitigem Gebrauch und auf die verschiedenartigsten Zwecke gleich anwendbar ist; so konnte die Natur, ihrem Geist der Sparsamkeit getreu, alle Forderungen der so mannigfach gewordenen Bedürfnisse nunmehr ganz allein durch ihn decken: daher stellte sie den Menschen, ohne Bekleidung, ohne natürliche Schutzwehr, oder Angriffswaffe, ja mit verhältnißmäßig geringer Muskelkraft, bei großer Gebrechlichkeit und geringer Ausdauer gegen widrige Einflüsse und Mangel, hin, im Verlaß auf jenes eine große Werkzeug, zu welchem sie nur noch die Hände, von der nächsten Stufe unter ihm, dem Affen, beizubehalten hatte.

*

Das hier in Erwägung genommene Überwiegen des cerebralen Nervensystems und der Intelligenz in der Kindheit, nebst dem Zurücktreten derselben im reifen Alter, erhält eine wichtige Erläuterung und Bestätigung dadurch, daß bei dem Thiergeschlechte, welches dem Menschen am nächsten stehet, den Affen, das selbe Verhältniß in auffallendem Grade Statt findet. Es ist allmälig gewiß geworden, daß der so höchst intelligente Orang-Utan ein junger Pongo ist, welcher, wann herangewachsen, die große Menschenähnlichkeit des Antlitzes und zugleich die erstaunliche Intelligenz verliert, indem der untere, thierische Theil des Gesichts sich vergrößert, die Stirn dadurch zurücktritt, große *cristae*, zur Muskelanlage, den Schädel thierisch gestalten, die Thätigkeit des Nervensystems sinkt und an ihrer Stelle eine außerordentliche Muskelkraft sich entwickelt, welche, als zu seiner Erhaltung ausreichend, die große Intelligenz jetzt überflüssig macht.

*

Das Leben der Pflanzen geht auf im bloßen Daseyn: demnach ist sein Genuß ein rein und absolut subjektives, dumpfes Behagen. Bei den Thieren tritt Erkenntniss hinzu: doch bleibt sie gänzlich auf Motive, und zwar die nächsten, beschränkt. Daher finden auch sie im bloßen Daseyn ihre volle Befriedigung, und es reicht zu, ihr Leben auszufüllen. Sie können demnach viele Stunden ganz unthätig zubringen, ohne Unbehagen, oder Ungeduld zu empfinden; obschon sie nicht denken, sondern bloß anschauen. Nur in den allerklügsten Thieren, wie Hunden und

Affen, macht sich schon das Bedürfniß der Beschäftigung, und somit die Langeweile fühlbar; daher sie gern spielen, auch wohl sich mit Gaffen nach den Vorübergehenden unterhalten; wodurch sie schon in Eine Klasse mit den menschlichen Fenstergaffern treten, die uns aller Orten entgegenstarren, aber nur wann man merkt, daß diese Menschen Studenten sind, eigentliche Indignation erregen.

Friedrich Nietzsche

WAS IST DER AFFE FÜR DEN MENSCHEN?

Ich lehre euch den Übermenschen. Der Mensch ist etwas, das überwunden werden soll. Was habt ihr getan, ihn zu überwinden?

Alle Wesen bisher schufen etwas über sich hinaus: und ihr wollt die Ebbe dieser großen Flut sein und lieber noch zum Tiere zurückgehn als den Menschen überwinden?

Was ist der Affe für den Menschen? Ein Gelächter oder eine schmerzliche Scham. Und ebendas soll der Mensch für den Übermenschen sein: ein Gelächter oder eine schmerzliche Scham.

Ihr habt den Weg vom Wurme zum Menschen gemacht, und vieles ist in euch noch Wurm. Einst wart ihr Affen, und auch jetzt noch ist der Mensch mehr Affe als irgendein Affe.

Wer aber der Weiseste von euch ist, der ist auch nur ein Zwiespalt und Zwitter von Pflanze und von Gespenst. Aber heiße ich euch zu Gespenstern oder Pflanzen werden?

Seht, ich lehre euch den Übermenschen!

Wu Cheng-en
WEGE ZUR WEISHEIT

Eines Tages versammelte der Patriarch alle Schüler um seinen hohen Sitz und hielt ihnen einen Vortrag über den Großen Weg. Monkey geriet vor Freude so außer sich, daß er sich in die Ohrläppchen kniff und die Backen rieb; sein Gesicht strahlte, seine Augen lachten. Er konnte weder seinen Händen das Tanzen noch seinen Füßen das Stampfen verbieten. Als der Patriarch dies bemerkte, fuhr er ihn an: »Wozu bist du eigentlich hier, wenn du, anstatt meiner Rede zu lauschen, wie ein Besessener tanzest und hüpfst?« »Verehrter Meister, ich höre ja aus Leibeskräften zu«, erwiderte Monkey. »Doch sagtet Ihr uns so wunderbare Dinge, daß ich mich vor lauter Freude nicht fassen konnte. Darum wohl mußte ich hüpfen und springen. Zürnt mir bitte nicht!« »So erkennst du den tiefen Sinn meiner Worte?« fragte der Patriarch. »Wie lange schon bist du bei mir in der Höhle?« »Es mag töricht klingen«, antwortete Monkey, »aber ich weiß es wirklich nicht. Nur an das Eine erinnere ich mich: als ich ausgesandt wurde, Holz für das Feuer zu sammeln, erklomm ich den Berg hinter der Höhle und fand eine Böschung, die ganz mit Pfirsichbäumen bestanden war. An diesen Pfirsichen habe ich mich siebenmal satt gegessen.« »Du sprichst vom Hügel der Leuchtenden Pfirsichblüte«, sagte der Patriarch. »Wenn du dort siebenmal gegessen hast, wirst du vermutlich sieben Jahre hier sein. Welche Art Weisheit hoffst du nun von mir zu lernen?« »Das überlasse ich Euch«, antwortete Monkey. »Jede Art Weisheit – es ist mir einerlei.«

»Es gibt dreihundertsechzig Schulen der Weisheit«, erklärte der Patriarch, »und alle führen zur Selbstvollendung. Welche von ihnen wählst du?« »Die Ihr für die beste haltet«, sagte Monkey; »ich bin ganz Aufmerksamkeit.« »Wie wäre es mit der Kunst?« schlug der Patriarch vor. »Soll ich sie dich lehren?« »Welche Art Weisheit ist das?« fragte Monkey. »Sie gestattet dir«, erklärte der Patriarch, »die Elfen herbeizurufen und auf dem Phoenix zu reiten, aus Schafgarbestengeln wahrzusagen, Unglück zu verhüten und Glück festzuhalten.« »Werde ich aber ewig leben?« fragte Monkey. »Das bestimmt nicht«, erwiderte der Patriarch. »Dann taugt das Zeug nicht für mich«, entschied Monkey. »Wie wäre es mit Naturphilosophie«, schlug der Patriarch vor. »Was ist das?« fragte Monkey. »Die Lehre des Confucius«, sagte der Patriarch, »des Buddha und des Lao Tzu, der Dualisten, des Mo Tzu und der Medizinmänner. Du lernst Schriften lesen und Gebete aufsagen, Adepten und Weise auf deinen Wink und Ruf zur Verfügung zu haben.« »Werde ich aber ewig leben?« fragte Monkey. »Wenn es dir darum zu tun ist«, sagte der Patriarch, »so ist dir, fürchte ich, die Philosophie nicht zweckdienlicher als ein Pfropf in der Wand.« »Meister, ich bin nur ein einfacher Mann und verstehe mich nicht auf diese Sprache. Was meint Ihr mit einem Pfropf in der Wand?« »Wenn die Menschen eine Wohnung bauen«, erklärte der Patriarch, »und sie soll sicher und fest sein, so errichten sie einen Stützpfeiler und verpfropfen ihn in der Wand. Aber eines Tages stürzt das Dach ein und der Pfeiler wird morsch.« »Das klingt nicht gerade nach langem Leben«, sagte Monkey. »Nein, Philosophie will ich nicht lernen.« »Wie wäre es mit Quietismus?« »Woraus besteht denn der?« »Aus leichter Diät, Untätigkeit, Meditation, Enthaltsamkeit in Wort und Tat, Yoga liegend oder stehend praktiziert.« »Werde ich aber ewig leben?« fragte Monkey. »Die Ergebnisse des Quietismus«, sagte der Patriarch, »sind für diesen Zweck nicht tauglicher als ungebrannter Lehm im Röstofen.« »Ich habt wahrlich ein miserables Gedächtnis«, stellte Monkey fest, »habe ich Euch nicht eben gesagt, daß ich diese Fachausdrücke nicht verstehe. Was meint Ihr mit ungebranntem Lehm im Röstofen?« »Die Ziegel und Backsteine mögen fertig und geformt im Ofen liegen; wenn sie aber noch nicht gebrannt sind, kann eines Tages ein heftiger Regen fallen und sie wegspülen.« »Das verspricht nichts Gutes für die Zukunft«, sagte Monkey. »Ich glaube nicht, daß ich mich mit Quietismus plagen werde.«

»Du könntest es mit Übungen versuchen«, schlug der Patriarch vor. »Was meint Ihr damit?« fragte Monkey. »Verschiedenerlei Tätigkeiten«, sagte der Patriarch, »Übungen wie ›Yin-Sammeln und Yang-Flicken‹, ›Bogen-Schießen und Katapult-Treten‹, ›Nabelreiben um Atem durchzulassen‹. Dann gibt es alchemistische Übungen wie die Magische Explosion, Rohr Verbrennen und den Dreifuß Schlagen, Rote Mennige Fördern, den Herbststein Schmelzen und Brautmilch Trinken.« »Werde ich dadurch ewig leben?« fragte Monkey. »Darauf zu hoffen«, erklärte der Patriarch, »hieße den Mond aus dem Wasser fischen wollen.« »Da haben wir's wieder«, versetzte Monkey, »was in aller Welt meint Ihr mit ›den Mond aus dem Wasser fischen‹?« »Wenn der Mond am Himmel steht«, sagte der Patriarch, »spiegelt er sich im Wasser. Es sieht wie ein wirkliches Ding aus, doch suchst du es mit deinen Händen zu fassen, so merkst du, daß es nur eine Illusion ist.« »Das klingt nicht gerade vertrauenerweckend«, meinte Monkey. »Ich will diese Übungen lieber nicht lernen.« »Ho«, rief der Patriarch, stieg von der Plattform, ergriff den Fingerklopfer, deutete auf Monkey und schalt: »Du erbärmlicher Affenköter! Das eine willst du nicht lernen und das andere auch nicht! Was willst du denn eigentlich?« So sprechend schlug er Monkey dreimal über den Schädel. Dann kreuzte er die Hände auf dem Rücken, entließ seine Zuhörer und begab sich gemessenen Schrittes in das innere Gemach, dessen Türe er hinter sich verschloß. Nun fielen alle Schüler über Monkey her. »Du elender Affe«, brüllten sie ihn an, »ist das eine Art sich zu benehmen? Der Meister geruht dich etwas lehren zu wollen, und anstatt dankbar zu sein, fängst du einen Disput mit ihm an. Nun ist er ernstlich gekränkt, und wer weiß, wann er zurückkehrt.« Sie waren alle äußerst erzürnt und überschütteten ihn mit Beschimpfungen. Doch Monkey ließ sich nicht im geringsten beeindrucken, sondern antwortete bloß mit einem breiten Grinsen.

Aus dem Englischen von Georgette Boner und Maria Nils

Paula Delsol

SCHLAU WIE EIN AFFE

Es ist das launenhafteste aller Zeichen. Der Affe ist schalkhaft, zu Späßen aufgelegt, hat Humor und manchmal sogar Geist und ist immer verschlagen. Der Affe ist gesellig, nach außen hin scheint er sich mit jedem zu verstehen, aber das ist oft nur Taktik: Er ist sehr selbstsüchtig. Er ist stets lustig, liebenswürdig und sogar hilfsbereit. Aber hinter seiner unleugbaren Leutseligkeit verbirgt er oft die schlechte Meinung, die er von seinen Mitmenschen hat. Er verachtet alle anderen Zeichen und glaubt sich daher auch allen überlegen. Er ist eitel und eingebildet.

Der Affe ist ein Intellektueller. Er ist sehr wißbegierig. Er ist vielbelesen, kennt sich in allem aus und weiß, was in der Welt vor sich geht. Er ist gebildet, sogar gelehrt und hat ein so gutes Gedächtnis, daß er sich bis in die kleinsten Details an alles, was er gelesen oder gehört hat, erinnert. Er braucht übrigens sein gutes Gedächtnis, denn er ist sehr unordentlich.

Da er erfinderisch und äußerst originell ist, meistert er mit Leichtigkeit die schwierigsten Probleme. Aber wenn er eine Sache nicht sofort in Angriff nehmen kann, läßt er von ihr ab – noch ehe er damit begonnen hat.

Der Affe hat einen gesunden Menschenverstand und eine erstaunliche Begabung, andere zum Narren zu halten. Sogar den mächtigen, intelligenten und geschickten Drachen kann er überlisten, und den gefürchteten Tiger führt er an der Nase herum.

Der Affe ist diplomatisch, sehr schlau und weiß sich aus jeder unangenehmen Affäre zu ziehen. Er läßt sich zu nichts zwingen, denn er will unabhängig und frei sein und entscheidet selbst über das, was er tun oder lassen will.

Er ist ziemlich skrupellos und scheut vor Lüge und Unaufrichtigkeit nicht zurück, wenn es seiner Sache nützt. Er kann auch Unehrlichkeiten und Betrügereien begehen, solange er annehmen kann, daß er straffrei ausgehen wird, denn der Affe wird selten erwischt. Manche Affen haben ein so elastisches Gewissen, daß sie es bis zum Diebstahl treiben, aber wenn auch nicht alle Affen Diebe sind, so sind sie durchweg Lügner.

Und doch kann man ihm nie richtig böse sein, denn er hat einen unwiderstehlichen Charme, und er ist ein Meister in der Kunst, sich beliebt zu machen.

Der Affe ist ein erfolgsbesessener Streber, und er hat die größten Chancen, sein Ziel zu erreichen, sei es durch Scharfsinn und Intelligenz – oder durch Lüge und Skrupellosigkeit. Er ist schlau und geschickt, denkt schnell, steckt voller Unternehmungslust, und sein Gewissen ist leicht zu befriedigen. Er kann in allen Berufen erfolgreich sein. Im Handel, in der Industrie, in der Politik, überall fühlt er sich wie ein Fisch im Wasser. Bei höherer Bildung kann er es zu Ruhm und Ehren bringen, wenn er bei der Sache bleibt und seine Geschwätzigkeit nicht übertreibt.

Hie und da könnte er in finanzielle Schwierigkeiten geraten, er wird aber im allgemeinen wohlsituiert sein.

In der Liebe hat er weniger Glück. Seine Beziehungen zum anderen Geschlecht sind schwankend und wechselhaft. Da er überschwenglich ist, verliebt er sich leicht, wird aber bald eines Partners überdrüssig und ist ständig auf der Suche nach neuen Objekten. Aber er ist zu unbeständig und flatterhaft, zu kritisch und hellsichtig, um eine feste Bindung einzugehen, und nur selten findet er ein dauerhaftes Glück. Sein Humor allein rettet ihn oft aus der Verzweiflung. Er hat die Gabe, über sein eigenes Mißgeschick lachen zu können und aus seinen Erfahrungen die notwendigen Schlüsse zu ziehen.

Der Affe kommt gut mit dem Drachen aus. Die List des Affen und die Macht des Drachen sind eine gute Verbindung. Sie können gemeinsam Geschäfte machen, aber der Affe wird immer den Hintergedanken haben, der Schlauere zu sein.

Auch die Ratte ist ein guter Partner. Sie findet ihn faszinierend und wird ihn ihr ganzes Leben lang leidenschaftlich lieben, auch wenn ihre Liebe nicht erwidert wird.

Der Affe macht sich gern über den Tiger lustig und treibt seinen Spott mit ihm, aber er sollte sich lieber vorsehen. Jede Verbindung mit dem Tiger, sei es eine Liebesbeziehung oder eine geschäftliche Partnerschaft, ist Dynamit. Der Affe mag über den Tiger und sein extravagantes Wesen lachen, aber er riskiert seine Haut dabei.

In guter oder schlechter Ehe wird der Affe im allgemeinen viele Kinder haben.

Die erste Lebensphase ist glücklich. Die zweite ist stürmisch und wechselhaft. Seine Pläne werden oft durchkreuzt oder mißlingen. Die dritte ist ruhig, aber im Alter wird er einsam sein, und er wird fern von seiner Familie sterben, mitunter an den Folgen eines Unfalls …

GESELLSCHAFT

Christian Fürchtegott Gellert

DER AFFE

Ein Affe sah ein Paar geschickte Knaben
Im Brett einmal die Dame ziehn,
Und sah auf jeden Platz, den sie dem Steine gaben,
Mit einer Achtsamkeit, die stolz zu sagen schien,
Als könnt er selbst die Dame ziehn.
Er legte bald sein Mißvergnügen,
Bald seinen Beifall an den Tag;
Er schüttelte den Kopf itzt bei des einen Zügen,
Und billigte darauf des andern seinen Schlag.

Der eine, der gern siegen wollte,
Sann einmal lange nach, um recht geschickt zu ziehn;
Der Affe stieß darauf an ihn
Und nickte, daß er machen sollte.
»Doch welchen Stein soll ich denn ziehn,
Wenn dus so gut verstehst?« sprach der erzürnte Knabe.
»Den, jenen oder diesen da,
Auf welchem ich den Finger habe?«
Der Affe lächelte, daß er sich fragen sah,
Und sprach zu jedem Stein mit einem Nicken: Ja.

*

Um deren Weisheit zu ergründen,
Die tun, als ob sie das, was du verstehst, verstünden:
So frage sie um Rat. Sind sie mit ihrem Ja
Bei deinen Fragen hurtig da:
So kannst du mathematisch schließen,
Daß sie nicht das geringste wissen.

Magnus Gottfried Lichtwer

DER LÖWE UND AFFE

Der Thiere Groß-Sultan, der Löwe wollte sich
Auf langes Bitten seiner Baßen,
Zum Trost der Nachwelt mahlen lassen,
Ein Affe ward gehohlt, der keinem Dürer wich,
Den Pinsel nach der Kunst zu führen.
Er war ein Mahler und Poet,
Und gantz vollkommen in Schattiren:
Er mahlt die rauche Majestät
Mit vollem Harnisch auf dem Throne,
Zum Füßen lagen Schild und Speer,
Carthaunen stunden um ihn her,
Und hinter ihm Mars und Bellone.
Wer ist das? sprach der Groß-Sultan,
Als er das Bild bekam. Der Kayser aller Thiere.
Wer? ich? was geht dis Bild mich an?
Ich bin ja nicht von Ertz, wo siehst du, daß ichs führe?
Ertz ist der Helden Tracht, war Mahler Affens Wort.
Wer ist der wilde Kerl, fuhr drauf der Großherr fort,
Der dort die Augen so verkehret?
Das ist der Kriegs-Gott Mars. Wer? fragt er noch einmahl.
Der Mars! hab ich doch nie vom Kriegs-Gott Mars gehöret,
Wer ist das dicke Mensch von Stahl?
Die Göttin alles Kriegs, Bellona, kurtz zu melden,
Der Helden Schutz und Führerin.
Du bist ein Narr mit deinen Helden,
Mit deinem Kriegs-Gott Mars, und deiner Kriegerinn,
Laß, sprach der Groß-Sultan, das Ertz herunter schaben,
Ich will ein Löwen-Bildniß haben.

Magnus Gottfried Lichtwer
DER AFFE UND DIE UHR

Ein Affe ward einst Herr von einer Taschenuhr:
Die band er sich mit einer Schnur
Fest um den Leib. Als dieß geschehen,
Sah er darnach, und sagte drauf:
Die Uhr muß zu geschwinde gehen!
Und zog sie stracks von neuem auf,
Eröffnete das Glas, und stellte sie zurücke.
Doch in dem andern Augenblicke
Zog er sie nochmals vor. Seht, spricht das kluge Thier,
Sie will nunmehr zu langsam gehen.
Das wäre recht! Wie helf ich ihr?
Er rückt am kleinen Zifferblättchen,
Hält sie ein wenig an das Ohr:
Der ganze Schlag ist falsch! – – Er nimmt sie wieder vor,
Und künstelt oben an dem Kettchen,
Stößt in die Räderchen: Hanns Affe rückt und dreht,
Bis daß das Uhrchen stille steht.

*

Ach großer Gott, behüt uns nur
Vor solcher Leute Probestücken,
Die so an unsern Körpern rücken,
Wie dieser Aff an dieser Uhr.

Johann Gottlieb Willamov

ZWEI AFFEN

»Was machst du da? – Wie? auf dem Kopf zu stehen?
Bist du gescheit?« – »Herr Bruder, nur gemach!
Wir müssen endlich doch dem alten Schimpf entgehen,
Als ahmten wir nur immer nach.
So wollen wir ins Künft'ge gehen!
Und dann – dann sage einer noch einmal,
Ein Affe sei kein Original!«

Zwei Anekdoten
über Friedrich II. von Preußen

DER MENSCHENVERÄCHTER

Bei seinem letzten Besuche in Breslau im Jahre 1785 unterhielt sich Friedrich mit dem Professor Garve über philosophische Dinge, wobei er den großen Haufen Canaille nannte. Garve wollte diesen Ausdruck nicht gut gelten lassen. »Als Euer Majestät«, sagte er, »gestern in die Stadt einzog und alles Volk zusammenlief, um seinen großen König zu sehen, das war doch keine Canaille!« – »Lieber Professor«, erwiderte der königliche Pessimist, »setze Er einen alten Affen auf den Gaul und lasse Er ihn durch die Gassen reiten, das Volk wird ebenso zusammenlaufen!«

* * *

DER AFFE AUF DER TABAKSDOSE

Der Oberstallmeister des Königs, Graf Schwerin, der zu seinen Lieblingen gehörte, bat ihn eines Tages um ein Porträt, damit er ein Andenken des Königs besitze. »Junge hübsche Mädchen«, sagte der König, »lassen sich wohl malen, aber kein alter Kerl wie ich.« Und er schenkte ihm eine Tabaksdose, auf der ein possierlicher Affe gemalt war. Der Graf dankte ehrerbietigst dafür und schien sich sehr zu freuen. Kaum war er aber von der königlichen Tafel aufgestanden, so schickte er augenblicklich einen Boten mit der Dose nach Berlin, ließ den Affen herausnehmen, des Königs Bildnis an dessen Stelle hineinsetzen, und zwar so eilig, daß er sie den folgenden Morgen schon wieder hatte. Der Graf speiste den Mittag wieder bei dem Monarchen. Da der König sah, daß er eine Prise aus der Dose nahm, die er ihm den Tag vorher geschenkt hatte, sagte er: »Was gilts, die Dose gefällt Ihm?« – »Ja, Euer Majestät«, erwiderte der Graf, »sie ist mir umso lieber, weil auf derselben das mir so verehrungswürdige Bildnis Euer Majestät zu sehen ist.« Der König stutzte etwas über die Antwort; er ließ sich die Dose geben, lachte über den artigen Einfall und schenkte Schwerin eine andere Dose, die ein besseres Porträt zeigte.

Jules Verne

GIL BRALTAR

I

Zu mindestens sieben bis acht Hunderten hockten sie da. Mittelgroß, doch von kräftiger Statur, behende, gelenkig, zu außerordentlichen Sprüngen befähigt, hüpften sie unter den letzten Strahlen der Sonne, die sich jenseits des terrassenartig abgestuften Gebirges westlich der Reede niedersenkte. Bald verschwand die rötliche Scheibe gänzlich, und Dunkelheit begann sich im Hafenbecken auszubreiten, das von den weiten Sierras von Sanorra, von Ronda und dem Ödland del Cuervo eingefaßt wird.

Plötzlich erstarrte die Horde. Ihr Oberhaupt war gerade auf jenem mageren Eselsrücken aufgetaucht, der vom Kamm des Berges gebildet wird. Vom Soldatenposten aus, den man am äußersten Gipfel des enormen Felsens stationiert hatte, war von dem, was unter den Bäumen vor sich ging, nichts zu bemerken.

»Sriss!... Sriss!« machte das Oberhaupt, und seine zu einem

spitzen Maul verzogenen Lippen verliehen diesem Zischen eine außergewöhnliche Intensität.

»Sriss!... Sriss!« wiederholte die seltsame Truppe im perfekten Chor.

Ein merkwürdiges Wesen war dieses Oberhaupt, von hohem Wuchs und mit einem Affenfell bekleidet, dessen Haar nach außen gekehrt war, der Kopf von einer wildzerzausten Mähne bedeckt, das Gesicht mit kurzem Bart bestruppt, barfuß, die Sohlen abgehärtet wie Pferdehufe.

Er hob den rechten Arm, richtete ihn auf den unteren Bergrücken, und alle äfften diese Geste mit militärischer, besser noch: mit mechanischer Präzision nach – wahrhaftige Marionetten, die von derselben Feder in Bewegung gesetzt wurden. Er senkte den Arm – sie senkten ihre Arme. Er neigte sich zum Boden – sie bückten sich in dieselbe Stellung. Er hob einen kräftigen Knüppel auf und schwang ihn in der Luft – sie schwangen ihre Stöcker und führten wie er jenen Wirbel aus, den die Stockfechter »bedeckte Rose« nennen.

Dann wandte sich das Oberhaupt um, glitt in die Büsche, kroch unter die Bäume. Kriechend folgte ihm die Horde.

In weniger denn zehn Minuten waren sie die vom Regen ausgehöhlten Bergpfade hinabgestiegen, ohne daß der Stoß eines einzigen Kiesels die Gegenwart der marschierenden Masse verraten hätte.

Eine Viertelstunde später blieb das Oberhaupt stehen – alle hielten inne, als wären sie zu Stein erstarrt.

Zweihundert Meter unter ihnen tauchte die Stadt auf, hingestreckt entlang der dunklen Reede. Zahllose Lichter fielen auf die undeutliche Anhäufung von Molen, Häusern, Villen, Kasernen. Dahinter spiegelten sich die Scheinwerfer der Kriegsschiffe, die Leuchtfeuer der auf offener See verankerten Handelsschiffe und Pontons auf der Oberfläche des ruhenden Wassers. Noch weiter entfernt, am äußersten Ende der Europaspitze, warf der Leuchtturm sein Strahlenbündel auf die Meerenge.

In diesem Augenblick donnerte ein Kanonenschuß, das *First gun fire*, den eines der postierten Geschütze losgejagt hatte, und sofort erklang der Trommelwirbel, begleitet vom schrillen Pfeifen der Querflöten.

Es war Sperrstunde, höchste Zeit zur Heimkehr. Kein Fremder hatte mehr das Recht, durch die Stadt zu gehen, ohne von einem Garnisonsoffizier eskortiert zu werden. Befehl ging an die Mannschaften, sich an Bord ihrer Schiffe zu begeben, ehe die Tore geschlossen wurden. Alle Viertelstunde zirkulierten Patrouillen und führten der Wache Säumige und Betrunkene zu. Dann schwieg alles still.

Der General MacKackmale durfte ruhigen Gewissens schlafen. Es hatte nicht den Anschein, daß England in dieser Nacht etwas für seinen Felsen Gibraltar zu befürchten hatte.

II

Es ist ja bekannt, daß dieser ehrfurchtgebietende Felsen vierhundertfünfundzwanzig Meter hoch ist und auf einer Basis ruht, die in der Breite zwölfhundertfünfundvierzig Meter mißt und viertausenddreihundert in der Länge. Er ähnelt etwas einem enormen schlafenden Löwen, der sein Haupt in Richtung Spaniens niedergelegt hat und seinen Schwanz ins Meer taucht. Sein Gesicht zeigt die Zähne – siebenhundert durch ihre Geschützöffnungen gerichtete Kanonen, die *Zähne der Greisin*, wie man sie auch nennt. Eine Greisin, die kräftig zupackt, wenn man ihr zu nahe kommt! Hier hat sich England fest postiert, wie in Peking, Aden, auf Malta, in Pulo-Pinang oder Hongkong – allesamt Felsen, aus denen es eines Tages noch mit dem Fortschritt der Mechanik drehbare Festungen machen wird.

Bis es soweit ist, sichert Gibraltar dem Vereinigten Königreich die unanfechtbare Herrschaft über die achtzehn Kilometer breite Meerenge, die die Keule des Herkules zwischen Abila und Calpe in den tiefsten Abgrund der mittelmeerischen Gewässer geschlagen haben soll.

Ob die Spanier darauf verzichtet haben, sich dieses Stück ihrer Halbinsel zurückzuholen? Offenbar wohl, denn es scheint unangreifbar zu sein, vom Land aus wie vom Meere.

Allerdings gab es da einen, der von der quälenden Idee besessen war, diesen offensiven und defensiven Felsen zurückzuerobern. Das war das Oberhaupt jener Horde, ein seltsamer Kauz, womöglich gar ein Verrückter. Besagter Hidalgo hieß auch noch Gil Braltar, ein Name, der ihn in seinen Augen gewiß zu dieser patriotischen Eroberung vorherbestimmte. Sein Hirn hatte diesem Gedanken nicht standgehalten, und er wäre sicher in einer Irrenanstalt besser aufgehoben gewesen. Man kannte ihn zwar gut, wußte aber seit zehn Jahren kaum mehr, was aus ihm geworden war. Vielleicht irrte er durch die Welt? In Wirklichkeit hatte er die heimatlichen Gefilde nie verlassen, sondern lebte eine Troglodytenexistenz in den Wäldern und Höhlen, insbesondere in der Tiefe jener unergründlichen Winkel der Grotten von San Miguel, die, wie man sich erzählt, in Verbindung mit der See stehen sollen. Man hielt ihn für tot – aber er lebte, wenn auch nach Art dieser Wilden, die, bar jeglichen menschlichen Verstandes, nur den tierischen Instinkten gehorchen.

III

Und er schlief so fein auf seinen Ohren, der General MacKackmale, auf seinen Ohren, die größer waren als es die Polizei erlaubt. Mit seinen übermäßig langen Armen, den runden, unter buschigen Brauen versteckten Augen, von widerborstigem Barte umrahmtem Gesicht, seiner grinsenden Physiognomie, der menschenaffenhaften Gestik und dem absonderlichen Hervorstehen des Unterkiefers zeichnete ihn eine – selbst für englische Generale – bemerkenswerte Häßlichkeit aus. Ein Affe, fürwahr, doch trotz seiner affigen Erscheinung ein herausragender Militär!

Doch, doch! Fein schlief er in seiner gemütlichen Wohnung in der Main-Street, jener kurvenreichen Straße, die die Stadt vom Meer bis zum Alamedator durchquert. Mochte wohl gerade davon träumen, wie sich England Ägyptens, der Türkei, Afghanistans, des Sudans, des Boerlandes – kurz aller Punkte des Globus nach seinem Geschmack bemächtigte, und dies zu einem Zeitpunkt, da es Gefahr lief, den Gibraltar zu verlieren. Brüsk wurde die Tür aufgestoßen.

»Was gibt's?« fragte der General und hatte sich mit einem Satz aufgerichtet.

»Mein General«, antwortete ein Adjutant, der wie eine Torpedogranate hereingeschossen kam, »die Stadt ist überfallen! ...«

»Die Spanier? ...«

»Das ist anzunehmen!«

»Die sollten es gewagt haben ...«

Der General sprach nicht zu Ende. Er stand auf, warf das Madrastuch beiseite, in das sein Kopf eingewickelt war, rutschte in die Hose, stieg in Uniform und Stiefel, setzte seinen Klapphut auf, schnallte den Degen um und fragte:

»Was ist das für ein Lärm, den ich da höre?«

»Der Aufprall von Felsstücken, die wie eine Lawine auf die Stadt niedergehen.«

»Sind die Schufte zahlreich? ...«

»Das müssen sie wohl.«

»Dann haben sich alle Halunken von der Küste für diesen Handstreich zusammengetan – die Schmuggler aus Ronda, die Fischer von San Roque und die Flüchtlinge, die die Dörfer überschwemmen? ...«

»Das steht zu fürchten, mein General!«

»Ist der Gouverneur verständigt?«

»Nein – unmöglich, bis zu seiner Villa an der Europaspitze vorzudringen! Die Türen sind belagert, die Straßen voll mit Angreifern! ...«

»Und die Kaserne am Meertor? ...«

»Ist genauso wenig zu erreichen. Die Artilleristen müssen in ihrer Kaserne umzingelt sein!«

»Wie viele Männer mit Ihnen? ...«

»Etwa zwanzig, mein General – Infanteristen des Dritten Regimentes, die entkommen konnten.«

»Beim heiligen Dunstan!« schäumte MacKackmale, »soweit wird es noch kommen! Daß diese Apfelsinenfeilscher England den Gibraltar entreißen! Nein, das werden wir nicht zulassen! ...«

In diesem Augenblick bahnte sich ein merkwürdiges Etwas seinen Weg durch die Tür und hüpfte auf die Schultern des Generals.

IV

»Ergebt Euch!« schrie dieses Etwas mit einem rauhen Krächzen, das mehr einem Brüllen als einer menschlichen Stimme glich.

Einige Männer, die im Gefolge des Adjutanten herbeigelaufen waren, wollten sich gerade auf dieses Wesen stürzen, als sie es im Licht des Zimmers erkannten: »Gil Braltar!« schrien sie.

Und das war er tatsächlich, jener Hidalgo, den man seit langem vergessen hatte, der Wilde aus den Grotten von San Miguel.

»Ergebt Ihr Euch?« brüllte er.

»Nie und nimmer!« heulte der General.

Als die Soldaten ihn umstellten, stieß Gil Braltar plötzlich ein schrilles und in die Länge gezogenes »Sriss« aus, und im Handumdrehen füllten sich zunächst Hof und dann Haus mit einer wuchernden Menge …

Wird man es glauben? Es waren Monos – Affen, und zu Hunderten! Wollten sie also England jenen Felsen abtrotzen, deren eigentliche Besitzer sie ja sind, diesen Berg, den sie lange vor den Spaniern bevölkerten, lange schon bevor Cromwell von seiner Eroberung für Großbritannien träumte? Wahrhaftig! Durch ihre Zahl waren sie fürchterlich, diese schwanzlosen Affen, mit denen man nur unter der Bedingung in Eintracht leben konnte, daß man ihre Plünderungen stillschweigend ertrug, diese intelligenten, tolldreisten Wesen, die man sich zu schikanieren hütete, weil sie – was schon vorgekommen war – Rache nahmen, indem sie Felsen auf die Stadt niederrollen ließen.

Und nun waren diese Monos zu Soldaten eines Wahnsinnigen geworden, der genauso wild war wie sie, jenes Gil Braltar, mit dem sie vertraut waren, weil er ihr unabhängiges Leben teilte, dieses vierhändigen Wilhelm Tells, dessen ganze Existenz sich auf den einen Gedanken konzentrierte, die Fremdlinge vom spanischen Territorium zu vertreiben.

Welch eine Schmach für das Vereinigte Königreich, wenn dieser Versuch Erfolg hätte! Die Engländer, Bezwinger der Inder, Abessinier, Tasmanen, Australier, Hottentotten und so vieler anderer, ihrerseits bezwungen von einfachen Monos!

Sollte sich eine derartige Katastrophe ereignen, bliebe dem

General MacKackmale nur übrig, sich die Kugel zu geben! Eine solche Schande ist nicht dazu angetan, überlebt zu werden.

Immerhin hatten sich, bevor noch die Affen auf das Zeichen ihres Anführers den Raum stürmten, einige Soldaten auf Gil Braltar stürzen können. Der mit außerordentlicher Kraft ausgestattete Irre wehrte sich und wurde nur mit Mühe überwältigt. Seiner Leihhaut entledigt, kauerte er gefesselt, geknebelt und fast nackt in einer Ecke, außerstande sich zu rühren oder auf sich aufmerksam zu machen! Kurze Zeit später sah man, wie Mac Kackmale aus seinem Haus stürzte, wild entschlossen, nach militärischer Gepflogenheit zu siegen oder zu sterben!

Doch deshalb war draußen die Gefahr nicht minder groß. Wahrscheinlich hatten sich ein paar Infanteristen am Meertor versammeln können und marschierten nun zur Wohnung des Generals. Mehrere Schüsse fielen in der Main-Street und auf dem Kommerzplatze; allerdings war die Überzahl der Monos so gewaltig, daß die Gibraltar-Garnison schon bald fürchten mußte, ihnen den Platz zu überlassen. Dann würden die Spanier gemeinsame Sache mit den Affen machen, die Forts müßten aufgegeben, die Geschütze im Stich gelassen werden, die Festungswerke hätten keinen einzigen Verteidiger mehr, und den Engländern, die den Felsen einmal unerstürmbar gemacht hatten, würde es nie wieder gelingen, ihn sich zurückzuholen.

Da trat unversehens eine Wende ein. Tatsächlich sah man im Schein einiger Fackeln, die den Hof erleuchteten, wie die Monos zum Rückzug bliesen. Am Kopf der Horde marschierte stockschwingend ihr Anführer. Alle trotteten im Gleichschritt hinterher, wobei sie mit Armen und Beinen seine Bewegungen nachmachten.

Hatte sich Gil Braltar seiner Fesseln entledigen und aus dem Zimmer flüchten können, wo man ihn doch gefangen hielt? Daran war nicht zu zweifeln. Doch wo ging er nun hin? Etwa zur Europaspitze, um die Villa des Gouverneurs zu stürmen und ihn aufzufordern, sich zu ergeben, wie er es dem General gegenüber gemacht hatte?

Nein! Der Irre und seine Horde marschierten die Main-Street hinunter. Dann, nachdem sie das Alamedator durchschritten hatten, gingen sie quer durch den Park und stiegen wieder die

Hänge der Berge hinauf. – Eine Stunde später war kein einziger Eindringling mehr in der Stadt.

Was passiert war? – Das wurde sofort klar, als am Rande des Parks der General MacKackmale auftauchte. Er war es gewesen, der – den Platz des Irren einnehmend – den Rückzug der Horde anführte, nachdem er sich das Fell seines Gefangenen übergeschwungen hatte. Er ähnelte dermaßen einem Vierhänder, dieser wackere Krieger, daß sich sogar die Monos täuschen ließen. Daher mußte er nur erscheinen, um sie in seinem Gefolge fortzuführen! …

Eindeutig ein Geniestreich, der auch unverzüglich mit der Verleihung des Sankt-Georg-Kreuzes belohnt wurde.

Was Gil Braltar betrifft, so überließ ihn das Vereinigte Königreich – gegen klingende Münze – einem Barnum, der nun sein Vermögen macht, indem er ihn durch die wichtigsten Städte der Alten und der Neuen Welt führt. Dieser Barnum macht sich sogar einen Spaß daraus, verlauten zu lassen, daß es gar nicht der Wilde von San Miguel sei, den er da zur Schau stellt, sondern der General MacKackmale in Person.

Jedenfalls ist dieses Abenteuer eine gehörige Lektion für die Regierung Ihrer Holden Majestät gewesen. Sie hat begriffen, daß Gibraltar, würde er nicht von den Menschen besetzt gehalten, der Gnade der Affen ausgeliefert wäre. Und da England nun einmal ein sehr praktisch veranlagtes Land ist, hat es sich entschlossen, fürderhin nur noch seine häßlichsten Generale hierher zu delegieren, auf daß sich die Monos – im Falle des Falles – noch einmal täuschen lassen.

Diese Maßnahme sichert ihm den Besitz Gibraltars höchstwahrscheinlich bis in alle Ewigkeit.

Deutsch von Volker Dehs

Gustav Meyrink
SCHÖPSOGLOBIN

Silingdong (Borneo), 1. April 1906

Mein lieber alter Freund!

Weißt Du noch, wie wir uns vor langen Jahren in Maaders »Box« das Wort gaben, einander sofort zu berichten, wenn wir auf unseren Lebenswegen auf Vorkommnisse stoßen sollten, die, weitab von den Wegen des Trosses liegend, irgend etwas Außergewöhnliches, Geheimnisvolles – in den »Gingang« der trivialen Ereignisse, möchte ich es nennen – nicht Hineinpassendes an sich tragen? –

Siehe, mein Lieber, da hätte ich nun heute das Glück, Dir von etwas dergleichen zu berichten – Dich von Deinen alchimistischen Schmökern, oder was Du sonst zur Zeit wohl durchgrübeln magst – berechtigterweise aufscheuchen zu dürfen.

Wie wird Dir da drüben in Europa zumute sein, wenn einer in dem fernen Borneo es wagt, die Axt der Erkenntnis an die Wurzeln Deiner unbegrenzten Verehrung gegenüber allem, was da heißet »Kriegerkaste«, zu legen? –

Könnte ich Dich doch, wenn Du diesen Brief gelesen, ein Weilchen belauschen, ob sich nicht gar bald in Deiner Seele da die Begriffe Uniformstolz und Vaterlandsliebe voneinander lösen mögen, etwa wie die tragantene Inschrift von einem Pfefferkuchenreiter abfällt, auf den es schon zu lange geregnet hat. –

Sag, hast Du nie darüber nachgedacht, woher es wohl kommen mag, daß gebildete Leute gleichen Standes – ja sogar Friseure – einander »Kollegen« (auf deutsch soviel wie Menschen, die etwas gemeinsam lesen, studieren) nennen, während der »Zwockel«stand – erinnerst Du Dich noch dieses famosen, phonetisch so überaus bezeichnenden Spitznamens für Offiziere? –, während der *Zwockel*stand sich untereinander mit »Kamerad« anredet? (von camera = Kammer = in einer gemeinsamen Kammer schlafen, lungern).

Mir fällt da immer die gelungene Überschrift des mittelalterlichen Gelehrten von Helmont zu einem seiner Kapitel ein: »Was for Tieffsinnen und Geheimbnus in denen Worten und Austrücken lieget.« –

Doch nun kopfüber in den Strudel der Begebnisse! – –

Also rate einmal, wen ich hier kennengelernt habe. Niemand anders als Mr. G.R.S. Slyfox M.D. und F.R.S., den ehemaligen Assistenten des unglücklichen Professors Dredrebaisel. Denke nur!

Hier in Silindong, in den tiefsten Urwäldern Borneos! – Mr. Slyfox ist nämlich der einzige Überlebende der damaligen Expedition und hatte sofort nach dem Tode des Professors D.D., dessen Versuche er ganz allein, und zwar von Anbeginn leitete – in Wahrheit war Professor D.D. immer nur vorgeschobene Person –, Borneo verlassen und war nach Europa gereist, um mehreren Staaten, darunter vor allem demjenigen, der gleich anfangs ein so großes Interesse gezeigt und den wir alle so ungemein schätzen und lieben – seine Entdeckung oder besser gesagt Erfindung in einem vervollkommneten Zustande anzubieten.

Wie dies Vorhaben ausfiel, davon später – genug, gegenwärtig sitzt Mr. Slyfox wieder hier in Silingdong – arm wie eine Kirchenmaus – und setzt seine Studien fort.

Worin denn Professor D.s, besser gesagt Mr. Slyfox' Erfindung eigentlich bestand, möchtest Du Ungeduldiger gerne wissen!

Nicht wahr? Also höre:

Jahrzehntelang hatte Mr. Slyfox sich mit Impfstatistik abgegeben und war zu der Wahrnehmung gelangt, daß in Länderstrichen, in denen der Blatternimpfstoff nicht mehr vom Menschen, sondern vom Kalbe genommen wurde, sich eine auffallende Zunahme von »Vaterlandsverteidigungstrieb«, auch da, wo nicht der geringste Anlaß vorlag, geltend machte.

Von dieser Wahrnehmung bis zu seinen späteren epochalen Versuchen war in Mr. Slyfox Erfinderhirn nur ein Schritt.

Mit der Treffsicherheit des Amerikaners, dem nichts heilig ist, brachte er das erwähnte Symptom direkt mit dem minderwertigen Denkvermögen des Kalbes in Zusammenhang, und eine Kette von Experimenten war gegeben.

Schon die ersten Versuche mit einigen ausgewählten Exemplaren männlicher, aber chirurgisch korrigierter Schafe – das, was wir Laien kurzweg »Schöps« nennen – schlugen glänzend ein.

Passierte der von solchen Schöpsen gewonnene Impfstoff – das sogenannte *Schöpsoglobin simplex A* – überdies noch die Blutbahn von ein bis zwei Faultieren, so wurde er derart wirksam, daß er, auf jugendlich unbefangene Personen übertragen, in kürzester Zeit eine Art primären, patriotischen Kollers hervorrief.

Bei erblich belasteten Individuen steigerte sich dieser Zustand in zwei Fällen sogar bis zur sogenannten unbehebbaren progressiven Patriomanie.

Welch tiefgehende Veränderung sich dabei auch im künstlerischen Innenleben des Geimpften abspielte, belegt wohl am besten der Fall, daß ein solcher Impfling, einer unserer geschätztesten berittenen Dichter, seinen neuesten Gedichtband mit den Zeilen beginnen ließ:

»*Sie*, Schwert an meiner Linken – äh,
was soll *Ihr* heitres Blinken – äh!«
Usw. usw.

Doch das nur so nebenbei.

Anfangs, das weißt Du ja, interessierte sich die Regierung sehr für die Erfindung, die unter dem Namen des Professors Dredrebaisel starten sollte, und ein Syndikat schoß die Kosten der Expedition vor.

In Silingdong, in den dichtesten Urwäldern Borneos, der Heimat des Orang-Utans, wurden auch so rasch wie möglich etwa zweihundert solcher Affen eingefangen und unverzüglich mit *Schöpsoglobin simplex A* geimpft.

Mr. Slyfox sagte sich nämlich, daß die potenzierten Lymphprodukte, wie sie aus dem Faultier gezogen werden können, schon infolge der großen Seltenheit solcher Tiere für die Massenanwendung im Militärwesen viel zu teuer kämen.

Was nun dem Faultier angesichts seines wesentlichen Überschusses an Stupidität zugunsten der Impfstoffverstärkung anhafte, das lasse sich gewiß, so hoffte der Gelehrte, durch das überwiegend Affenartige beim Orang-Utan vorteilhaft ersetzen.

Die unheilvollen Folgen, die das Zusammensperren so vieler starker Tiere nach sich ziehen sollte, konnte natürlich niemand voraussehen.

Die Schreckensnacht, in der die Affen ihre Käfige zerbrachen und alles kurz und klein schlugen, den Professor D.D. und die malaischen Wärter töteten, hätte bei einem Haare auch Mr. Slyfox (er entrann nur wie durch ein Wunder dem Tode) das Leben gekostet.

Nach vollbrachtem Zerstörungswerk hatten die Orang-Utans tagelang eine Beratung abgehalten, deren Zweck und Ziel anfangs völlig rätselhaft erschien, später aber jenes durchdringende Licht auf die Wirkung des Schöpsoglobins und was damit zusammenhängt werfen sollte.

Von einem sicheren Verstecke aus hatte der Amerikaner genau beobachten können, wie die Affen nach schier endlosem Geschnatter aus ihrer Mitte einen Anführer wählten – und zwar jenes Exemplar, das schon während seiner Gefangenschaft als gänzlich vertrottelt allgemein aufgefallen war – und ihm sodann Goldpapier (!), das sie in einer zertrümmerten Kiste gefunden hatten, auf das Gesäß klebten.

Der Vorgang, der sich unmittelbar darauf vor den Augen des Gelehrten abspielte, war ebenfalls ganz danach angetan, höchstes Erstaunen zu erregen.

Die Orang-Utans scharten sich nämlich in Trupps, nahmen Äste und Ruten, oder was sie sonst in der Eile erwischten, über die Schulter und zogen eng aneinander geschart, während der Anführer mit wichtiger Miene ein Stück vorausschritt, aufrecht durch die Urwaldpfade.

Von Zeit zu Zeit stieß der Goldbeklebte ein schmetterndes:

Gwääh – Gwegg, Gwääh – Gwegg

aus, und dann kam es über alle wie eine finstere Ekstase.

Ihr Ausdruck nahm etwas seltsam Verbiestertes an, sie warfen mit einem Ruck das Gesicht nach links und hackten beim Gehen wie die Tobsüchtigen mit den Fersen in die Erde.

Es muß ein unvergeßlicher Anblick gewesen sein. – »Augenblicke lang«, das sind Mr. Slyfox' eigene Worte, »war mir, als sei ich nicht mehr im Urwalde, sondern ganz, ganz anderswo. – In irgendeiner Kaserne Europas.

Und als ich später gar mit ansah, wie die Affenschar ein widerstrebendes Exemplar festhielt und vor ihm auf einem erbeuteten Lederhutkoffer so lange einen ohrenzerreißenden Spektakel vollführte, bis auch dieser Widerspenstige von der ›primären patriotischen Ekstase‹ ergriffen war – da überwältigte mich förmlich eine Flut neuartiger Ideen.

Nie haben diese Affen ein Vorbild gehabt, sagte ich mir, und doch sind auch sie auf den Gedanken gekommen, das Gesäß mit Gold zu verzieren – wollen dadurch den Eindruck des Kriegerischen erwecken und sind auf Institutionen verfallen, die, im Lichte wahrer Erkenntnis betrachtet, sicherlich von der Einwirkung schöpsoglobinartiger Stoffe herrühren müssen, die das Hirn umnebeln, gleichgültig nun, ob sie eingeimpft wurden oder durch vererbte Borniertheit in ihrem Wachstum begünstigt im Körper als Eigengifte entstehen.« – – –

Mit Absicht führe ich Dir, mein lieber alter Freund, den Ideengang des Mr. Slyfox nicht weiter aus.

Schon um Dir den raffinierten Genuß, alles selbst zu Ende denken zu dürfen, nicht vorwegzunehmen.

Wenn mir nun etwa beifiele zu behaupten, daß Zwockeldünkel mit wirklicher Vaterlandsliebe gar nichts zu tun hat und zum großen Teile aus dem dunkeln Wunsch entspränge, auf »Dirnengemüter« beiderlei Geschlechtes »Eindruck« zu machen – eine Art lächerlicher Auerhahnbalz zu imitieren –, sag, müßtest Du mir da nicht recht geben?

Oder wäre es wirklich möglich, daß zwei so alte Freunde – so innig miteinander verwittert – betreffs einer so fundamentalen Wahrheit auch nur einen Augenblick zweierlei Meinung sein könnten?!

Und würde es im andern Falle nicht genügen, sich das Bildungsniveau des »Zwockelstandes« – natürlich habe ich immer – auch hier – eine ganz spezielle Großmacht im Auge – zu vergegenwärtigen?

Doch weg mit allen Betrachtungen.

Ich wollte Dir nur noch berichten, wie sich die Staaten, denen Mr. Slyfox das Schöpsoglobin anbot, verhielten.

Der eine refüsierte kurz und wollte erst die Wirkung in andern Ländern beobachten.

Der zweite Staat äußerte sich, wie üblich inoffiziell und durch eine Mittelsperson, in dem Sinne, daß die überwiegende Mehrzahl seiner Bevölkerung dank angestammter Fürstenliebe und des nachhaltigen tiefen Eindruckes frühzeitig auswendig gelernter Zitate, patriotischer Gesänge sowie sinnreich erdachten bunten Kinderspielzeugs usw. usw. – sich sowieso schon auf dem wünschenswerten Standpunkt befände.

Ein Impfprozeß wie der vorgeschlagene, dem überdies durch das bedauerliche Hinscheiden des Herrn Professors Dredrebaisel die Garantie entzogen sei, erscheine daher noch verfrüht; – ganz abgesehen davon, daß nach Ansicht von Fachleuten durchaus nicht erwiesen sei, ob nicht auch das Schöpsoglobin nach Art anderer Toxine in einiger Zeit die Veranlassung zur Bildung sogenannter Schutzstoffe im Blute geben könne, wodurch sodann die gerade entgegengesetzte Wirkung eintreten müsse.

Im übrigen verfolge man nach wie vor die Versuche des Mr. Slyfox mit lebhaftem Interesse und werde stets usw. usw. – – – –

So sitzt nun Mr. Slyfox mit seinem Unternehmen auf dem trokkenen und muß wohl oder übel seine Impfversuche hier an allerlei Getier fortsetzen.

Und ich helfe ihm dabei.

Bleiben wider Erwarten die ganz großen Erfolge aus, so sind wir beide fest entschlossen, ein Rhinozeros einzufangen und zu impfen.

Das muß dann – daraufhin verbürgt sich Mr. Slyfox – jeden Skeptiker überzeugen.

Damit Du aber, alter Freund, nicht etwa um mein Leben zitterst, so wollte ich Dir noch sagen, daß uns von den Affen keine Gefahr mehr droht.

Wir haben uns ebenfalls das Gesäß mit Flitter geschmückt, und wenn wir beim Herannahen der Tiere nur jede Intelligenzäußerung scharf unterdrücken, so werden wir für Offiziere gehalten und hoch geachtet und sind vollkommen sicher. Du wirst vielleicht sagen, es sei das charakterlos von mir, aber ich bitte Dich, was muß man nicht alles tun, wenn man nun schon einmal unter Orang-Utans leben muß.

Jetzt aber heißt es hastig schließen, draußen – ganz nahe schon – höre ich das schneidge

Gwääh – Gwegg; – Gwääh – Gwegg

der Vaterlandsaffen.

Herzlich grüßt Dich daher in Eile

Dein alter Egon Ipse

Erich Kästner

DIE ENTWICKLUNG DER MENSCHHEIT

Einst haben die Kerls auf den Bäumen gehockt,
behaart und mit böser Visage.
Dann hat man sie aus dem Urwald gelockt
und die Welt asphaltiert und aufgestockt,
bis zur dreißigsten Etage.

Da saßen sie nun, den Flöhen entflohn,
in zentralgeheizten Räumen.
Da sitzen sie nun am Telefon.
Und es herrscht noch genau derselbe Ton
wie seinerzeit auf den Bäumen.

Sie hören weit. Sie sehen fern.
Sie sind mit dem Weltall in Fühlung.
Sie putzen die Zähne. Sie atmen modern.
Die Erde ist ein gebildeter Stern
mit sehr viel Wasserspülung.

Sie schießen die Briefschaften durch ein Rohr.
Sie jagen und züchten Mikroben.
Sie versehn die Natur mit allem Komfort.
Sie fliegen steil in den Himmel empor
und bleiben zwei Wochen oben.

Was ihre Verdauung übrig läßt,
das verarbeiten sie zu Watte.
Sie spalten Atome. Sie heilen Inzest.
Und sie stellen durch Stiluntersuchungen fest,
Daß Cäsar Plattfüße hatte.

So haben sie mit dem Kopf und dem Mund
den Fortschritt der Menschheit geschaffen.
Doch davon mal abgesehen und
bei Lichte betrachtet sind sie im Grund
noch immer die alten Affen.

Anmerkung: Hierzu ist jede Anmerkung überflüssig.

Matthias Koeppel

AURANGK UCHTAN

Aurangk Uch, – drr Aurangk Uchtan
dutt su muntschelüch ußßsahn;
duch örr donckdt dmm LÜBEN GUTTE,
dißß ÖR koin'n Muntsch oss ühm gemaucht
nücht hutte.

Axel Hacke

EIN AFFE FÜR MICH ALLEIN

Wie oft habe ich mir vorgestellt, ich hätte einen Schimpansen im Büro! Ich würde ihn Kurt nennen, ihm ein Bettchen in die Ecke stellen, und er könnte hier schlafen. Morgens, wenn ich käme, wäre das Zimmer nicht leer, sondern schon jemand da, der mich begrüßen würde mit einem milden, klaren, seelenvollen Affenblick.

Es müßte allerdings wirklich ein Schimpanse sein, darauf möchte ich bestehen. Ein Gorilla käme nicht in Frage, dazu ist mein Büro zu klein, und außerdem habe ich Angst vor Gorillas, denn sie haben wulstige Augenbrauen und keinen Schnutenmund wie die Schimpansen. Ich könnte dem Kurt das Schreiben beibringen, und am Ende würde er vielleicht sogar kleine Geschichten erfinden, wer weiß. Und vor Lurchen und Schlangen, vor denen Schimpansen, sagt Brehm, »eine lächerliche Furcht« haben, müßte er sich bei mir auch nicht ängstigen. Die habe ich nicht im Büro.

Über eine Schimpansin namens Ai habe ich gelesen, man habe ihr in Japan in zwölfjährigem Intelligenztraining beigebracht, einzelne Buchstaben und Farben zu unterscheiden.

Einzelne Buchstaben! Einzelne Farben!

Da wird man fragen dürfen, ob mehr in der langen Zeit nicht möglich war. Die Antwort ist: Jene Schimpansin hat in all den Jahren an einem ganz anderen Projekt gearbeitet, an ihrer Befreiung aus dem Primatenzentrum der Universität Kyoto nämlich. Ich las, sie habe den Schlüssel ihres Käfigs entwendet, denselben mit dem Ruf »Etwas Besseres als ein Primatenzentrum finden wir überall!« auf den Lippen geöffnet und sei mit ihrem Gefährten Akira und dem Orang-Utan Du-Du in den Bergen verschwunden.

Was aber wollte sie dort? Einen Staat gründen? Menschenversuche machen? Eine ökologische Marktwirtschaft praktizieren? Japanische Photoapparate nachbauen? Den Orang-Utan in der Unterscheidung einzelner Buchstaben und Farben unterrichten?

Ach, ich weiß immer noch so wenig über die Schimpansen. Über ihr Denken. Ihr Wollen. Ihr Fühlen. Hätte ich einen Schimpansen im Büro, wäre das anders. Ich wäre Tag für Tag mit ihm zusammen und würde ihn in- und auswendig kennen. Alles wäre anders als jetzt, da die Affen in anonymen Primatenzentren geschult werden und, kaum hat man ihnen das Nötigste beigebracht, nichts anderes denken als: Flucht!

Weglaufen? Wer sollte vor mir weglaufen? Vor mir, der ich Schimpansen liebe wie mein eigen Fleisch und Blut! Süße, liebe, lustige Schimpansen, die aus Becherlein trinken und mit einer Serviette um den Hals essen können!

Es stimmt, einmal habe ich auch geträumt, Kurt habe in die Berge abhauen wollen – »affengeile Berge«, sagte er immer. Er kam aber gleich wieder und sagte, er habe nicht einmal die S-Bahn zum Starnberger See nehmen können, weil er das Tarifsystem des Münchner-Verkehrs-Verbundes nicht kapiert habe. Das konnte ich ihm auch nicht erklären, und so ist er geblieben.

ERZIEHUNG

Wilhelm Hauff

DER AFFE ALS MENSCH

Im südlichen Teil von Deutschland liegt das Städtchen Grünwiesel, wo ich geboren und erzogen bin. Es ist ein Städtchen, wie sie alle sind. In der Mitte ein kleiner Marktplatz mit einem Brunnen, an der Seite ein kleines, altes Rathaus, umher auf dem Markt das Haus des Friedensrichters und der angesehensten Kaufleute, und in ein paar engen Straßen wohnen die übrigen Menschen. Alles kennt sich, jedermann weiß, wie es da und dort zugeht, und wenn der Oberpfarrer, oder der Bürgermeister, oder der Arzt ein Gericht mehr auf der Tafel hat, so weiß es schon am Mittagessen die ganze Stadt. Nachmittags kommen dann die Frauen zueinander in die Visite, wie man es nennt, besprechen sich bei starkem Kaffee und süßem Kuchen über diese große Begebenheit, und der Schluß ist, daß der Oberpfarrer wahrscheinlich in die Lotterie gesetzt und unchristlich viel gewonnen habe, daß der Bürgermeister sich »schmieren« lasse oder daß der Doktor vom Apotheker einige Goldstücke bekommen habe, um recht teure Rezepte zu verschreiben. Ihr könnet Euch denken, Herr, wie unangenehm es für eine so wohleingerichtete Stadt, wie Grünwiesel, sein mußte, als ein Mann dorthin zog, von dem niemand wußte, woher er kam, was er wollte, von was er lebte? Der Bürgermeister hatte zwar seinen Paß gesehen, ein Papier, das bei uns jedermann haben muß –

»Ist es denn so unsicher auf den Straßen«, unterbrach den Sklaven der Scheik, »daß ihr einen Ferman eures Sultan haben müsset, um die Räuber in Respekt zu setzen?«

»Nein, Herr«, entgegnete jener, »diese Papiere halten keinen Dieb von uns ab, sondern es ist nur der Ordnung wegen, daß man überall weiß, wen man vor sich hat.« Nun, der Bürgermeister hatte den Paß untersucht, und in einer Kaffeegesellschaft bei Doktors geäußert, der Paß sei zwar ganz richtig visiert von Berlin bis nach Grünwiesel, aber es stecke doch was dahinter; denn der Mann sehe etwas verdächtig aus. Der Bürgermeister hatte das größte Ansehen in der Stadt, kein Wunder, daß von da an der Fremde als eine verdächtige Person angesehen wurde. Und sein Lebenswandel konnte meine Landsleute nicht von dieser Meinung abbringen. Der fremde Mann mietete sich für einige Goldstücke ein ganzes Haus, das bisher öde gestanden, ließ einen ganzen Wagen voll sonderbarer Gerätschaften, als Öfen, Kunstherde, große Tiegel und dergleichen hineinschaffen, und lebte von da an ganz für sich allein. Ja, er kochte sich sogar selbst, und es kam keine menschliche Seele in sein Haus, als ein alter Mann aus Grünwiesel, der ihm seine Einkäufe in Brot, Fleisch und Gemüse besorgen mußte; doch, auch dieser durfte nur in die Flur des Hauses kommen, und dort nahm der fremde Mann das Gekaufte in Empfang.

Ich war ein Knabe von zehen Jahren, als der Mann in meiner Vaterstadt einzog, und ich kann mir noch heute, als wäre es gestern geschehen, die Unruhe denken, die dieser Mann im Städtchen verursachte. Er kam nachmittags nicht, wie andere Männer, auf die Kugelbahn, er kam abends nicht ins Wirtshaus, um, wie die übrigen, bei einer Pfeife Tabak über die Zeitung zu sprechen. Umsonst lud ihn nach der Reihe der Bürgermeister, der Friedensrichter, der Doktor und der Oberpfarrer zum Essen oder Kaffee ein, er ließ sich immer entschuldigen. Daher hielten ihn einige für verrückt, andere für einen Juden, eine dritte Partie behauptete steif und fest, er sei ein Zauberer oder Hexenmeister. Ich wurde achtzehn, zwanzig Jahre alt, und noch immer hieß der Mann in der Stadt »der fremde Herr«.

Es begab sich aber eines Tages, daß Leute mit fremden Tieren in die Stadt kamen. Es ist dies hergelaufenes Gesindel, das ein Kamel hat, welches sich verbeugen kann, einen Bären, der tanzt, einige Hunde und Affen, die in menschlichen Kleidern komisch genug aussehen und allerlei Künste machen. Diese Leute durchziehen gewöhnlich die Stadt, halten an den Kreuzstraßen und Plätzen, machen mit einer kleinen Trommel und einer Pfeife eine übeltönende Musik, lassen ihre Truppe tanzen und springen und sammeln dann in den Häusern Geld ein. Die Truppe aber, die diesmal sich in Grünwiesel sehen ließ, zeichnete sich durch einen ungeheuren Orang-Utan aus, der beinahe Menschengröße hatte, auf zwei Beinen ging, und allerlei artige Künste zu machen verstand. Diese Hunds- und Affenkomödie kam auch vor das Haus des fremden Herrn; er erschien, als die Trommel und Pfeife ertönte, von Anfang ganz unwillig hinter den dunkeln, vom Alter angelaufenen Fenstern; bald aber wurde er freundlicher, schaute zu jedermanns Verwundern zum Fenster heraus, und lachte herzlich über die Künste des Orang-Utans; ja, er gab für den Spaß ein so großes Silberstück, daß die ganze Stadt davon sprach.

Am andern Morgen zog die Tierbande weiter; das Kamel mußte viele Körbe tragen, in welchen die Hunde und Affen ganz bequem saßen, die Tiertreiber aber und der große Affe gingen hinter dem Kamel. Kaum aber waren sie einige Stunden zum Tore hinaus, so schickte der fremde Herr auf die Post, verlangte zu großer Verwunderung des Postmeisters einen Wagen und Extrapost, und fuhr zu demselben Tor hinaus, den Weg hin, den die Tiere genommen hatten. Das ganze Städtchen ärgerte sich, daß man nicht erfahren konnte, wohin er gereist sei. Es war schon Nacht, als der fremde Herr wieder im Wagen vor dem Tor ankam; es saß aber noch eine Person im Wagen, die den Hut tief ins Gesicht gedrückt und um Mund und Ohren ein seidenes Tuch gebunden hatte. Der Torschreiber hielt es für seine Pflicht, den andern Fremden anzureden und um seinen Paß zu bitten; er antwortete aber sehr grob, indem er in einer ganz unverständlichen Sprache brummte.

»Es ist mein Neffe«, sagte der fremde Mann freundlich zum Torschreiber, indem er ihm einige Silbermünzen in die Hand drückte, »es ist mein Neffe, und versteht bis dato noch wenig Deutsch; er hat soeben in seiner Mundart ein wenig geflucht, daß wir hier aufgehalten werden.«

»Ei, wenn es Dero Neffe ist«, antwortete der Torschreiber, »so kann er wohl ohne Paß hereinkommen; er wird wohl ohne Zweifel bei Ihnen wohnen?«

»Allerdings«, sagte der Fremde, »und hält sich wahrscheinlich längere Zeit hier auf.«

Der Torschreiber hatte keine weitere Einwendung mehr, und der fremde Herr und sein Neffe fuhren ins Städtchen. Der Bürgermeister und die ganze Stadt waren übrigens nicht sehr zufrieden mit dem Torschreiber. Er hätte doch wenigstens einige Worte von der Sprache des Neffen sich merken sollen; daraus hätte man dann leicht erfahren, was für ein Landeskind er und der Herr Oncle wäre. Der Torschreiber versicherte aber, daß es weder französisch noch italienisch sei, wohl aber habe es so breit geklungen wie englisch, und wenn er nicht irre, so habe der junge Herr gesagt: »God damn!« So half der Torschreiber sich selbst aus der Not, und dem jungen Mann zu einem Namen; denn man sprach jetzt nur von dem jungen Engländer im Städtchen.

Aber auch der junge Engländer wurde nicht sichtbar, weder auf der Kugelbahn, noch im Bierkeller; wohl aber gab er den Leuten auf andere Weise viel zu schaffen. – Es begab sich nämlich oft, daß in dem sonst so stillen Hause des Fremden ein schreckliches Geschrei und ein Lärm ausging, daß die Leute haufenweise vor dem Hause stehenblieben und hinaufsahen. Man sah dann den jungen Engländer, angetan mit einem roten Frack und grünen Beinkleidern, mit struppigtem Haar und schrecklicher Miene, unglaublich schnell an den Fenstern hin und her, durch alle Zimmer laufen; der alte Fremde lief ihm in einem roten Schlafrock, eine Hetzpeitsche in der Hand, nach, verfehlte ihn oft, aber einigemal kam es doch der Menge auf der Straße vor, als müsse er den Jungen erreicht haben; denn man hörte klägliche Angsttöne und klatschende Peitschenhiebe die Menge. An dieser grausamen Behandlung des fremden jungen Mannes nahmen die Frauen des Städtchens so lebhaften Anteil, daß sie endlich den Bürgermeister bewogen, einen Schritt in der Sache zu tun. Er schrieb dem fremden Herrn ein Billett, worin er ihm die unglimpfliche Behandlung seines Neffen in ziemlich derben Ausdrücken vorwarf und ihm drohte, wenn noch ferner solche Szenen vorfielen, den jungen Mann unter seinen besonderen Schutz zu nehmen.

Wer war aber mehr erstaunt als der Bürgermeister, wie er den Fremden selbst, zum erstenmal seit zehn Jahren, bei sich eintreten sah. Der alte Herr entschuldigte sein Verfahren mit dem besonderen Auftrag der Eltern des Jünglings, die ihm solchen zu erziehen gegeben; er sei sonst ein kluger, anstelliger Junge, äußerte er, aber die Sprachen erlerne er sehr schwer; er wünsche so sehnlich, seinem Neffen das Deutsche recht geläufig beizubringen, um sich nachher die Freiheit zu nehmen, ihn in die Gesellschaft von Grünwiesel einzuführen, und dennoch gehe demselben diese Sprache so schwer ein, daß man oft nichts Besseres tun könne, als ihn gehörig durchzupeitschen. Der Bürgermeister fand sich durch diese Mitteilung völlig befriedigt, riet dem Alten zur Mäßigung, und erzählte abends im Bierkeller, daß er selten einen so unterrichteten, artigen Mann gefunden, als den Fremden. »Es ist nur schade«, setzte er hinzu, »daß er so wenig in Gesellschaft kommt; doch, ich denke, wenn der Neffe nur erst ein wenig Deutsch spricht, besucht er meine Cercles öfter.«

Durch diesen einzigen Vorfall war die Meinung des Städtchens völlig umgeändert. Man hielt den Fremden für einen artigen Mann, sehnte sich nach seiner näheren Bekanntschaft und fand es ganz in der Ordnung, wenn hie und da in dem öden Hause ein gräßliches Geschrei aufging. »Er gibt dem Neffen Unterricht in der deutschen Sprachlehre«, sagten die Grünwieseler, und blieben nicht mehr stehen. Nach einem Vierteljahr ungefähr schien der Unterricht im Deutschen beendigt; denn der Alte ging jetzt um eine Stufe weiter vor. Es lebte ein alter, gebrechlicher Franzose in der Stadt, der den jungen Leuten Unterricht im Tanzen gab; diesen ließ der Fremde zu sich rufen und sagte ihm, daß er seinen Neffen im Tanzen unterrichten lassen wolle. Er gab ihm zu verstehen, daß derselbe zwar sehr gelehrig, aber, was das Tanzen betreffe, etwas eigensinnig sei; er habe nämlich früher bei einem anderen Meister tanzen gelernt, und zwar nach so sonderbaren Touren, daß er sich nicht füglich in der Gesellschaft produzieren könne; der Neffe halte sich aber eben deswegen für einen großen Tänzer, obgleich sein Tanz nicht die entfernteste Ähnlichkeit mit Walzer oder Galopp (Tänze, die man in meinem Vaterlande tanzt, o Herr!), nicht einmal Ähnlichkeit mit Ekossaise oder Française habe. Er versprach übrigens einen Taler für die Stunde, und der Tanzmeister war mit Vergnügen bereit, den Unterricht des eigensinnigen Zöglings zu übernehmen.

Es gab, wie der Franzose unterderhand versicherte, auf der Welt nichts so Sonderbares, als diese Tanzstunden. Der Neffe, ein ziemlich großer, schlanker, junger Mann, der nur etwas sehr kurze Beine hatte, erschien in einem roten Frack, schön frisiert, in grünen, weiten Beinkleidern und glacierten Handschuhen. Er sprach wenig und mit fremdem Accent, war von Anfang ziemlich artig und anstellig; dann verfiel er aber oft plötzlich in fratzenhafte Sprünge, tanzte die kühnsten Touren, wobei er Entrechats machte, daß dem Tanzmeister Hören und Sehen verging; wollte er ihn zurechtweisen, so zog er die zierlichen Tanzschuhe von den Füßen, warf sie dem Franzosen an den Kopf, und setzte nun auf allen vieren im Zimmer umher. Bei diesem Lärm fuhr dann der alte Herr plötzlich in einem weiten, roten Schlafrock, eine Mütze von Goldpapier auf dem Kopf, aus seinem Zimmer heraus und ließ die Hetzpeitsche ziemlich unsanft auf den Rücken des Neffen niederfallen. Der Neffe fing dann an schrecklich zu heulen, sprang auf Tische und hohe Kommoden, ja selbst an den Kreuzstöcken der Fenster hinauf, und sprach eine fremde seltsame Sprache. Der Alte im roten Schlafrock aber ließ sich nicht irremachen, faßte ihn am Bein, riß ihn herab, bleute ihn durch, und zog ihm mittelst einer Schnalle die Halsbinde fester an, worauf er immer wieder artig und manierlich wurde, und die Tanzstunde ohne Störung weiterging.

Als aber der Tanzmeister seinen Zögling so weit gebracht hatte, daß man Musik zu der Stunde nehmen konnte, da war der Neffe wie umgewandelt. Ein Stadtmusikant wurde gemietet, der im Saal des öden Hauses auf einen Tisch sich setzen mußte. Der Tanzmeister stellte dann die Dame vor, indem ihn der alte Herr einen Frauenrock von Seide und einen ostindischen Shawl anziehen ließ; der Neffe forderte ihn auf, und fing nun an mit ihm zu tanzen und zu walzen; er war aber ein unermüdlicher, rasender Tänzer, er ließ den Meister nicht aus seinen langen Armen, ob er ächzte und schrie, er mußte tanzen bis er ermattet umsank, oder bis dem Stadtmusikus der Arm lahm wurde an der Geige. Den Tanzmeister brachten diese Unterrichtsstunden beinahe unter den Boden, aber der Taler, den er jedesmal richtig ausbezahlt bekam, der gute Wein, den der Alte aufwartete, machten, daß er immer wiederkam, wenn er auch den Tag zuvor sich fest vorgenommen hatte, nicht mehr in das öde Haus zu gehen.

Die Leute in Grünwiesel sahen aber die Sache ganz anders an, als der Franzose. Sie fanden, daß der junge Mann viel Anlage zum Gesellschaftlichen habe, und die Frauenzimmer im Städtchen freuten sich, bei dem großen Mangel an Herren, einen so flinken Tänzer für den nächsten Winter zu bekommen.

Eines Morgens berichteten die Mägde, die vom Markte heimkehrten, ihren Herrschaften ein wunderbares Ereignis. Vor dem öden Hause sei ein prächtiger Glaswagen gestanden, mit schönen Pferden bespannt, und ein Bedienter in reicher Livree habe den Schlag gehalten. Da sei die Türe des öden Hauses aufgegangen und zwei schön gekleidete Herren seien herausgetreten, wovon der eine der alte Fremde, und der andere wahrscheinlich der junge Herr gewesen, der so schwer Deutsch gelernt, und so rasend tanze. Die beiden seien in den Wagen gestiegen, der Bediente hinten aufs Brett gesprungen, und der Wagen, man stelle sich vor! sei geradezu auf Bürgermeisters Haus zugefahren.

Als die Frauen solches von ihren Mägden erzählen hörten, rissen sie eilends die Küchenschürzen und die etwas unsauberen Hauben ab und versetzten sich in Staat. »Es ist nichts gewisser«, sagten sie zu ihrer Familie, indem alles umherrannte, um das Besuchzimmer, das zugleich zu sonstigem Gebrauch diente, aufzuräumen, »es ist nichts gewisser, als daß der Fremde jetzt seinen Neffen in die Welt einführt. Der alte Narr war zwar seit zehen Jahren nicht so artig, einen Fuß in unser Haus zu setzen, aber es sei ihm wegen des Neffen verziehen, der ein charmanter Mensch sein soll.« So sprachen sie, und ermahnten ihre Söhne und Töchter, recht manierlich auszusehen, wenn die Fremden kämen, sich gerade zu halten, und sich auch einer besseren Aussprache zu bedienen als gewöhnlich. Und die klugen Frauen im Städtchen hatten nicht unrecht geraten; denn nach der Reihe fuhr der alte Herr mit seinem Neffen umher, sich und ihn in die Gewogenheit der Familien zu empfehlen.

Man war überall ganz erfüllt von den beiden Fremden, und bedauerte, nicht schon früher diese angenehme Bekanntschaft gemacht zu haben. Der alte Herr zeigte sich als einen würdigen, sehr vernünftigen Mann, der zwar bei allem, was er sagte, ein wenig lächelte, so daß man nicht gewiß war, ob es ihm ernst sei oder nicht, aber er sprach über das Wetter, über die Gegend, über das Sommervergnügen in dem Keller am Berge so klug und durchdacht, daß jedermann davon bezaubert war. Aber der Neffe! Er bezauberte alles, er gewann alle Herzen für sich. Man konnte zwar, was sein Äußeres betraf, sein Gesicht nicht schön nennen; der untere Teil, besonders die Kinnlade, stand allzusehr hervor, und der Teint war sehr bräunlich, auch machte er zuweilen allerlei sonderbare Grimassen, drückte die Augen zu und fletschte mit den Zähnen; aber dennoch fand man den Schnitt seiner

Züge ungemein interessant. Es konnte nichts Beweglicheres, Gewandteres geben als seine Gestalt. Die Kleider hingen ihm zwar etwas sonderbar am Leib, aber es stand ihm alles trefflich; er fuhr mit großer Lebendigkeit im Zimmer umher, warf sich hier in ein Sofa, dort in einen Lehnstuhl, und streckte die Beine von sich; aber was man bei einem andern jungen Mann höchst gemein und unschicklich gefunden hätte, galt bei dem Neffen für Genialität. »Er ist ein Engländer«, sagte man, »so sind sie alle; ein Engländer kann sich aufs Kanapee legen und einschlafen, während zehen Damen keinen Platz haben und umherstehen müssen, einem Engländer kann man so etwas nicht übelnehmen.« Gegen den alten Herrn, seinen Oheim, war er sehr fügsam; denn wenn er anfing, im Zimmer umherzuhüpfen, oder, wie er gerne tat, die Füße auf den Sessel hinaufzuziehen, so reichte ein ernsthafter Blick hin, ihn zur Ordnung zu bringen. Und wie konnte man ihm so etwas übelnehmen, als vollends der Oncle in jedem Haus zu der Dame sagte: »Mein Neffe ist noch ein wenig roh und ungebildet, aber ich verspreche mir viel von der Gesellschaft, die wird ihn gehörig formen und bilden, und ich empfehle ihn namentlich Ihnen aufs angelegenste.«

So war der Neffe also in die Welt eingeführt, und ganz Grünwiesel sprach an diesem und den folgenden Tagen von nichts anderem, als von diesem Ereignis. Der alte Herr blieb aber hiebei nicht stehen; er schien seine Denk- und Lebensart gänzlich geändert zu haben. Nachmittags ging er mit dem Neffen hinaus in den Felsenkeller am Berge, wo die vornehmeren Herren von Grünwiesel Bier tranken, und sich am Kugelschieben ergötzten. Der Neffe zeigte sich dort als einen flinken Meister im Spiel; denn er warf nie unter fünf oder sechs; hie und da schien zwar ein sonderbarer Geist über ihn zu kommen; es konnte ihm einfallen, daß er pfeilschnell mit der Kugel hinaus- und unter die Kegel hineinfuhr und dort allerhand tollen Rumor anrichtete, oder, wenn er den Kranz oder den König geworfen, stand er plötzlich auf seinem schön frisierten Haar und streckte die Beine in die Höhe, oder wenn ein Wagen vorbeifuhr, saß er, ehe man sich dessen versah, oben auf dem Kutschenhimmel und machte Grimassen herab, fuhr ein Stückchen weit mit, und kam dann wieder zur Gesellschaft gesprungen.

Der alte Herr pflegte dann bei solchen Szenen den Bürgermeister und die anderen Männer sehr um Entschuldigung zu bitten wegen der Ungezogenheit seines Neffen; sie aber lachten, schrieben es seiner Jugend zu, behaupteten, in diesem Alter selbst so leichtfüßig gewesen zu sein, und liebten den jungen Springinsfeld, wie sie ihn nannten, ungemein.

Es gab aber auch Zeiten, wo sie sich nicht wenig über ihn ärgerten, und dennoch nichts zu sagen wagten, weil der junge Engländer allgemein als ein Muster von Bildung und Verstand galt. Der alte Herr pflegte nämlich mit seinem Neffen auch abends in den Goldenen Hirsch, das Wirtshaus des Städtchens, zu kommen. Obgleich der Neffe noch ein ganz junger Mensch war, tat er doch schon ganz wie ein Alter, setzte sich hinter sein Glas, tat eine ungeheure Brille auf, zog eine gewaltige Pfeife heraus, zündete sie an und dampfte unter allen am ärgsten. Wurde nun über die Zeitungen, über Krieg und Frieden gesprochen, gab der Doktor die Meinung, der Bürgermeister jene, waren die anderen Herren ganz erstaunt über so tiefe politische Kenntnisse, so konnte es dem Neffen plötzlich einfallen, ganz anderer Meinung zu sein; er schlug dann mit der Hand, von welcher er nie die Handschuhe ablegte, auf den Tisch, und gab dem Bürgermeister und dem Doktor nicht undeutlich zu verstehen, daß sie von diesem allem nichts genau wüßten, daß er diese Sachen ganz anders gehört habe und tiefere Einsicht besitze. Er gab dann in einem sonderbaren gebrochenen Deutsch seine Meinung preis, die alle, zum großen Ärgernis des Bürgermeisters, ganz trefflich fanden; denn er mußte als Engländer natürlich alles besser wissen.

Setzten sich dann der Bürgermeister und der Doktor in ihrem Zorn, den sie nicht laut werden lassen durften, zu einer Partie Schach, so rückte der Neffe hinzu, schaute dem Bürgermeister mit seiner großen Brille über die Schulter herein und tadelte diesen oder jenen Zug, sagte dem Doktor, so und so müsse er ziehen, so daß beide Männer heimlich ganz grimmig wurden. Bot ihm dann der Bürgermeister ärgerlich eine Partie an, um ihn gehörig matt zu machen, denn er hielt sich für einen zweiten Philidor, so schnallte der alte Herr dem Neffen die Halsbinde fester zu, worauf dieser ganz artig und manierlich wurde, und den Bürgermeister matt machte.

Man hatte bisher in Grünwiesel beinahe jeden Abend Karten gespielt, die Partie um einen halben Kreuzer; das fand nun der Neffe erbärmlich; setzte Kronentaler und Dukaten, behauptete, kein einziger spiele so fein wie er, söhnte aber die beleidigten Herrn gewöhnlich dadurch wieder aus, daß er ungeheure Summen an sie verlor. Sie machten sich auch gar kein Gewissen daraus, ihm recht viel Geld abzunehmen; denn »er ist ja ein Engländer, also von Hause aus reich«, sagten sie, und schoben die Dukaten in die Tasche.

So kam der Neffe des fremden Herrn in kurzer Zeit bei Stadt und Umgegend in ungemeines Ansehen. Man konnte sich seit Menschengedenken nicht erinnern, einen jungen Mann dieser Art in Grünwiesel gesehen zu haben, und es war die sonderbarste Erscheinung, die man je bemerkt. Man konnte nicht sagen, daß der Neffe irgend etwas gelernt hätte, als etwa tanzen. Latein und Griechisch waren ihm, wie man zu sagen pflegt, böhmische Dörfer. Bei einem Gesellschaftsspiel in Bürgermeisters Hause sollte er etwas schreiben, und es fand sich, daß er nicht einmal seinen Namen schreiben konnte; in der Geographie machte er die auffallendsten Schnitzer; denn es kam ihm nicht darauf an, eine deutsche Stadt nach Frankreich, oder eine dänische nach Polen zu versetzen, er hatte nichts gelesen, nichts studiert, und der Oberpfarrer schüttelte oft bedenklich den Kopf über die rohe Unwissenheit des jungen Mannes; aber dennoch fand man alles trefflich, was er tat oder sagte; denn er war so unverschämt, immer recht haben zu wollen, und das Ende jeder seiner Reden war: »Ich verstehe das besser«.

So kam der Winter heran, und jetzt erst trat der Neffe mit noch größerer Glorie auf. Man fand jede Gesellschaft langweilig, wo nicht er zugegen war, man gähnte, wenn ein vernünftiger Mann etwas sagte, wenn aber der Neffe selbst das törichste Zeug in schlechtem Deutsch vorbrachte, war alles Ohr. Es fand sich jetzt, daß der treffliche junge Mann auch ein Dichter war; denn nicht leicht verging ein Abend, an welchem er nicht einiges Papier aus der Tasche zog und der Gesellschaft einige Sonette vorlas. Es gab zwar einige Leute, die von dem einen Teil dieser Dichtungen behaupteten, sie seien schlecht und ohne Sinn, einen andern Teil wollten sie schon irgendwo gedruckt gelesen haben; aber der Neffe ließ sich nicht irremachen, er las und las, machte dann auf die Schönheiten seiner Verse aufmerksam, und jedesmal erfolgte rauschender Beifall.

Sein Triumph waren aber die Grünwieseler Bälle. Es konnte niemand anhaltender, schneller tanzen als er, keiner machte so kühne und ungemein zierliche Sprünge wie er. Dabei kleidete ihn sein Oncle immer aufs prächtigste nach dem neuesten Geschmack, und obgleich ihm die Kleider nicht recht am Leib sitzen wollten, fand man dennoch, daß ihn alles allerliebst kleide. Die Männer fanden sich zwar bei diesen Tänzen etwas beleidigt durch die neue Art, womit er auftrat. Sonst hatte immer der Bürgermeister in eigener Person den Ball eröffnet, die vornehmsten jungen Leute hatten das Recht, die übrigen Tänze anzuordnen, aber seit der fremde junge Herr erschien, war dies alles ganz anders. Ohne viel zu fragen nahm er die nächste beste Dame bei der Hand, stellte sich mit ihr obenan, machte alles, wie es ihm gefiel, und war Herr und Meister und Ballkönig. Weil aber die Frauen diese Manieren ganz trefflich und angenehm fanden, so durften die Männer nichts dagegen einwenden, und der Neffe blieb bei seiner selbstgewählten Würde.

Das größte Vergnügen schien ein solcher Ball dem alten Herrn zu gewähren; er verwandte kein Auge von seinem Neffen, lächelte immer in sich hinein, und wenn alle Welt herbeiströmte, um ihm über den anständigen, wohlerzogenen Jüngling Lobsprüche zu erteilen, so konnte er sich vor Freude gar nicht fassen, er brach dann in ein lustiges Gelächter aus und bezeugte sich wie närrisch; die Grünwieseler schrieben diese sonderbaren Ausbrüche der Freude seiner großen Liebe zu dem Neffen zu und fanden es ganz in der Ordnung. Doch hie und da mußte er auch sein väterliches Ansehen gegen den Neffen anwenden. Denn mitten in den zierlichsten Tänzen konnte es dem jungen Mann einfallen, mit einem kühnen Sprung auf die Tribüne, wo die Stadtmusikanten saßen, zu setzen, dem Organisten den Contrebaß aus der Hand zu reißen, und schrecklich darauf umherzukratzen; oder er wechselte auf einmal und tanzte auf den Händen, indem er die Beine in die Höhe streckte. Dann pflegte ihn der Oncle auf die Seite zu nehmen, machte ihm dort ernstliche Vorwürfe und zog ihm die Halsbinde fester an, daß er wieder ganz gesittet wurde.

So betrug sich nun der Neffe in Gesellschaft und auf Bällen. Wie es aber mit den Sitten zu geschehen pflegt, die schlechten verbreiten sich immer leichter als die guten, und eine neue, auffallende Mode, wenn sie auch höchst lächerlich sein sollte, hat etwas Ansteckendes an sich für junge Leute, die noch nicht über sich selbst und die Welt nachgedacht haben. So war es auch in Grünwiesel mit dem Neffen und seinen sonderbaren Sitten. Als nämlich die junge Welt sah, wie derselbe mit seinem linkischen Wesen, mit seinem rohen Lachen und Schwatzen, mit seinen groben Antworten gegen Ältere eher geschätzt als getadelt werde, daß man dies alles sogar sehr geistreich finde, so dachten sie bei sich: es ist mir ein leichtes, auch solch ein geistreicher Schlingel zu werden. Sie waren sonst fleißige, geschickte junge Leute gewesen; jetzt dachten sie: zu was hilft Gelehrsamkeit, wenn man mit Unwissenheit besser fortkömmt; sie ließen die Bücher liegen, und trieben sich überall umher auf Plätzen und Straßen. Sonst waren sie artig gewesen und höflich gegen jedermann, hatten gewartet, bis man sie fragte, und anständig und bescheiden geantwortet; jetzt standen sie in die Reihe der Männer, schwatzten mit, gaben ihre Meinung preis, und lachten selbst dem Bürgermeister unter die Nase, wenn er etwas sagte, und behaupteten, alles viel besser zu wissen.

Sonst hatten die jungen Grünwieseler Abscheu gehegt gegen rohes und gemeines Wesen. Jetzt sangen sie allerlei schlechte Lieder, rauchten aus ungeheuren Pfeifen Tabak und trieben sich in gemeinen Kneipen umher; auch kauften sie sich, obgleich sie ganz gut sahen, große Brillen, setzten solche auf die Nase und glaubten nun gemachte Leute zu sein; denn sie sahen ja aus wie der berühmte Neffe. Zu Hause, oder wenn sie auf Besuch waren, lagen sie mit Stiefel und Sporen aufs Kanapee, schaukelten sich auf dem Stuhl in guter Gesellschaft oder stützten die Wangen in beide Fäuste, die Ellbogen aber auf den Tisch, was nun überaus reizend anzusehen war. Umsonst sagten ihnen ihre Mütter und Freunde, wie töricht, wie unschicklich dies alles sei, sie beriefen sich auf das glänzende Beispiel des Neffen. Umsonst stellte man ihnen vor, daß man dem Neffen, als einem jungen Engländer, eine gewisse Nationalroheit verzeihen müsse, die jungen Grünwieseler behaupteten, ebensogut als der beste Engländer das

Recht zu haben, auf geistreiche Weise ungezogen zu sein; kurz, es war ein Jammer, wie durch das böse Beispiel des Neffen die Sitten und guten Gewohnheiten in Grünwiesel völlig untergingen.

Aber die Freude der jungen Leute an ihrem rohen, ungebundenen Leben dauerte nicht lange; denn folgender Vorfall veränderte auf einmal die ganze Szene. Die Wintervergnügungen sollte ein großes Konzert beschließen, das teils von den Stadtmusikanten, teils von geschickten Musikfreunden in Grünwiesel aufgeführt werden sollte. Der Bürgermeister spielte das Violoncell, der Doktor das Fagott ganz vortrefflich, der Apotheker, obgleich er keinen rechten Ansatz hatte, blies die Flöte, einige Jungfrauen aus Grünwiesel hatten Arien einstudiert, und alles war trefflich vorbereitet. Da äußerte der alte Fremde, daß zwar das Konzert auf diese Art trefflich werden würde, es fehle aber offenbar an einem Duett, und ein Duett müsse in jedem ordentlichen Konzert notwendigerweise vorkommen. Man war etwas betreten über diese Äußerung; die Tochter des Bürgermeisters sang zwar wie eine Nachtigall, aber wo einen Herrn herbekommen, der mit ihr ein Duett singen könnte? Man wollte endlich auf den alten Organisten verfallen, der einst einen trefflichen Baß gesungen hatte: der Fremde aber behauptete, dies alles sei nicht nötig, indem sein Neffe ganz ausgezeichnet singe. Man war nicht wenig erstaunt über diese neue treffliche Eigenschaft des jungen Mannes; er mußte zur Probe etwas singen, und einige sonderbare Manieren abgerechnet, die man für englisch hielt, sang er wie ein Engel. Man studierte also in aller Eile das Duett ein, und der Abend erschien endlich, an welchem die Ohren der Grünwieseler durch das Konzert erquickt werden sollten.

Der alte Fremde konnte leider dem Triumph seines Neffen nicht beiwohnen, weil er krank war; er gab aber dem Bürgermeister, der ihn eine Stunde zuvor noch besuchte, einige Maßregeln über seinen Neffen auf: »Es ist eine gute Seele, mein Neffe«, sagte er, »aber hie und da verfällt er in allerlei sonderbare Gedanken und fängt dann tolles Zeug an; es ist mir eben deswegen leid, daß ich dem Konzert nicht beiwohnen kann; denn vor mir nimmt er sich gewaltig in acht, er weiß wohl warum! Ich muß übrigens zu seiner Ehre sagen, daß dies nicht geistiger Mutwillen ist, sondern es ist körperlich, es liegt in seiner ganzen Natur; wollten Sie nun, Herr Bürgermeister, wenn er etwa in solche Gedanken verfiele, daß er sich auf ein Notenpult setzte, oder daß er durchaus den Contrebaß streichen wollte oder dergleichen, wollten Sie ihm dann nur seine hohe Halsbinde etwas lockerer machen, oder, wenn es auch dann nicht besser wird, ihm solche ganz ausziehen, Sie werden sehen, wie artig und manierlich er dann wird.«

Der Bürgermeister dankte dem Kranken für sein Zutrauen und versprach, im Fall der Not also zu tun, wie er ihm geraten.

Der Konzertsaal war gedrängt voll; denn ganz Grünwiesel und die Umgegend hatte sich eingefunden. Alle Jäger, Pfarrer, Amtleute, Landwirte und dergleichen aus dem Umkreis von drei Stunden waren mit zahlreicher Familie herbeigeströmt, um den seltenen Genuß mit den Grünwieselern zu teilen. Die Stadtmusikanten hielten sich vortrefflich, nach ihnen trat der Bürgermeister auf, der das Violoncell spielte, begleitet vom Apotheker, der die Flöte blies; nach diesen sang der Organist eine Baßarie mit allgemeinem Beifall, und auch der Doktor wurde nicht wenig beklatscht, als er auf dem Fagott sich hören ließ.

Die erste Abteilung des Konzertes war vorbei, und jedermann war nun auf die zweite gespannt, in welcher der junge Fremde mit des Bürgermeisters Tochter ein Duett vortragen sollte. Der Neffe war in einem glänzenden Anzug erschienen und hatte schon längst die Aufmerksamkeit aller Anwesenden auf sich gezogen. Er hatte sich nämlich, ohne viel zu fragen, in den prächtigen Lehnstuhl gelegt, der für eine Gräfin aus der Nachbarschaft hergesetzt worden war; er streckte die Beine weit von sich, schaute jedermann durch ein ungeheures Perspektiv an, das er noch außer seiner großen Brille gebrauchte, und spielte mit einem großen Fleischerhund, den er, trotz des Verbotes, Hunde mitzunehmen, in die Gesellschaft eingeführt hatte. Die Gräfin, für welche der Lehnstuhl bereitet war, erschien, aber wer keine Miene machte, aufzustehen und ihr den Platz einzuräumen, war der Neffe; er setzte sich im Gegenteil noch bequemer hinein und niemand wagte es, dem jungen Mann etwas darüber zu sagen; die vornehme Dame aber mußte auf einem ganz gemeinen Strohsessel mitten unter die übrigen Frauen des Städtchens sitzen und soll sich nicht wenig geärgert haben.

Während des herrlichen Spieles des Bürgermeisters, während des Organisten trefflicher Baßarie, ja sogar während der Doktor auf dem Fagott phantasierte und alles den Atem anhielt und lauschte, ließ der Neffe den Hund das Schnupftuch apportieren oder schwatzte ganz laut mit seinen Nachbarn, so daß jedermann, der ihn nicht kannte, über die absonderlichen Sitten des jungen Herrn sich wunderte.

Kein Wunder daher, daß alles sehr begierig war, wie er sein Duett vortragen würde; die zweite Abteilung begann; die Stadtmusikanten hatten etwas weniges aufgespielt, und nun trat der Bürgermeister mit seiner Tochter zu dem jungen Mann, überreichte ihm ein Notenblatt und sprach: »Mosjöh! wäre es Ihnen jetzt gefällig, das Duetto zu singen?« Der junge Mann lachte, fletschte mit den Zähnen, sprang auf, und die beiden andern folgten ihm an das Notenpult, und die ganze Gesellschaft war voll Erwartung. Der Organist schlug den Takt und winkte dem Neffen, anzufangen. Dieser schaute durch seine großen Brillengläser in die Noten und stieß greuliche, jämmerliche Töne aus. Der Organist aber schrie ihm zu: »Zwei Töne tiefer, Wertester, C müssen Sie singen, C!«

Statt aber C zu singen, zog der Neffe einen seiner Schuhe ab und warf ihn dem Organisten an den Kopf, daß der Puder weit umherflog. Als dies der Bürgermeister sah, dachte er: ha! jetzt hat er wieder seine körperlichen Zufälle, sprang hinzu, packte ihn am Hals und band ihm das Tuch etwas leichter; aber dadurch wurde es nur noch schlimmer mit dem jungen Mann; er sprach nicht mehr Deutsch, sondern eine ganz sonderbare Sprache, die niemand verstand, und machte große Sprünge; der Bürgermeister war in Verzweiflung über diese unangenehme Störung, er faßte daher den Entschluß, dem jungen Mann, dem etwas ganz Besonderes zugestoßen sein mußte, das Halstuch vollends abzulösen. Aber kaum hatte er dies getan, so blieb er vor Schrecken wie erstarrt stehen; denn statt menschlicher Haut und Farbe umgab den Hals des jungen Menschen ein dunkelbraunes Fell, und alsobald setzte derselbe auch seine Sprünge noch höher und sonderbarer fort, fuhr sich mit den glacierten Handschuhen in die Haare, zog diese ab, und, o Wunder! diese schönen Haare waren eine Perücke, die er dem Bürgermeister ins Gesicht warf, und sein Kopf erschien jetzt mit demselben braunen Fell bewachsen.

Er setzte über Tische und Bänke, warf die Notenpulte um, zertrat Geigen und Klarinette und erschien wie ein Rasender. »Fangt ihn, fangt ihn«, rief der Bürgermeister ganz außer sich, »er ist von Sinnen, fangt ihn.« Das war aber eine schwierige Sache, denn er hatte die Handschuhe abgezogen und zeigte Nägel an den Händen, mit welchen er den Leuten ins Gesicht fuhr und sie jämmerlich kratzte. Endlich gelang es einem mutigen Jäger, seiner habhaft zu werden; er preßte ihm die langen Arme zusammen, daß er nur noch mit den Füßen zappelte und mit heiserer Stimme lachte und schrie. Die Leute sammelten sich umher und betrachteten den sonderbaren jungen Herrn, der jetzt gar nicht mehr aussah wie ein Mensch; aber ein gelehrter Herr aus der Nachbarschaft, der ein großes Naturalienkabinett und allerlei ausgestopfte Tiere besaß, trat näher, betrachtete ihn genau und rief dann voll Verwunderung: »Mein Gott, verehrte Herren und Damen, wie bringen Sie nur dies Tier in honette Gesellschaft, das ist ja ein Affe, der Homo Troglodytes Linnaei, ich gebe sogleich sechs Taler für ihn, wenn Sie mir ihn ablassen, und bälge ihn aus für mein Kabinett.«

Wer beschreibt das Erstaunen der Grünwieseler, als sie dies hörten! »Was, ein Affe? ein Orang-Utan in unserer Gesellschaft? Der junge Fremde ein ganz gewöhnlicher Affe?« riefen sie, und sahen einander ganz dumm vor Verwunderung an. Man wollte nicht glauben, man traute seinen Ohren nicht, die Männer untersuchten das Tier genauer, aber es war und blieb ein ganz natürlicher Affe.

»Aber wie ist dies möglich!« rief die Frau Bürgermeisterin, »hat er mir nicht oft seine Gedichte vorgelesen? hat er nicht, wie ein anderer Mensch, bei mir zu Mittag gespeist?«

»Was?« eiferte die Frau Doktorin; »wie? hat er nicht oft und viel den Kaffee bei mir getrunken und mit meinem Mann gelehrt gesprochen und geraucht?«

»Wie! ist es möglich!« riefen die Männer; »hat er nicht mit uns im Felsenkeller Kugeln geschoben und über Politik gestritten, wie unsereiner?«

»Und wie?« klagten sie alle, »hat er nicht sogar vorgetanzt auf unsern Bällen? Ein Affe! ein Affe? es ist ein Wunder, es ist Zauberei!«

»Ja, es ist Zauberei und teuflischer Spuk«, sagte der Bürgermeister, indem er das Halstuch des Neffen oder Affen herbeibrachte; »seht, in diesem Tuch steckte der ganze Zauber, der ihn in unsern Augen liebenswürdig machte; da ist ein breiter Streifen elastischen Pergaments, mit allerlei wunderlichen Zeichen beschrieben; ich glaube gar, es ist Lateinisch; kann es niemand lesen?«

Der Oberpfarrer, ein gelehrter Mann, der oft an den Affen eine Partie Schach verloren hatte, trat hinzu, betrachtete das Pergament und sprach: »Mitnichten! Es sind nur lateinische Buchstaben, es heißt:

›Der . Affe . sehr . possierlich . ist .
Zumal . wann . er . vom . Apfel . frißt.‹

Ja, ja, es ist höllischer Betrug, eine Art von Zauberei«, fuhr er fort, »und es muß exemplarisch bestraft werden.«

Der Bürgermeister war derselben Meinung und machte sich sogleich auf den Weg zu dem Fremden, der ein Zauberer sein mußte, und sechs Stadtsoldaten trugen den Affen; denn der Fremde sollte sogleich ins Verhör genommen werden.

Sie kamen, umgeben von einer ungeheuren Anzahl Menschen, an das öde Haus; denn jedermann wollte sehen, wie sich die Sache weiter begeben würde. Man pochte an das Haus, man zog die Glocke, aber vergeblich, es zeigte sich niemand. Da ließ der Bürgermeister in seiner Wut die Türe einschlagen und begab sich hierauf in die Zimmer des Fremden. Aber dort war nichts zu sehen als allerlei alter Hausrat; der fremde Mann war nicht zu finden. Auf seinem Arbeitstisch aber lag ein großer versiegelter Brief, an den Bürgermeister überschrieben, den dieser auch sogleich öffnete. Er las:

»Meine lieben Grünwieseler!

Wenn Ihr dies leset, bin ich nicht mehr in Eurem Städtchen, und Ihr werdet dann längst erfahren haben, wes Standes und Vaterlandes mein lieber Neffe ist. Nehmet den Scherz, den ich mir mit Euch erlaubte, als eine gute Lehre auf, einen Fremden, der für sich leben will, nicht in Eure Gesellschaft zu nötigen. Ich selbst fühlte mich zu gut, um Euer ewiges Klatschen, um Eure schlechten Sitten und Euer lächerliches Wesen zu teilen. Darum erzog ich einen jungen Orang-Utan, den Ihr, als meinen Stellvertreter, so liebgewonnen habt. Lebet wohl und benützet diese Lehre nach Kräften.«

Die Grünwieseler schämten sich nicht wenig vor dem ganzen Land; ihr Trost war, daß dies alles mit unnatürlichen Dingen zugegangen sei. Am meisten schämten sich aber die jungen Leute in Grünwiesel, weil sie die schlechten Gewohnheiten und Sitten des Affen nachgeahmt hatten. Sie stemmten von jetzt an keinen Ellbogen mehr auf, sie schaukelten nicht mit dem Sessel, sie schwiegen, bis sie gefragt wurden, sie legten die Brillen ab und waren artig und gesittet wie zuvor; und wenn je einer wieder in solche schlechte, lächerliche Sitten verfiel, so sagten die Grünwieseler: »Es ist ein Affe.« Der Affe aber, welcher so lange die Rolle eines jungen Herrn gespielt hatte, wurde dem gelehrten Mann, der ein Naturalienkabinett besaß, überantwortet; dieser läßt ihn in seinem Hof umhergehen, füttert ihn, und zeigt ihn als Seltenheit jedem Fremden, wo er noch bis auf den heutigen Tag zu sehen ist.

E.T.A. Hoffmann

NACHRICHT VON EINEM GEBILDETEN JUNGEN MANN

Es ist herzerhebend, wenn man gewahr wird, wie die Kultur immer mehr um sich greift; ja, wie selbst aus Geschlechtern, denen sonst die höhere Bildung verschlossen, sich Talente zu einer seltenen Höhe aufschwingen. In dem Hause des geheimen Kommerzienraths R. lernte ich einen jungen Mann kennen, der mit den außerordentlichsten Gaben eine liebenswürdige Bonhommie verbindet. Als ich einst zufällig von dem fortdauernden Briefwechsel sprach, den ich mit meinem Freunde Charles Ewson in Philadelphia unterhalte, übergab er mir voll Zutrauen einen offenen Brief, den er an seine Freundin geschrieben hatte, zur Bestellung. – Der Brief ist abgesendet: aber mußte ich nicht, liebenswürdiger Jüngling, dein Schreiben abschriftlich, als ein

Denkmal deiner hohen Weisheit und Tugend, deines echten Kunstgefühls bewahren? – Nicht verhehlen kann ich, daß der seltene junge Mann seiner Geburt und ursprünglichen Profession nach eigentlich – ein Affe ist, der im Hause des Kommerzienraths sprechen, lesen, schreiben, musizieren u. s. w. lernte; kurz, es in der Kultur so weit brachte, daß er seiner Kunst und Wissenschaft, sowie der Anmut seiner Sitten wegen, sich eine Menge Freunde erwarb und in allen geistreichen Zirkeln gern gesehen wird. Bis auf Kleinigkeiten, z. B. daß er bei den Thés dansants in den Hops-Angloisen zuweilen etwas sonderbare Sprünge ausführt, daß er ohne gewisse innere Bewegungen nicht wohl mit Nüssen klappern hören kann, sowie (doch dies mag ihm vielleicht nur der Neid, der alle Genies verfolgt, nachsagen) daß er, der Handschuhe unerachtet, die Damen beim Handkuß etwas weniges kratzt, merkt man auch nicht das mindeste von seiner exotischen Herkunft, und alle die kleinen Schelmereien, die er sonst in jüngeren Jahren ausübte, wie z. B. wenn er den ins Haus Eintretenden schnell die Hüte vom Kopfe riß und hinter ein Zuckerfaß sprang, sind jetzt zu geistreichen Bonmots geworden, welche mit jauchzendem Beifall beklatscht werden. – Hier ist der merkwürdige Brief, in dem sich Milos schöne Seele und herrliche Bildung ganz ausspricht.

Schreiben Milos, eines gebildeten Affen, an seine Freundin Pipi, in Nord-Amerika.

Mit einer Art von Entsetzen denke ich noch an die unglückselige Zeit, als ich Dir, geliebte Freundin, die zärtlichsten Gesinnungen meines Herzens nicht anders als durch unschickliche, jedem Gebildeten unverständliche Laute auszudrücken vermochte. Wie konnte doch das mißtönende, weinerliche: Ä, Ä! das ich damals, wiewohl von manchem zärtlichen Blick begleitet, ausstieß, nur im mindesten das tiefe, innige Gefühl, das sich in meiner männlichen, wohlbehaarten Brust regte, andeuten? Und selbst meine Liebkosungen, die Du, kleine süße Freundin, damals mit stiller Ergebung dulden mußtest, waren so unbehülflich, daß ich jetzt, da ich es in dem Punkt dem besten primo amoroso gleichthue, und à la Duport die Hand küsse, rot darüber werden könnte, wenn nicht ein gewisser robuster Teint, der mir eigen, dergleichen verhinderte. Unerachtet des Glücks der höchsten innern Selbstzufriedenheit, die jene unter den Menschen erhaltene Bildung in mir erzeugt hat, giebt es dennoch Stunden, in denen ich mich recht abhärme, wiewohl ich weiß, daß dergleichen Anwandlungen, ganz dem sittlichen Charakter, den man durch die Kultur erwirbt, zuwider, noch aus dem rohen Zustande herrühren, der mich in einer Klasse von Wesen festhielt, die ich jetzt unbeschreiblich verachte. Ich bin nämlich dann thöricht genug, an unsere armen Verwandten zu denken, die noch in den weiten, unkultivierten Wäldern auf den Bäumen herumhüpfen, sich von rohen, nicht erst durch Kunst schmackhaft gewordenen Früchten nähren und vorzüglich abends gewisse Hymnen anstimmen, in denen kein Ton richtig, und an irgend einen Takt, sei es auch der neuerfundene $^{7}/_{8}$tel oder $^{18}/_{4}$tel Takt, gar nicht zu denken ist. An diese Armen, die mich doch eigentlich nun gar nichts mehr angehen, denke ich dann und erwehre mich kaum eines tiefen Mitleids mit ihnen. Vorzüglich liegt mir noch zuweilen unser alter Onkel (nach meinen Erinnerungen muß es ein Onkel von mütterlicher Seite gewesen sein) im Sinn, der uns nach seiner dummen Weise erzog und alles nur mögliche anwandte, uns von allem, was menschlich, entfernt zu halten. Er war ein ernster Mann, der niemals Stiefeln anziehen wollte, und ich höre noch sein warnendes, ängstliches Geschrei, als ich mit lüsternem Verlangen die schönen, neuen Klappstiefeln anblickte, die der schlaue Jäger unter dem Baum hatte stehen lassen, auf dem ich gerade mit vielem Appetit eine Kokusnuß verzehrte. Ich sah noch in der Entfernung den Jäger gehen, dem die, den zurückgelassenen ganz ähnlichen, Klappstiefeln herrlich standen. Der ganze Mann erhielt eben nur durch die wohlgewichsten Stiefeln für mich so etwas Grandioses und Imposantes – nein, ich konnte nicht widerstehen; der Gedanke, ebenso stolz wie jener in neuen Stiefeln einherzugehen, bemächtigte sich meines ganzen Wesens; und war es nicht schon ein Beweis der herrlichen Anlagen zur Wissenschaft und Kunst, die in mir nur geweckt werden durften, daß ich, vom Baum herabgesprungen, leicht und gewandt, als hätte ich zeitlebens Stiefeln getragen, mit den stählernen Stiefelanziehern den schlanken Beinen die ungewohnte Bekleidung anzuzwängen wußte? Daß ich freilich nachher nicht laufen konnte, daß der Jäger nun auf mich zuschritt, mich ohne weiteres beim Kragen nahm und fortschleppte, daß der alte Onkel erbärmlich schrie und uns Kokusnüsse nachwarf, wovon mich eine recht hart ans hintere linke Ohr traf, wider den Willen des bösen Alten aber vielleicht herrliche, neue Organe zur Reife gebracht hat: Alles dieses weißt Du, Holde, da Du selbst ja heulend und jammernd Deinem Geliebten nachliefest und so auch freiwillig Dich in die Gefangenschaft begabst. – Was sage ich Gefangenschaft! Hat diese Gefangenschaft uns nicht die größte Freiheit gegeben? Ist etwas herrlicher, als die Ausbildung des Geistes, die uns unter den Menschen geworden? – Ich zweifle nämlich nicht, daß Du, liebe Pipi, bei Deiner angebornen Lebhaftigkeit, bei Deiner Fassungsgabe, Dich auch etwas weniges auf die Künste und Wissenschaften gelegt haben wirst, und in diesem Vertrauen unterscheide ich Dich auch ganz von den bösen Verwandten in den Wäldern. Ha! unter ihnen herrscht noch Sittenlosigkeit und Barbarei, ihre Augen sind trocken und sie sind gänzlich ohne Tiefe des Gemüts! Freilich kann ich wohl voraussetzen, daß Du in der Bildung nicht so weit vorgeschritten sein wirst als ich, denn ich bin nunmehr, wie man zu sagen pflegt, ein gemachter Mann; ich weiß durchaus alles, bin daher ebensogut wie ein Orakel und herrsche im Reich der Wissenschaft und Kunst hier unumschränkt. Du wirst gewiß glauben, süße Kleine, daß es mich unendlich viel Mühe gekostet habe, auf diese hohe Stufe der Kultur zu gelangen, im Gegenteil kann ich Dich versichern, daß mir nichts in der Welt leichter geworden als das; ja, ich lache oft darüber, daß in meiner frühen Jugend mir die verdammten Springübungen von einem Baum zum andern manchen Schweißtropfen ausgepreßt, welches ich bei dem Gelehrt- und Weisewerden nie verspürt habe. Das hat sich vielmehr so ganz leicht von selbst gefunden, und es war beinahe schwerer, zur Erkenntnis zu gelangen, ich säße nun wirklich schon auf der obersten Stufe, als hinaufzuklettern. Dank sei es meinem herrlichen Ingenio und dem glücklichen Wurf des Onkels! – Du mußt nämlich wissen, liebe Pipi, daß die geistigen Anlagen und Talente wie Beulen am Kopfe liegen und mit Händen zu greifen sind; mein Hinterhaupt fühlt sich an wie ein Beutel mit Kokusnüssen, und jenem Wurf ist vielleicht noch manches Beulchen und mit ihm ein Talentchen entsprossen. Ich hab' es in der That recht dick hinter den Ohren! – Jener Nachahmungstrieb, der unserm Geschlecht eigen und der ganz ungerechterweise von den Menschen so oft belacht wird, ist nichts weiter, als der unwiderstehliche Drang, nicht sowohl Kultur zu erlangen, als die uns schon inwohnende zu zeigen. Dasselbe Prinzip ist bei den Menschen längst angenommen, und die wahrhaft Weisen, denen ich immer nachgestrebt, machen es in folgender Art. Es verfertigt irgend jemand etwas, sei es ein Kunstwerk oder sonst; alles ruft: das ist vortrefflich; gleich macht der Weise, von innerm Beruf beseelt, es nach. Zwar wird etwas anderes daraus; aber er sagt: So ist es eigentlich recht, und jenes Werk, das ihr für vortrefflich hieltet, gab mir nur den Sporn, das wahrhaft Vortreffliche ans Tageslicht zu fördern, das ich längst in mir trug. Es ist ungefähr so, liebe Pipi, als wenn einer unserer Mitbrüder sich beim Rasieren zwar in die Nase schneidet, dadurch aber dem Stutzbart einen gewissen originellen Schwung giebt, den der Mann, dem er es absah, niemals erreicht. Eben jener Nachahmungstrieb, der mir von jeher ganz besonders eigen, brachte mich einem Professor der Ästhetik, dem liebenswürdigsten Mann von der Welt, näher, von dem ich nachher die ersten Aufklärungen über mich selbst erhielt und der mir auch das Sprechen beibrachte. Noch ehe ich dieses Talent ausgebildet, war ich oft in auserlesener Gesellschaft witziger, geistreicher Menschen. Ich hatte ihre Mienen und Gebärden genau abgesehen, die ich geschickt nachzuahmen wußte; dies und meine anständige Kleidung, mit der mich mein damaliger Prinzipal versehen, öffnete mir nicht allein jederzeit die Thür, sondern ich galt allgemein für einen jungen Mann von feinem Weltton. Wie sehnlich wünschte ich sprechen zu können; aber im Herzen dachte ich: O Himmel, wenn du nun auch sprechen kannst, wo sollst du all' die tausend Einfälle und Gedanken hernehmen, die denen da von den Lippen strömen? Wie sollst du es anfangen, von den tausend Dingen zu sprechen, die du kaum den Namen nach kennst? Wie sollst du über Werke der Wissenschaft und Kunst so bestimmt urteilen, wie jene da, ohne in diesem Gebiete einheimisch zu sein? – Sowie ich nur einige Worte zusammenhängend herausbringen konnte, eröffnete ich meinem lieben Lehrer, dem Professor der Ästhetik, meine Zweifel und Bedenken; der lachte mir aber ins Gesicht und sprach: »Was glauben Sie denn, lieber Monsieur Milo? Sprechen, sprechen, sprechen müssen Sie lernen, alles übrige findet sich von selbst. Geläufig, gewandt, geschickt sprechen, das ist das ganze Geheimnis. Sie werden selbst erstaunen, wie Ihnen im Sprechen die Gedanken kommen, wie Ihnen die Weisheit aufgeht, wie die göttliche Suada Sie in alle Tiefen der Wissenschaft und Kunst hineinführt, daß Sie ordentlich in Irrgängen zu wandeln glauben. Oft werden Sie sich selbst nicht verstehen: dann befinden Sie sich aber gerade in der wahren Begeisterung, die das Sprechen hervorbringt. Einige leichte Lektüre kann Ihnen übrigens wohl nützlich sein, und zur Hülfe merken Sie sich einige angenehme Phrasen, die überall vorteilhaft eingestreut werden und gleichsam zum Refrain dienen können. Reden Sie viel von den Tendenzen des Zeitalters – wie sich das und jenes rein ausspreche – von Tiefe des Gemüts – von gemütvoll und gemütlos u. s. w.« – O meine Pipi, wie hatte der Mann recht! wie kam mir mit der Fertigkeit des Sprechens die Weisheit! – Mein glückliches Mienenspiel gab meinen Worten Gewicht, und in dem Spiegel habe ich gesehen, wie schön meine von Natur etwas gerunzelte Stirn sich ausnimmt, wenn ich diesem oder jenem Dichter, den ich nicht verstehe, weshalb er denn unmöglich was taugen kann, Tiefe des Gemüts rein abspreche. Überhaupt ist die innere Überzeugung der höchsten Kultur der Richterstuhl, dem ich bequem jedes Werk der Wissenschaft und Kunst unterwerfe, und das Urteil infallibel, weil es aus dem Innern von selbst, wie ein Orakel, entsprießt. – Mit der Kunst habe ich mich vielfach beschäftigt – etwas Malerei, Bildhauerkunst, mitunter Modellieren – Dich, süße Kleine, formte ich als Diana nach der Antike; – aber all' den Krimskrams hatte ich bald satt; nur die Musik zog mich vor allen Dingen an, weil sie Gelegenheit giebt, so eine ganze Menge Menschen, mir nichts, dir nichts, in Erstaunen und Bewunderung zu setzen, und schon meiner natürlichen Organisation wegen wurde bald das Fortepiano mein Lieblingsinstrument. Du kennst, meine Süße, die etwas länglichen Finger, welche mir die Natur verliehen; mit denen spanne ich nun Quartdecimen, ja zwei Oktaven, und dies, nebst einer enormen Fertigkeit, die Finger zu bewegen und zu rühren, ist das ganze Geheimnis des Fortepianospiels. Thränen der Freude hat der Musikmeister über die herrlichen, natürlichen Anlagen seines Scholaren vergossen, denn in kurzer Zeit habe ich es so weit gebracht, daß ich mit beiden Händen in zweiunddreißig, – vierundsechzig, – einhundertundachtundzwanzig – Teilen ohne Anstoß auf und ab laufe, mit allen Fingern gleichgute Triller schlage, drei, vier Oktaven hinauf und herab springe, wie ehemals von einem Baum zum andern, und bin hiernach der größte Virtuos, den es geben kann. Mir sind alle vorhandenen Flügelkompositionen nicht schwer genug; ich komponiere mir daher meine Sonaten und Konzerte selbst; in letztern muß jedoch der Musikmeister die Tutti machen: denn wer kann sich mit den vielen Instrumenten und dem unnützen Zeuge überhaupt befassen! Die Tutti der Konzerte sind ja ohnedies nur notwendige Übel, und nur gleichsam Pausen, in denen sich der Solospieler erholt und zu neuen Sprüngen rüstet. – Nächstdem habe ich mich schon mit einem Instrumentenmacher besprochen, wegen eines Fortepiano von neun bis zehn Oktaven: denn kann sich wohl das Genie beschränken auf den elenden Umfang von erbärmlichen sieben Oktaven? Außer den gewöhnlichen Zügen, der türkischen Trommel und Becken, soll er noch einen Trompetenzug, sowie ein Flageolettregister, das, soviel möglich, das Gezwitscher der Vögel nachahmt, anbringen. Du wirst gewahr, liebe Pipi, auf welche sublimen Gedanken ein Mann von Geschmack und Bildung gerät! – Nachdem ich mehrere Sänger großen Beifall einernten gehört, wandelte mich auch eine unbeschreibliche Lust an, ebenfalls zu singen, nur schien es mir leider, als habe mir die Natur jedes Organ dazu schlechterdings versagt! Doch konnte ich nicht unterlassen, einem berühmten Sänger, der mein intimster Freund geworden, meinen Wunsch zu eröffnen, und zugleich mein Leid, wegen der Stimme, zu klagen. Dieser schloß mich aber in die Arme und rief voll Enthusiasmus: »Glückseliger Monsieur, Sie sind bei Ihren musikalischen Fähigkeiten und der Geschmeidigkeit Ihres Organs, die ich längst bemerkt, zum großen Sänger geboren; denn die größte Schwierigkeit ist bereits überwunden. Nichts ist nämlich der wahren Singkunst so sehr entgegen, als eine gute, natürliche Stimme, und es kostet nicht wenig Mühe bei jungen Scholaren, die wirklich Singstimme haben, diese Schwierigkeit aus dem Wege zu räumen. Gänzliches Vermeiden aller haltenden Töne, fleißiges Üben der tüchtigsten Rouladen, die den gewöhnlichen Umfang der menschlichen Stimme weit übersteigen, und vornehmlich das angestrengte Hervorrufen des Falsets, in dem der wahrhaft künstliche Gesang seinen Sitz hat, hilft aber gewöhnlich nach einiger Zeit; die robusteste Stimme widersteht selten lange diesen ernsten Bemühungen: aber bei Ihnen, Geehrtester, ist nichts aus dem Wege zu räumen; in kurzer Zeit sind Sie der sublimste Sänger, den es gibt!« – – Der Mann hatte recht, nur weniger Übung bedurfte es, um ein herrliches Falset und eine Fertigkeit zu entwickeln, hundert Töne in einem Atem herauszustoßen, was mir denn den ungeteiltesten Beifall der wahren Kenner erwarb und die armseligen Tenoristen, welche sich auf ihre Bruststimme wunder was zu gute thun, unerachtet sie kaum einen Mordent herausbringen, in Schatten stellte. Mein Maestro lehrte mich gleich anfänglich drei ziemlich lange Manieren, in welchen aber die Quintessenz aller Weisheit des künstlichen Gesanges steckt, so daß man sie bald so, bald anders gewendet, ganz oder stückweise, unzähligemal wiederbringen, ja, zu dem Grundbaß der verschiedensten Arien, statt der von dem Komponisten intendierten Melodie, nur jene Manieren auf allerlei Weise singen kann. Welcher rauschende Beifall mir schon eben der Ausführung dieser Manieren wegen gezollt worden, meine Süße, kann ich Dir nicht beschreiben, und Du bemerkst überhaupt, wie auch in der Musik das natürliche, mir inwohnende Ingenium mir alles so herzlich leicht machte. – Von meinen Kompositionen habe ich schon gesprochen, aber gerade das liebe Komponieren – muß ich es nicht, um nur meinem Genie ihm würdige Werke zu verschaffen, so überlasse ich es gern den untergeordneten Subjekten, die nun einmal dazu da sind, uns Virtuosen zu dienen, d.h. Werke anzufertigen, in denen wir unsere Virtuosität zeigen können. – Ich muß gestehen, daß es ein eigen Ding mit all' dem Zeuge ist, das die Partitur anfüllt. Die vielen Instrumente, der harmonische Zusammenklang – sie haben ordentliche Regeln darüber; aber für ein Genie, für einen Virtuosen ist das alles viel zu abgeschmackt und langweilig. Nächst dem darf man, um sich von jeder Seite in Respekt zu halten, worin die größte Lebensweisheit besteht, auch nur für einen Komponisten gelten; das ist genug. Hatte ich z. B. in einer Gesellschaft in einer Arie des gerade anwesenden Komponisten recht vielen Beifall eingeerntet, und war man im Begriff, einen Teil dieses Beifalls dem Autor zuzuwenden: so warf ich mit einem gewissen finstern, tiefschauenden Blick, den ich bei meiner charaktervollen Physiognomie überaus gut zu machen verstehe, ganz leicht hin: »Ja, wahrhaftig, ich muß nun auch meine neue Oper vollenden!« und diese Äußerung riß alles zu neuer Bewunderung hin, so daß darüber der Komponist, der wirklich vollendet hatte, ganz vergessen wurde. Überhaupt steht es dem Genie wohl an, sich so geltend zu machen, als möglich; und es darf nicht verschweigen, wie ihm alles das, was in der Kunst geschieht, so klein und erbärmlich vorkommt gegen das, was es in allen Teilen derselben und der Wissenschaft produzieren könnte, wenn es nun gerade wollte und die Menschen der Anstrengung wert wären. – Gänzliche Verachtung alles Bestrebens anderer; die Überzeugung, alle, die gern schweigen und nur im stillen schaffen, ohne davon zu sprechen, weit, weit zu übersehen; die höchste Selbstzufriedenheit mit allem, was nun so ohne alle Anstrengung die eigene Kraft hervorruft: das alles sind untrügliche Zeichen des höchstkultivierten Genies, und wohl mir, daß ich alles das täglich, ja stündlich an mir bemerke. – So kannst Du Dir nun, süße Freundin, ganz meinen glücklichen Zustand, den ich der erlangten hohen Bildung verdanke, vorstellen. – Aber kann ich Dir denn nur das mindeste, was mir auf dem Herzen liegt, verschweigen? – Soll ich es Dir, Holde, nicht gestehen, daß noch öfters gewisse Anwandlungen, die mich ganz unversehends überfallen, mich aus dem glücklichen Behagen reißen, das meine Tage versüßt? – O Himmel, wie ist doch die früheste Erziehung so von wichtigem Einfluß auf das ganze Leben! Und man sagt wohl mit Recht, daß schwer zu vertreiben sei, was man mit der Muttermilch einsauge! Wie ist mir denn doch mein tolles Herumschwärmen in Bergen und Wäldern so schädlich geworden! Neulich gehe ich, elegant gekleidet, mit mehreren Freunden in dem Park spazieren: plötzlich stehen wir an einem herrlichen, himmelhohen, schlanken Nußbaum; eine unwiderstehliche Begierde raubt mir alle Besinnung – einige tüchtige Sätze, und – ich wiege mich hoch in den Wipfeln der Äste, nach den Nüssen haschend! Ein Schrei des Erstaunens, den die Gesellschaft ausstieß, begleitete mein Wagestück. Als ich, mich wieder besinnend auf die erhaltene Kultur, die dergleichen Extravagantes nicht erlaubt, hinabkletterte, sprach ein junger Mensch, der mich sehr ehrt: »Ei, lieber Monsieur Milo, wie sind Sie doch so flink auf den Beinen!« Aber ich schämte mich sehr. – So kann ich auch oft kaum die Lust unterdrücken, meine Geschicklichkeit im Werfen, die mir sonst eigen, zu üben; und kannst du Dir's denken, holde Kleine, daß mich neulich bei einem Souper jene Lust so sehr übermannte, daß ich schnell einen Apfel dem ganz am andern Ende des Tisches sitzenden Kommerzienrath, meinem alten Gönner, in die Perücke warf, welches mich beinahe in tausend Ungelegenheiten gestürzt hätte? – Doch hoffe ich, immer mehr und mehr auch von diesen Überbleibseln des ehemaligen rohen Zustandes mich zu reinigen. – Solltest du in der Kultur noch nicht so weit vorgerückt sein, süße Freundin, um diesen Brief lesen zu können: so mögen Dir die edlen, kräftigen Züge Deines Geliebten eine Aufmunterung, lesen zu lernen, und dann der Inhalt die weisheitsvolle Lehre sein, wie Du es anfangen mußt, um zu der innern Ruhe und Behaglichkeit zu gelangen, die nur die höchste Kultur erzeugt, wie sie aus dem innern Ingenio und dem Umgang mit weisen, gebildeten Menschen entspringt. – Nun tausendmal lebe wohl, süße Freundin!

Zweifle an der Sonne Klarheit,
Zweifle an der Sterne Licht,
Zweifl' ob lügen kann die Wahrheit,
Nur an meiner Liebe nicht!

Dein
Getreuer bis in den Tod!
Milo,
ehemals Affe, jetzt privatisierender
Künstler und Gelehrter.

Rudyard Kipling
DAS KLÜGSTE VOLK IM DSCHUNGEL

»Hör zu, Menschenjunges«, sagte der Bär, und seine Stimme grollte wie Donner in einer heißen Nacht. »Ich habe dich das ganze Gesetz des Dschungels für alle Völker des Dschungels gelehrt – außer für die Affen-Leute, die in den Bäumen hausen. Sie haben kein Gesetz. Sie sind Ausgestoßene. Sie haben keine eigene Sprache, sondern benutzen gestohlene Wörter, die sie aufschnappen, wenn sie oben in den Ästen hocken und lauschen und lugen und warten. Ihre Art ist nicht unsere. Sie sind ohne Führer. Sie haben kein Gedächtnis. Sie prahlen und plappern und behaupten, sie seien ein großes Volk und würden bald große Dinge im Dschungel tun, aber sobald eine Nuß fällt, denken sie wieder nur ans Lachen, und alles ist vergessen. Wir aus dem Dschungel wollen nichts mit ihnen zu tun haben. Wir trinken nicht da, wo die Affen trinken; wir gehen nicht, wohin die Affen gehen; wir jagen nicht, wo sie jagen; wir sterben nicht, wo sie sterben. Hast du mich bis heute je von den *Bandar-log* reden hören?«

»Nein«, sagte Mowgli ganz leise, denn der Wald war sehr still, als Baloo geendet hatte.

»Das Dschungel-Volk spricht nicht von ihnen und denkt nicht an sie. Es sind sehr viele, übel, schmutzig, schamlos, und sie wollen, wenn sie überhaupt etwas wirklich wollen, daß das Dschungel-Volk sie beachtet. Aber wir beachten sie *nicht*, nicht einmal, wenn sie uns Nüsse und Dreck auf die Köpfe werfen.«

Er hatte dies kaum gesagt, als ein Schauer von Nüssen und Zweigen durch die Äste herabprasselte; und hoch oben in der Luft zwischen den dünnen Ästen konnten sie es husten und heulen und hüpfen hören.

»Das Affen-Volk ist verboten«, sagte Baloo, »für das Dschungel-Volk verboten. Denk dran.«

»Verboten«, sagte Bagheera; »aber trotzdem finde ich, Baloo hätte dich vor ihnen warnen sollen.«

»Ich? Ich? Woher sollte ich denn wissen, daß er mit diesem Schmutz spielen würde? Das Affen-Volk! Pah!«

Ein neuer Schauer kam über ihre Köpfe, und die beiden trabten davon und nahmen Mowgli mit sich. Was Baloo über die

Affen gesagt hatte war die Wahrheit. Sie gehörten in die Baumwipfel, und da Tiere sehr selten aufblicken, gab es kaum Gelegenheit der Begegnung zwischen den Affen und dem Dschungel-Volk. Doch sooft sie einen kranken Wolf oder einen wunden Tiger oder Bären fanden, quälten die Affen ihn, und nach jedem Tier warfen sie Stöcke und Nüsse, zum Spaß und weil sie hofften, beachtet zu werden. Dann heulten und kreischten sie sinnlose Gesänge und luden das Dschungel-Volk ein, die Bäume zu erklimmen und mit ihnen zu kämpfen, oder sie trugen untereinander wüste Schlachten aus und ließen die toten Affen dort, wo das Dschungel-Volk sie sehen konnte. Immer waren sie unmittelbar davor, einen Führer zu haben und eigene Gesetze und Bräuche, aber daraus wurde nie etwas, weil ihr Gedächtnis nicht von einem Tag bis zum nächsten reichte, und deshalb einigten sie sich auf ein von ihnen erfundenes Sprichwort: »Was die *Bandar-log* heute denken, denkt bald der Dschungel«, und das tröstete sie sehr. Kein Tier konnte sie erreichen, aber andererseits schenkte kein Tier ihnen Beachtung, und deshalb waren sie so erfreut, als Mowgli kam und mit ihnen spielte und als sie hörten, wie verärgert Baloo war.

Mehr wollten sie nicht – die *Bandar-log* wollen nie irgendwas Bestimmtes; aber einer von ihnen hatte etwas, was er für eine glänzende Idee hielt, und er erzählte allen anderen, es wäre nützlich, Mowgli im Stamm zu haben, da er zum Schutz gegen den Wind Zweige zusammenflechten könne; und wenn sie ihn fingen, könnten sie es sich von ihm beibringen lassen. Als Kind eines Holzfällers hatte Mowgli natürlich alle möglichen Instinkte ererbt und machte oft aus abgefallenen Ästen kleine Hütten, ohne darüber nachzudenken, wie er dazu kam, und das Affen-Volk, das von den Bäumen zuschaute, fand seine Spielerei ganz wunderbar. Diesmal, sagten sie, würden sie wirklich einen Führer haben und das klügste Volk im Dschungel werden – so klug, daß alle anderen sie beachten und beneiden müßten. Deshalb folgten sie Baloo und Bagheera und Mowgli ganz leise durch den Dschungel, bis es Zeit für den Mittagsschlummer war; und Mowgli, der sich sehr schämte, schlief zwischen dem Panther und dem Bären und war entschlossen, nichts mehr mit dem Affen-Volk zu tun zu haben.

Das nächste, woran er sich erinnerte, war das Gefühl von Händen an seinen Beinen und Armen – harten, starken, kleinen Händen –, dann klatschten Zweige in sein Gesicht, und dann starrte er hinab zwischen schwankenden Ästen, während Baloo mit seinen tiefen Schreien den Dschungel weckte und Bagheera, alle Zähne gebleckt, den Stamm hochsprang. Die *Bandar-log* heulten vor Triumph und tobten zu den höchsten Ästen hinauf, wohin Bagheera nicht zu folgen wagte; dabei schrien sie: »Er hat uns bemerkt! Bagheera hat uns beachtet! Das ganze Dschungel-Volk bewundert uns, weil wir geschickt und schlau sind.« Dann machten sie sich auf die Flucht, und die Flucht des Affen-Volks durch Baum-Land ist ein Ding, das keiner beschreiben kann. Sie haben richtige Straßen und Kreuzungen, bergauf und bergab führende Wege, alle zwischen fünfzig und siebzig oder gar hundert Fuß über dem Boden angelegt, und notfalls können sie über diese Straßen sogar bei Nacht reisen. Zwei der stärksten Affen packten Mowgli unter den Armen und schwangen sich mit ihm durch die Wipfel, zwanzig Fuß auf einen Satz. Wären sie allein gewesen, hätten sie doppelt so schnell laufen können, aber das Gewicht des Jungen hielt sie zurück. Mowgli war übel und schwindlig; dennoch konnte er nicht anders, als die wilde Jagd genießen, obwohl er erschrak, wenn er flüchtig die Erde tief unten weghuschen sah, und obwohl das schreckliche Rucken und Reißen nach dem weiten Satz über nichts als leere Luft ihm das Herz zwischen die Zähne trieb. Rasend schnell schleppten seine Entführer ihn Bäume hinauf, bis er die dünnsten höchsten Äste sich unter ihnen biegen und knirschen fühlte, und dann warfen sie sich mit einem Husten und Keuchen vorwärts und hinab in die Luft und fingen sich, indem sie mit Händen oder Füßen an den unteren Ästen des nächsten Baumes hingen. Manchmal konnte er viele Meilen weit über den stillen grünen Dschungel schauen, wie jemand im Masttopp eines Schiffs Meilen weit über die See blicken kann; dann wieder peitschten Zweige und Blätter durch sein Gesicht, und er und seine beiden Wärter waren abermals fast am Boden. So raste der ganze Stamm der *Bandar-log* hüpfend und stürzend und keuchend und kreischend über die Baumstraßen mit Mowgli, ihrem Gefangenen.

Zuerst hatte er Angst, sie könnten ihn fallen lassen; dann

wurde er böse, hütete sich aber davor, zu zappeln, und schließlich begann er nachzudenken. Als erstes würde er Baloo und Bagheera eine Nachricht übermitteln müssen, denn er wußte, daß seine Freunde bei dem Tempo, mit dem die Affen flohen, weit zurückbleiben mußten. Hinabschauen war sinnlos, denn er konnte nur die Oberseiten der Äste sehen; deshalb starrte er empor und sah, fern im blauen Himmel, Chil den Geier, der dort schwebte und Kreise zog, während er über dem Dschungel wachte und darauf wartete, daß etwas stürbe. Chil sah, daß die Affen etwas trugen, und ließ sich einige hundert Meter fallen, um herauszufinden, ob ihre Last eßbar war. Er pfiff überrascht, als er sah, wie Mowgli auf einen Baumwipfel geschleppt wurde, und als er ihn den Geierschrei für »Wir sind eines Blutes, du und ich« ausstoßen hörte. Die Wogen der Äste schlossen sich über dem Jungen, aber Chil glitt zeitig genug zum nächsten Baum, um das kleine braune Gesicht wieder auftauchen zu sehen. »Merk dir meine Fährte«, schrie Mowgli. »Sag es Baloo vom Seoni-Rudel und Bagheera vom Ratsfelsen.«

»In wessen Namen, Bruder?« Chil hatte Mowgli nie zuvor gesehen, aber natürlich von ihm gehört.

»Mowgli der Frosch. Menschenjunges nennen sie mich. Merk dir meine Fä-hähr-te!«

Die letzten Wörter kreischte er, weil er wieder durch die Luft flog, aber Chil nickte und stieg empor, bis er nicht größer aussah als ein Staubfleck, und da hing er und beobachtete mit seinen Teleskopaugen das Schwanken der Wipfel, durch die Mowgli und seine Wächter wirbelten.

»Die gehen nie weit«, sagte er glucksend. »Die führen nie aus, was sie tun wollen. Picken immer was Neues auf, die *Bandar-log*. Diesmal, wenn meine Augen nicht trügen, haben sie sich Ärger aufgepickt; Baloo ist nämlich kein Küken, und Bagheera kann, wie ich gut weiß, nicht nur Ziegen töten.«

So schaukelte er auf seinen Schwingen, die Füße an den Leib gezogen, und wartete.

Inzwischen waren Baloo und Bagheera rasend vor Zorn und Kummer. Bagheera klomm, wie er nie geklommen war, aber die dünnen Zweige brachen unter seinem Gewicht und er rutschte hinunter, die Krallen voller Borke.

»Warum hast du das Menschenjunge nicht gewarnt?« brüllte er den armen Baloo an, der in einen täppischen Trab gefallen war in der Hoffnung, die Affen zu überholen. »Was nützt es denn, ihn halb totzuprügeln, wenn du ihn nicht warnst?«

»Schnell! Beeil dich doch! Wir ... wir holen sie vielleicht noch ein!« keuchte Baloo.

»Bei deinem Tempo! Damit machst du nicht mal eine wunde Kuh müde. Lehrer des Gesetzes – Welpenprügler – noch eine Meile von diesem Rumpeln und Schwanken und dir birst der Bauch. Sitz ruhig und denk! Mach einen Plan. Es ist nicht die Zeit zum Jagen. Wenn wir ihnen zu nahe kommen, lassen sie ihn noch fallen.«

»*Arrula! Whuu!* Vielleicht haben sie ihn schon fallen gelassen, weil sie vom Schleppen müde geworden sind. Wer kann sich denn auf die *Bandar-log* verlassen? Leg mir tote Fledermäuse auf den Kopf! Gib mir morsche Knochen zu essen! Roll mich in die Stöcke wilder Bienen, damit sie mich zu Tode stechen, und begrab mich mit der Hyäne, denn ich bin der erbärmlichste aller Bären! *Arulala! Wahuua!* O Mowgli, Mowgli! Warum habe ich dich nicht vor dem Affen-Volk gewarnt, statt dir den Kopf einzuschlagen? Vielleicht habe ich ihm ja sogar die Tageslektion aus dem Verstand herausgehauen, und er ist allein im Dschungel ohne die Meisterworte.«

Baloo umklammerte seine Ohren mit den Pranken und rollte jammernd hin und her.

»Immerhin hat er mir vor kurzem noch alle Worte richtig aufgesagt«, sagte Bagheera unwirsch. »Baloo, du hast kein Gedächtnis und keine Selbstachtung. Was würde der Dschungel denken wenn ich, der Schwarze Panther, mich wie Ikki das Stachelschwein zusammenrollte und jaulte?«

»Was kümmerts mich, was der Dschungel denkt? Er ist jetzt vielleicht schon tot.«

»Solange sie ihn nicht zum Spaß aus den Ästen fallen lassen oder ihn aus Langeweile töten, hab ich keine Angst um das Menschenjunge. Er ist schlau und hatte einen guten Lehrer, und vor allem hat er die Augen, vor denen sich das Dschungel-Volk fürchtet. Aber, und das ist sehr schlimm, er ist in der Gewalt der *Bandar-log*, und weil sie in den Bäumen wohnen, haben sie keine

Angst vor einem aus unserem Volk.« Nachdenklich leckte Bagheera eine Vorderpranke.

»Was für ein Narr ich bin! O was für ein fetter, brauner, wurzelfressender Narr ich bin«, sagte Baloo; mit einem Ruck setzte er sich aufrecht. »Es stimmt schon, was Hathi, der Wilde Elefant, sagt: ›*Jedem seine eigene Angst*‹; und sie, die *Bandar-log*, fürchten sich vor Kaa, der Felsenschlange. Er kann genauso gut klettern wie sie. Er stiehlt nachts die jungen Affen. Wenn sein Name geflüstert wird, frieren ihnen die bösen Schwänze. Laß uns zu Kaa gehen.«

»Was soll er für uns tun? Er gehört nicht zu unserem Stamm, er hat ja keine Füße – und sehr schlimme Augen«, sagte Bagheera.

»Er ist sehr alt und sehr schlau. Vor allem ist er immer hungrig«, sagte Baloo hoffnungsvoll. »Versprich ihm viele Ziegen.«

»Er schläft einen ganzen Monat, wenn er einmal gegessen hat. Vielleicht schläft er jetzt auch, und selbst wenn er wach ist – was, wenn er vielleicht seine Ziegen lieber selber tötet?« Bagheera, der nicht viel über Kaa wußte, war natürlich mißtrauisch.

»In dem Fall könnten wir beide, du und ich, alter Jäger, ihn vielleicht zur Vernunft bringen.« Hier rieb Baloo seine angegraute braune Schulter am Panther, und sie machten sich auf die Suche nach Kaa, dem Felspython.

Sie fanden ihn auf einem warmen Steinsims ausgestreckt in der Nachmittagssonne; er bewunderte sein feines neues Kleid, denn die letzten zehn Tage hatte er sich von der Welt zurückgezogen und seine Haut gewechselt, und nun war er ganz prächtig – er ließ seinen großen stumpfnasigen Kopf über den Boden schießen, drehte seinen dreißig Fuß langen Leib zu fantastischen Knoten und Kurven und leckte sich die Lippen beim Gedanken an sein künftiges Mahl.

»Er hat noch nicht gegessen«, sagte Baloo mit erleichtertem Knurren, sobald er das wunderschön gefleckte braungelbe Gewand sah. »Sieh dich vor, Bagheera! Wenn er die Haut gewechselt hat, ist er zuerst immer ein bißchen blind und stößt sehr schnell zu.«

Kaa war keine Giftschlange – tatsächlich verachtete er Giftschlangen, die er für Feiglinge hielt; seine Stärke war seine Umarmung, und wenn er einmal einen mit seinen riesigen Schlingen umhüllt hatte, gab es nicht mehr viel zu sagen. »Gutes Jagen!« rief Baloo; er hockte sich auf die Hinterbeine. Wie alle Schlangen seiner Art war Kaa ziemlich taub und hörte den Ruf zunächst nicht. Dann rollte er sich zusammen, mit gesenktem Kopf, zu allem bereit.

»Uns allen Gutes Jagen«, antwortete er. »Oha, Baloo, was machst du hier? Gutes Jagen, Bagheera. Wenigstens einer von uns braucht etwas zu essen. Wißt ihr, ob Wild unterwegs ist? Ein Reh etwa, oder sogar ein junger Bock? Ich bin leer wie ein trockener Brunnen.«

»Wir sind auf der Jagd«, sagte Baloo ganz beiläufig. Er wußte, daß man Kaa nicht drängen darf. Er ist zu groß.

»Dann erlaubt, daß ich mit euch komme«, sagte Kaa. »Ein Jagdhieb mehr oder weniger kostet euch nichts, Bagheera oder Baloo, aber ich – ich muß tagelang warten, nichts als warten auf einem Waldweg und die halbe Nacht auf Bäume klettern, nur um vielleicht einen jungen Affen zu erwischen. Pfffsss! Die Äste sind auch nicht mehr, was sie in meiner Jugend einmal waren. Morsche Zweige und dürre Stengel, das ist alles.«

»Vielleicht spielt dein großes Gewicht dabei eine Rolle«, sagte Baloo.

»Ich bin schön lang – sehr schön lang«, sagte Kaa ein wenig stolz. »Aber trotz allem, es liegt an diesem nachgewachsenen Holz. Auf meiner letzten Jagd wäre ich fast gefallen – wirklich, es war knapp –, und als ich abgerutscht bin, mein Schwanz war nämlich nicht dicht genug um den Baum gewickelt, hat das Geräusch die *Bandar-log* geweckt, und sie haben mich mit sehr schlimmen Namen belegt.«

»Fußloser gelber Regenwurm«, sagte Bagheera in seinen Bart, als versuche er, sich an etwas zu erinnern.

»Sssss! Haben sie mich je *so* genannt?« sagte Kaa.

»So etwas Ähnliches haben sie uns letzten Mond zugerufen, aber wir haben sie nicht beachtet. Sie sagen ja furchtbar viel – sogar, daß du alle Zähne verloren hast und dich an nichts mehr herantraust, was größer als ein Kitz ist, weil du (diese *Bandar-log* sind wirklich unverschämt) – weil du Angst hast vor den Hörnern des Ziegenbocks«, fuhr Bagheera sanft fort.

Nun zeigt eine Schlange, vor allem ein wachsamer alter Python wie Kaa, sehr selten, daß sie verärgert ist, aber Baloo und Bagheera konnten sehen, wie die großen Schlingmuskeln an beiden Seiten von Kaas Kehle wogten und schwollen.

»Die *Bandar-log* haben ihren Aufenthaltsort gewechselt«, sagte Kaa ruhig. »Als ich heute an die Sonne kam, habe ich sie zwischen den Baumwipfeln johlen hören.«

»Wir ... wir sind hinter den *Bandar-log* her«, sagte Baloo; aber die Wörter blieben ihm in der Kehle stecken, denn soweit er zurückdenken konnte war es das erste Mal, daß einer vom Dschungel-Volk zugab, am Treiben der Affen interessiert zu sein.

»Dann ist es zweifellos nichts Unwichtiges, was zwei solche Jäger – die gewiß in ihrem eigenen Dschungel Führer sind – auf die Fährte der *Bandar-log* bringt«, erwiderte Kaa höflich; dabei blähte er sich vor Neugier.

»Eigentlich«, begann Baloo, »bin ich nur der alte und manchmal sehr närrische Lehrer des Gesetzes für die jungen Seoni-Wölfe, und Bagheera hier...«

»Ist Bagheera«, sagte der Schwarze Panther, und seine Kiefer schlossen sich mit hörbarem Schnappen, denn er hielt nicht viel von Demut. »Es geht um Folgendes, Kaa. Diese Nußdiebe und Palmblattzupfer haben unser Menschenjunges gestohlen, von dem du vielleicht gehört hast.«

»Von Ikki (er ist dreist, weil er Stacheln hat) habe ich etwas über ein Menschending gehört, das in ein Wolfsrudel aufgenommen worden sein soll, aber ich habe es nicht geglaubt. Ikki quillt über von Geschichten, die er nur halb verstanden hat und sehr schlecht erzählt.«

»Aber es stimmt. Er ist ein Menschenjunges, wie es noch nie eines gegeben hat«, sagte Baloo. »Das beste und klügste und mutigste aller Menschenjungen – mein eigener Schüler, der Baloos Name in allen Dschungeln berühmt machen wird; und außerdem – ich ... wir ... lieben ihn, Kaa.«

»Ts! Ts!« sagte Kaa; er wog den Kopf hin und her. »Auch ich habe einmal gewußt, was Liebe ist. Ich könnte Geschichten erzählen, die ...«

»Die man nur in einer klaren Nacht richtig würdigen kann, wenn wir alle gut gegessen haben«, sagte Bagheera schnell. »Unser Menschenjunges ist jetzt in den Händen der *Bandar-log*, und wir wissen, daß sie unter allem Dschungel-Volk nur Kaa fürchten.«

»Sie fürchten mich allein. Dazu haben sie guten Grund«, sagte Kaa. »Geschwätzig, närrisch, eitel – eitel, närrisch, geschwätzig, so sind die Affen. Aber ein Menschending in ihren Händen ist in einer schlimmen Lage. Die Nüsse, die sie pflücken, haben sie bald satt, und dann werfen sie sie auf den Boden. Einen halben Tag lang schleppen sie einen Ast und wollen große Dinge damit tun, und dann brechen sie ihn entzwei. Das Menschending ist nicht zu beneiden. Außerdem haben sie mich wie genannt? ›Gelber Fisch‹, war es das?«

»Wurm … Wurm … Regenwurm«, sagte Bagheera, »und noch vieles andere, was ich jetzt nicht wiedergeben kann, ohne mich zu schämen.«

»Wir müssen sie daran erinnern, daß sie über ihren Meister höflich reden sollten. Aaa-sssh! Wir müssen ihrem schweifenden Gedächtnis ein wenig nachhelfen. Also, wohin sind sie mit dem Jungen gegangen?«

»Das weiß allein der Dschungel. Gen Sonnenuntergang, glaube ich«, sagte Baloo. »Wir hatten gedacht, du wüßtest es, Kaa.«

»Ich? Wie denn? Ich nehme sie, wenn sie mir über den Weg laufen, aber ich jage die *Bandar-log* nicht, und auch keine Frösche – oder, was das angeht, grünen Schaum auf einem Wasserloch.«

»Auf, auf! Auf, auf! Hillo! Illo! Illo, schau auf, Baloo vom Seoni-Wolfsrudel!«

Baloo blickte auf um zu sehen, woher die Stimme kam, und da war Chil der Geier; er rauschte herab, und die Sonne schien auf die ragenden Ränder seiner Schwingen. Für Chil war es fast Schlafenszeit, aber er war über dem ganzen Dschungel umhergezogen, hatte den Bären gesucht und ihn im dichten Blattwerk nicht gefunden.

»Was gibt es?« sagte Baloo.

»Ich habe Mowgli gesehen, bei den *Bandar-log*. Er sagte, ich soll es dir erzählen. Ich habe beobachtet. Die *Bandar-log* haben ihn über den Fluß gebracht, zur Stadt der Affen – nach Kalte Stätten. Dort bleiben sie vielleicht eine Nacht, oder zehn Nächte, oder eine Stunde. Ich habe den Fledermäusen aufgetragen, während der Dunkelheit zu wachen. Das ist meine Botschaft. Gutes Jagen, euch allen da unten!«

»Dir eine volle Kehle und tiefen Schlaf, Chil!«, rief Bagheera. »Wenn ich das nächste Mal töte, denke ich an dich und lege den Kopf für dich allein beiseite, du bester aller Geier!«

»Nicht der Rede wert. Nicht der Rede wert. Der Junge hatte das Meisterwort. Weniger konnte ich gar nicht tun«, und Chil stieg wieder in Kreisen auf zu seinem Horst.

»Er hat nicht vergessen, seine Zunge zu gebrauchen«, sagte Baloo, mit einem Kichern des Stolzes. »Wenn man bedenkt, daß einer, der so jung ist, sich an das Meisterwort für die Vögel erinnert, während man ihn durch die Wipfel zerrt!«

»Es ist ihm ja auch gründlich eingebleut worden«, sagte Bagheera. »Aber ich bin stolz auf ihn, und jetzt müssen wir nach Kalte Stätten gehen.«

Sie alle wußten, wo dieser Ort war, aber nur wenige vom Dschungel-Volk gingen je dorthin, denn was sie Kalte Stätten nannten, war eine alte verlassene Stadt, verloren und im Dschungel vergraben, und Tiere nutzen selten einen Ort, den einmal Menschen genutzt haben. Vielleicht tut es der wilde Eber, aber die jagenden Stämme nicht. Überdies lebten die Affen dort, falls man von ihnen sagen kann, daß sie überhaupt irgendwo leben, und kein Tier mit Selbstachtung würde sich der Stelle bis auf Sichtweite nähern, außer in Dürrezeiten, wenn die halbverfallenen Zisternen und Speicher noch ein wenig Wasser bergen.

»Eine halbe Nacht brauchen wir bis dorthin – wenn wir uns beeilen«, sagte Bagheera, und Baloo blickte sehr ernst drein. »Ich laufe, so schnell ich kann«, sagte er besorgt.

»Wir können nicht auf dich warten. Komm hinterher, Baloo. Wir müssen, so schnell die Füße können, dorthin – Kaa und ich.«

»Füße oder nicht, ich bin immer noch schneller als du mit allen vieren«, sagte Kaa knapp. Baloo mühte sich zu laufen, mußte sich aber keuchend hinsetzen; er würde später nachkommen, und sie ließen ihn zurück. Bagheera eilte vorwärts, im schnellen Panthergalopp. Kaa sagte nichts, aber so sehr Bagheera sich auch bemühte, der große Felspython blieb neben ihm. Als sie zu einem Gebirgsbach kamen, gewann Bagheera einen Vorsprung, denn er setzte hinüber, während Kaa schwamm, den Kopf und zwei Fuß Nacken über dem Wasser, aber auf festem Grund holte Kaa gleich wieder auf.

»Bei dem Zerbrochenen Riegel der mich freiließ«, sagte Bagheera, als die Dämmerung begonnen hatte, »du bist kein langsamer Läufer!«

»Ich habe Hunger«, sagte Kaa. »Außerdem haben sie mich einen gesprenkelten Frosch genannt.«

»Wurm – Regenwurm, und gelb noch dazu.«

»Alles eins. Weiter«, und Kaa schien sich über den Boden zu gießen; dabei fand er mit seinen sicheren Augen immer den kürzesten Weg.

In Kalte Stätten dachte das Affen-Volk überhaupt nicht an Mowglis Freunde. Sie hatten den Jungen zur Verlorenen Stadt gebracht und waren im Augenblick sehr zufrieden mit sich. Mowgli hatte nie zuvor eine indische Stadt gesehen, und obwohl diese fast nur ein Haufen Ruinen war, erschien sie ihm doch ganz wundervoll und prächtig. Ein König hatte sie vor langer Zeit auf einem kleinen Hügel erbaut. Man konnte die steinernen Dammstraßen noch immer erkennen, die zu den verfallenen Toren führten, wo letzte Holzsplitter an abgenutzten, rostigen Angeln hingen. Bäume waren in und aus den Wällen gewachsen; die Zinnen waren eingestürzt und zerfallen, und aus den Türmen auf den Mauern hingen wilde Schlingpflanzen in dicken Büschen.

Ein großer unbedachter Palast krönte den Hügel, und der Marmor der Höfe und Brunnen war geborsten und grün und rot gefleckt, und selbst die Kopfsteine des Hofs, in dem die Elefanten des Königs gewohnt hatten, waren von Gräsern und jungen Bäumen angehoben und zersprengt. Vom Palast konnte man die unzähligen Reihen dachloser Häuser sehen, aus denen die Stadt bestand, wie leere Honigwaben, angefüllt mit Dunkel; den formlosen Steinblock, der ein Götze gewesen war, auf dem Platz, wo vier Straßen zusammenkamen; die Gruben und Dellen an Straßenecken, wo einst öffentliche Brunnen gestanden hatten, und die zerschmetterten Kuppeln der Tempel, an deren Wänden nun wilde Feigen sprossen. Die Affen nannten den Ort ihre Stadt und taten, als verachteten sie das Dschungel-Volk, weil es im Wald lebte. Und doch erfuhren sie nie, wozu die Bauwerke gemacht waren noch wie man sie nutzen konnte. Sie saßen im Kreis auf der Diele der königlichen Ratskammer und kratzten nach Flöhen und taten wie Menschen; oder sie rannten durch die dachlosen Häuser und sammelten Mörtelstücke und alte Ziegel in einer Ecke und vergaßen, wo sie sie versteckt hatten, und kämpften und schrien in raufenden Haufen, und dann brachen sie den Kampf ab, um die Terrassen im Garten des Königs hinauf und hinab zu spielen, wobei sie die Orangen- und Rosenbäume schüttelten, nur um Früchte und Blumen fallen zu sehen. Sie erforschten alle Gänge und dunklen Tunnels im Palast und die Hunderte kleiner düsterer Räume, aber nie erinnerten sie sich, was sie gesehen hatten und was nicht; und so trieben sie einzeln oder zu zweit oder in Haufen umher und erzählten einander, sie benähmen sich wie Menschen. Sie tranken aus den Zisternen und verschmutzten das Wasser, und dann kämpften sie darum, und schließlich rannten sie alle in Gruppen herum und schrien: »Niemand im Dschungel ist so klug und gut und schlau und stark und edel wie die *Bandar-log.*« Dann begann alles von vorn, bis sie der Stadt überdrüssig wurden, zu den Baumwipfeln zurückkehrten und hofften, das Dschungel-Volk würde sie beachten.

Mowgli, der unter dem Gesetz des Dschungels erzogen worden war, konnte diese Sorte Leben weder mögen noch verstehen. Spät am Nachmittag schleppten die Affen ihn nach Kalte Stätten hinein, und statt sich schlafenzulegen, wie Mowgli es nach einer langen Reise getan hätte, faßten sie einander bei den Händen und tanzten umher und sangen ihre närrischen Lieder. Einer der Affen hielt eine Rede und sagte seinen Gefährten, Mowglis Gefangennahme bedeute etwas Neues in der Geschichte der *Bandar-log,* denn Mowgli werde ihnen zeigen, wie man Rohr und Zweige zum Schutz gegen Regen und Kälte zusammenflicht. Mowgli nahm einige Schlingpflanzen auf und begann sie zu verflechten, und die Affen versuchten es nachzuahmen; aber schon nach wenigen Minuten verloren sie das Interesse und zogen ihre Freunde an den Schwänzen oder hüpften keckernd auf allen vieren auf und nieder.

»Ich will etwas essen«, sagte Mowgli. »Ich bin fremd in diesem Teil des Dschungels. Bringt mir etwas zu essen oder erlaubt mir, hier zu jagen.«

Zwanzig oder dreißig Affen sprangen auf, um ihm Nüsse und wilde *paupaus* zu bringen; aber unterwegs begannen sie zu raufen und es war zu mühsam, mit den Überresten der Früchte zurückzukehren. Mowgli war wund und wütend und ebenso hungrig, und er streifte durch die leere Stadt und stieß von Zeit zu Zeit den Jagdruf des Fremdlings aus, aber niemand antwortete ihm, und Mowgli empfand, daß er an einen wirklich schlimmen Ort geraten war. ›Alles was Baloo über die *Bandar-log* gesagt hat stimmt‹, dachte er. ›Sie haben kein Gesetz, keinen Jagdruf und keine Führer – nichts als närrisches Gerede und kleine zupfende diebische Hände. Wenn ich also hier verhungere oder getötet werde, ist es ganz und gar meine Schuld. Aber ich muß versuchen, in meinen eigenen Dschungel heimzukehren. Bestimmt wird Baloo mich schlagen, aber das ist besser als mit den *Bandar-log* blöde Rosenblätter jagen.‹

Kaum war er bis zur Stadtmauer gelangt, als die Affen ihn zurückzerrten und ihm erzählten, er wisse gar nicht, wie glücklich er sei; und sie zwickten ihn, damit er dankbar war. Er biß die Zähne zusammen und sagte nichts, sondern ging mit den schreienden Affen zu einer Terrasse oberhalb der roten Sandsteinzisternen, die halb gefüllt waren mit Regenwasser. Mitten auf der Terrasse stand ein zerfallenes Sommerhaus aus weißem Marmor, erbaut für Königinnen, die seit hundert Jahren tot waren. Das Kuppeldach war zur Hälfte eingefallen und versperrte den unterirdischen Gang vom Palast, durch den die Königinnen einzutreten pflegten; aber die Wände waren aus Schichten marmornen Maßwerks gefertigt – wunderschönes milchweißes Gitterwerk, besetzt mit Achat, Karneol, Jaspis und Lapislazuli, und als der Mond über den Hügel stieg, schien er durch die durchbrochene Arbeit und warf auf den Boden Schatten wie schwarze Samtstickerei. So wund, schläfrig und hungrig er auch war, mußte Mowgli doch lachen, als zwanzig von den *Bandar-log* gleichzeitig begannen, ihm zu erzählen, wie großartig und weise und stark und edel sie seien, und wie dumm es von ihm war, daß er sie verlassen wollte. »Wir sind groß. Wir sind frei. Wir sind herrlich. Wir sind das herrlichste Volk im ganzen Dschungel! Wir alle sagen das, also muß es ja stimmen«, schrien sie. »Und weil du ein neuer Zuhörer bist und unsere Worte dem Dschungel-Volk überbringen kannst, damit sie uns in Zukunft beachten, wollen wir dir alles von uns überaus vortrefflichen Wesen erzählen.« Mowgli erhob keine Einwände, und die Affen sammelten sich zu Hunderten und Aberhunderten auf der Terrasse, um ihren eigenen Sprechern zu lauschen, die das Lob der *Bandar-log* sangen, und sooft ein Sprecher atemlos innehielt, schrien sie alle zusammen: »Das ist wahr; wir alle sagen es.« Mowgli nickte und blinzelte und sagte »Ja«, wenn sie ihn etwas fragten, und sein Kopf wirbelte von dem Krach. ›Tabaqui, der Schakal, muß sie alle gebissen haben‹, sagte er sich, ›und jetzt haben sie alle den Wahnsinn. Das ist ganz bestimmt *dewanee*, der Wahnsinn. Ob sie denn niemals schlafen gehn? Da kommt jetzt eine Wolke, die den Mond bedeckt. Wenn sie nur groß genug wär, könnt ich versuchen, in der Dunkelheit wegzurennen. Aber ich bin müde.‹

Die gleiche Wolke wurde von zwei guten Freunden im verfallenen Graben unterhalb der Stadtmauer beobachtet, denn Bagheera und Kaa wußten sehr wohl, wie gefährlich die Affen-Leute in großer Menge waren und wollten deshalb kein Risiko eingehen. Die Affen kämpfen nie, außer sie sind hundert gegen einen, und im Dschungel legen wenige Wert auf ein solches Zahlenverhältnis.

»Ich gehe zur westlichen Mauer«, flüsterte Kaa, »da kann ich schnell herunterkommen, der Hang hilft mir. Sie werden sich nicht zu Hunderten auf *meinen* Rücken stürzen, aber ...«

»Ich weiß«, sagte Bagheera. »Wenn Baloo doch hier wäre; aber wir müssen tun was wir tun können. Wenn die Wolke da den Mond bedeckt, gehe ich auf die Terrasse. Sie halten da wohl eine Art Rat ab über den Jungen.«

»Gutes Jagen«, sagte Kaa grimmig und glitt fort zur westlichen Mauer. Diese war noch am besten erhalten, und die große Schlange brauchte einige Zeit, um einen Weg auf die Steine zu finden. Die Wolke verbarg den Mond, und als Mowgli sich eben fragte, was als nächstes geschehen würde, hörte er Bagheeras leichte Füße auf der Terrasse. Der Schwarze Panther war fast lautlos den Hang hinaufgerast und hieb – er war klug genug, keine Zeit mit Beißen zu vergeuden – rechts und links zwischen die Affen, die in fünfzig oder sechzig Kreisen um Mowgli saßen. Ein Geheul von Furcht und Wut erhob sich, und als dann Bagheera über die rollenden strampelnden Körper unter ihm stolperte, schrie ein Affe: »Er ist ja allein! Tötet ihn! Tötet!« Eine tobende Masse von Affen deckte beißend, kratzend, reißend und zerrend Bagheera zu, während fünf oder sechs Mowgli ergriffen, ihn die Wand des Sommerhauses hinaufschleppten und ihn durch das Loch der geborstenen Kuppel stießen. Ein von Menschen erzogener Junge hätte sich schlimm verletzt, bei dem fünfzehn Fuß tiefen Fall, aber Mowgli fiel, wie Baloo es ihn gelehrt hatte, und landete auf seinen Füßen.

»Da kannst du bleiben«, schrien die Affen, »bis wir deine Freunde getötet haben, und später werden wir ein wenig mit dir spielen – wenn das Gift-Volk dich am Leben läßt.«

»Wir sind eines Blutes, ihr und ich.« Mowgli stieß schnell den Schlangenruf aus. Im Schutt ringsumher konnte er es rasseln und zischen hören, und um sicher zu gehen sagte er den Schlangenruf noch einmal.

»Recht ssso! Alle Hauben runter!« sagte ein halbes Dutzend leiser Stimmen. (Früher oder später wird jede Ruine in Indien zur Heimstatt von Schlangen, und das alte Sommerhaus wimmelte von Kobras.) »Steh still, Kleiner Bruder, deine Füße könnten uns weh tun.«

Mowgli stand so ruhig er konnte, spähte durch das durchbrochene Mauerwerk und lauschte dem wilden Kampfgetöse um den Schwarzen Panther – dem Gellen, Keckern und Raufen und Bagheeras tiefem heiseren Keuchen, während er sich unter den Haufen seiner Feinde bäumte und beugte und wand und warf. Zum ersten Mal seit seiner Geburt kämpfte Bagheera um sein Leben.

›Baloo muß in der Nähe sein; Bagheera ist bestimmt nicht allein gekommen‹, dachte Mowgli; und dann rief er laut: »Zur Zisterne, Bagheera. Roll dich zur Zisterne. Wälz dich und spring rein! Zum Wasser!«

Bagheera hörte es, und der Ruf, der ihm sagte, daß Mowgli in Sicherheit war, gab ihm neuen Mut. Mit verzweifelter Kraft erkämpfte er sich Zoll für Zoll den Weg zu den Wasserspeichern; schweigend hieb er um sich. Dann erscholl vom verfallenen Wall gleich am Dschungel Baloos grollender Kriegsschrei. Der alte Bär hatte sein Möglichstes getan, aber nicht schneller kommen können. »Bagheera«, rief er. »Ich bin da. Ich klettere! Ich eile! *Ahuwora!* Die Steine rutschen unter mir weg! Wartet nur, bis ich da bin, o ihr verfluchten *Bandar log*!« Er keuchte die Terrasse hinauf, wo er sofort bis zum Kopf in einer Welle von Affen verschwand, aber er ließ sich wuchtig auf das Gesäß fallen, streckte die Vorderpfoten aus, drückte so viele Affen an sich, wie er fassen konnte, und hieb dann um sich mit einem gleichmäßigen *batz-batz-batz* ähnlich dem platschenden Schlag eines Schaufelrads. Ein Klatschen und Prasseln sagte Mowgli, daß Bagheera sich zum Wasserbecken durchgekämpft hatte, in das die Affen nicht folgen konnten. Der Panther lag da, den Kopf gerade aus dem Wasser, und rang nach Luft, während die Affen in Dreierreihen auf den roten Stufen standen und vor Wut tanzten, bereit, sich von allen Seiten auf ihn zu stürzen, wenn er herauskäme, um Baloo zu helfen. In diesem Augenblick hob Bagheera sein triefendes Kinn und stieß verzweifelt den Schlangenruf nach Hilfe aus – »Wir sind eines Blutes, ihr und ich« –, denn er glaubte, Kaa habe sich in letzter Minute davongemacht. Selbst Baloo, am Rand der Terrasse halb erdrückt von den Affen, mußte kichern, als er den Schwarzen Panther um Hilfe bitten hörte.

Kaa war eben erst mühsam über die westliche Mauer gekommen; die Wucht seines Aufpralls hatte einen schweren Stein von der Mauerkappe in den Graben geschleudert. Kaa hatte nicht die Absicht, die Vorteile zu vergeuden, die der Boden ihm gab, und ein- oder zweimal ringelte und entringelte er sich, um sicher zu sein, daß jeder Fuß seines langen Leibes in bester Verfassung war. In dieser ganzen Zeit ging der Kampf mit Baloo weiter, und die Affen am Wasserspeicher um Bagheera herum schrien gellend, und Mang die Fledermaus flatterte hin und her und trug die Nachricht von der großen Schlacht über den Dschungel, bis sogar Hathi, der Wilde Elefant, trompetete und weit entfernt verstreute Horden des Affen-Volks erwachten und über die Baum-Straßen gesprungen kamen, um ihren Kameraden in Kalte Stätten zu helfen, und das Tosen des Kampfes alle Tagvögel im Umkreis von Meilen weckte. Dann kam Kaa, geradeaus, schnell und begierig zu töten. Die Kampfkraft eines Python liegt im wuchtigen Stoß seines Kopfes, in den alle Stärke und alles Gewicht seines Körpers fließt. Wenn Ihr Euch eine Lanze vorstellt oder einen Rammbock oder einen Hammer, der fast eine halbe Tonne wiegt und gelenkt wird von einem kühlen, ruhigen Verstand, der in seinem Stiel wohnt, dann habt Ihr eine ungefähre Vorstellung von dem, was Kaa war, wenn er kämpfte. Ein vier oder fünf Fuß langer Python kann einen Mann niederstoßen, wenn er ihn genau an der Brust trifft, und Kaa war dreißig Fuß lang, wie Ihr wißt. Seinen ersten Stoß richtete er ins Herz der Menge um Baloo – ein furchtbarer stiller Hieb mit geschlossenem Mund, und ein zweiter war nicht mehr nötig. Die Affen spritzten auseinander mit dem Schrei: »Kaa! Es ist Kaa! Flieht! Flieht!«

Ganze Affengeschlechter waren von ihren Eltern zu gutem Benehmen gebracht worden mit schrecklichen Geschichten von Kaa, dem Nachträuber, der still, wie Moos wächst, die Äste entlangschlüpfen und den stärksten Affen, den es je gab, schnappen konnte; vom alten Kaa, der aussehen mochte wie ein toter Ast oder morscher Baumstumpf, daß sogar die Klügsten sich täuschen ließen, bis der Ast sie erwischte. Kaa stand für alles, was die Affen im Dschungel fürchteten, denn keiner von ihnen kannte die Grenzen von Kaas Gewalt, keiner von ihnen konnte ihm ins Gesicht sehen, und keiner war je lebend seiner Umarmung entkommen. Deshalb flohen sie auf die Wände und Dächer der Häuser, stammelten vor Grauen, und Baloo holte tief und erleichtert Luft. Sein Fell war viel dicker als Bagheeras; dennoch hatte er im Kampf schlimm gelitten. Dann öffnete Kaa zum ersten Mal seinen Mund und sagte ein langes zischendes Wort, und die Affen von weither, die zur Verteidigung von Kalte Stätten geeilt kamen, blieben wo sie waren, kauerten sich zusammen, bis die beladenen Äste sich unter ihnen bogen und knirschten. Die Affen auf den Mauern und leeren Häusern hörten auf zu schreien, und in der Stille, die sich über die Stadt senkte, hörte Mowgli, wie Bagheera seine nassen Flanken schüttelte, als er aus der Zisterne kletterte. Dann brach der Lärm wieder los. Die Affen klommen höher auf die Mauern; sie klammerten sich an die Hälse der großen Steingötzen und kreischten, als sie über die Dielen rasten, während Mowgli im Sommerhaus auf der Stelle tanzte, das Auge ans marmorne Netzwerk preßte und wie eine Eule dumpf durch die Zähne pfiff, um Hohn und Verachtung zu zeigen.

»Holt das Menschenjunge aus der Falle da; ich kann nicht

mehr«, ächzte Bagheera. »Laßt uns das Menschenjunge holen und gehen. Sie könnten noch einmal angreifen.«

»Sie werden sich nicht bewegen, bis ich es ihnen befehle. Bleibt genau ssso!« Kaa zischte, und die Stadt verfiel wieder in Schweigen. »Ich konnte nicht schneller kommen, Bruder, aber kann es sein, daß ich *dich* rufen hörte?« Das galt Bagheera.

»Ich ... eh, vielleicht habe ich im Kampf irgendwas gerufen«, antwortete Bagheera. »Baloo, bist du verletzt?«

»Ich bin nicht sicher, ob sie mich nicht in hundert kleine Bärchen zerrissen haben«, sagte Baloo ernst; nacheinander schüttelte er seine Beine. »Uau! Bin ich wund! Kaa, ich glaube, wir verdanken dir unser Leben – Bagheera und ich.«

»Nicht der Rede wert. Wo ist der Menschling?«

»Hier, in einer Falle. Ich kann nicht rausklettern«, rief Mowgli. Über seinem Kopf wölbte sich die geborstene Kuppel.

»Holt ihn heraus. Er tanzt wie Mor der Pfau. Er wird unsere Kleinen zertreten«, sagten die Kobras drinnen.

»Hah!« sagte Kaa mit einem Glucksen. »Er hat überall Freunde, dieser Menschling. Tritt zurück, Menschling; und ihr, Gift-Leute, versteckt euch. Ich breche die Wand nieder.«

Kaa musterte die Wand sorgfältig, bis er im marmornen Netzwerk einen verfärbten Riß fand, der eine Schwachstelle anzeigte, klopfte zwei- oder dreimal leicht mit seinem Kopf dagegen, um die Entfernung zu prüfen, und dann hob er sechs Fuß seines Körpers senkrecht in die Luft und jagte, mit der Nase voraus, ein halbes Dutzend schmetternder Schläge mit voller Wucht gegen die Wand. Das Netzwerk zerbrach und stürzte in einer Wolke von Staub und Schutt zu Boden, und Mowgli sprang durch die Öffnung und warf sich zwischen Baloo und Bagheera – einen Arm um jeden großen Hals.

»Bist du verletzt?« sagte Baloo; er umarmte ihn sanft.

»Ich bin wund, hungrig und ganz schön zerschunden; aber euch, o meine Brüder, haben sie übel zugerichtet! Ihr blutet.«

»Andere auch«, sagte Bagheera; er leckte sich die Lippen und blickte auf die toten Affen auf der Terrasse und bei der Zisterne.

»Das macht nichts, das macht gar nichts, wenn du nur in Sicherheit bist, o du mein Stolz unter allen kleinen Fröschen«, wimmerte Baloo.

»Darüber reden wir später«, sagte Bagheera in einem trockenen Tonfall, den Mowgli überhaupt nicht mochte. »Aber dort ist Kaa; wir verdanken ihm die Schlacht, und du verdankst ihm dein Leben. Danke ihm, wie es bei uns üblich ist, Mowgli.«

Mowgli wandte sich um und sah einen Fuß über seinem Kopf den des großen Python schweben.

»Also das ist der Menschling«, sagte Kaa. »Ganz weich ist seine Haut, und er ist den *Bandar-log* gar nicht unähnlich. Sieh dich vor, Menschling, daß ich dich nicht irgendwann einmal im Zwielicht, wenn ich gerade meine Haut gewechselt habe, für einen Affen halte.«

»Wir sind eines Blutes, du und ich«, antwortete Mowgli. »Heute nacht nehme ich mein Leben von dir entgegen. Was ich töte soll sein was du tötest, wenn du je hungrig bist, o Kaa.«

»Großen Dank, Kleiner Bruder«, sagte Kaa, aber seine Augen zwinkerten. »Und was kann ein so kühner Jäger denn wohl töten? Ich frage nur, damit ich folgen kann, wenn er das nächste Mal auszieht.«

»Ich töte nichts – ich bin zu klein –, aber ich treibe denen, die sie verwenden können, Ziegen zu. Wenn du leer bist, komm zu mir und sieh, ob ich die Wahrheit sage. Ich bin ganz geschickt hiermit«, – er streckte seine Hände aus – »und wenn du jemals in eine Falle gerätst, kann ich vielleicht das begleichen, was ich dir, Bagheera und Baloo hier schulde. Gutes Jagen euch allen, meine Meister.«

»Gut gesprochen«, knurrte Baloo, denn Mowgli hatte seinen Dank sehr fein abgestattet. Der Python legte eine Minute lang seinen Kopf leicht auf Mowglis Schulter. »Ein tapferes Herz und eine höfliche Zunge«, sagte er. »Sie werden dich im Dschungel weit bringen, Menschling. Aber nun geh schnell fort mit deinen Freunden. Geh und schlaf, denn der Mond geht unter, und was folgt solltest du besser nicht sehen.«

Der Mond sank hinter die Hügel, und die Reihen bebender Affen, die sich auf den Mauern und Dielen aneinanderdrängten, sahen aus wie zottige zittrige Fransen von Dingen. Baloo ging hinab zur Zisterne um zu trinken, und Bagheera brachte sein Fell in Ordnung, während Kaa hinausglitt in die Mitte der Terrasse.

Er klappte seine Kiefer zusammen mit einem klirrenden Biß, der die Augen aller Affen auf ihn zog.

»Der Mond geht unter«, sagte er. »Ist es noch hell genug um zu sehen?«

Von den Mauern kam ein Seufzen wie Wind in den Wipfeln: »Wir sehen, o Kaa.«

»Gut. Es beginnt nun der Tanz – der Tanz des Hungers von Kaa. Sitzt still und seht.«

Zwei- oder dreimal wand er sich zu einem großen Ring, wobei er seinen Kopf von rechts nach links fädelte. Dann begann er mit seinem Leib Schlingen und Achten zu bilden und weiche sickernde Dreiecke, die zu Vierecken und fünfseitigen Figuren schmolzen und Hügeln von Schlingen, ohne Rast, ohne Hast und ohne je seinen leisen summenden Gesang zu unterbrechen. Es wurde immer dunkler, bis schließlich die schleifenden scharrenden Schlingen verschwanden, aber das Rascheln der Schuppen war noch zu hören.

Baloo und Bagheera standen still wie Stein; in ihren Kehlen knurrten sie, ihre Nackenhaare stellten sich auf, und Mowgli schaute und staunte.

»Bandar-log«, sagte Kaas Stimme endlich, »könnt ihr Hand oder Fuß ohne meinen Befehl rühren? Sprecht!«

»Ohne deinen Befehl können wir weder Hand noch Fuß rühren, o Kaa!«

»Gut! Kommt alle einen Schritt näher zu mir.«

Die Reihen der Affen schwankten hilflos vorwärts, und mit ihnen machten Baloo und Bagheera einen steifen Schritt nach vorn.

»Näher!« zischte Kaa, und wieder bewegten sich alle.

Mowgli legte seine Hände auf Baloo und Bagheera, um sie fortzubringen, und die beiden großen Tiere fuhren auf, als habe man sie aus einem Traum geweckt.

»Laß deine Hand auf meiner Schulter«, flüsterte Bagheera. »Laß sie da, sonst muß ich zurück – zurück zu Kaa. *Aah!*«

»Es ist doch nur der alte Kaa, der Kreise im Staub macht«, sagte Mowgli. »Laßt uns gehen«; und die drei schlüpften durch eine Mauerlücke zurück in den Dschungel.

»Uuuf!« sagte Baloo, als er wieder unter den stillen Bäumen

stand. »Nie wieder will ich Kaa zum Verbündeten haben«, und er schüttelte sich am ganzen Leib.

»Er weiß mehr als wir«, sagte Bagheera zitternd. »Wenn ich geblieben wäre, wäre ich sehr bald durch seine Kehle gegangen.«

»Viele werden diese Straße gehen, ehe der Mond wieder steigt«, sagte Baloo. »Er wird gutes Jagen haben – auf seine eigene Art.«

»Aber was hatte das alles zu bedeuten?« sagte Mowgli, der nichts von der hypnotischen Kraft eines Pythons wußte. »Ich habe nichts gesehen als eine große Schlange, die blöde Kreise geschlagen hat, bis es dunkel wurde. Und seine Nase war ganz wund. Ho! Ho!«

»Mowgli«, sagte Bagheera ärgerlich, »seine Nase war *deinetwegen* wund; wie meine Ohren und Flanken und Pranken und Baloos Nacken und Schultern *deinetwegen* zerbissen sind. Baloo und Bagheera werden viele Tage lang nicht fröhlich jagen können.«

»Das macht nichts«, sagte Baloo; »wir haben das Menschenjunge wieder.«

»Das stimmt; aber er hat uns sehr viel Zeit gekostet, die wir auf gutes Jagen hätten verwenden können; und er hat uns Wunden gekostet, und Haare – auf dem Rücken bin ich halb gerupft –, und schließlich auch Ehre. Denn erinnere dich, Mowgli, ich, der Schwarze Panther, mußte Kaa um Hilfe bitten, und durch den Hungertanz sind Baloo und ich beide so dumm gemacht worden wie kleine Vögel. Und all das, Menschenjunges, weil du mit den *Bandar-log* gespielt hast.«

»Das stimmt; das stimmt ja«, sagte Mowgli bekümmert. »Ich bin ein schlimmes Menschenjunges, und mein Magen ist ganz traurig in mir.«

Deutsch von Gisbert Haefs

Edgar Rice Burroughs

TARZAN BEI DEN AFFEN

Als Tarzan heranwuchs, machte er schnellere Fortschritte, so daß er mit zehn Jahren ein vorzüglicher Kletterer war, und auf der Erde konnte er so wundervolle Dinge ausführen, wie sie seine kleinen Brüder und Schwestern nicht fertig bekamen. In manchen Dingen unterschied er sich von ihnen, und sie staunten oft über seine überragende Geschicklichkeit, aber in bezug auf Kräfte und Wachstum war er sehr zurückgeblieben, denn mit zehn Jahren waren die großen Menschenaffen voll erwachsen; manche von ihnen waren über sechs Fuß hoch, während der kleine Tarzan erst ein halberwachsener Knabe war.

Und doch – was für ein Junge war er!

Von frühester Jugend an hatte er seine Hände darin geübt, sich nach dem Beispiel seiner Riesenmutter von Ast zu Ast zu schwingen, und als er größer wurde, verbrachte er ganze Stunden damit, mit seinen Brüdern und Schwestern von einer Baumkrone zur anderen zu klettern.

Er konnte sich zwanzig Fuß tief in raschem Abstieg von Ast zu Ast herunterfallen lassen, und er konnte den höchsten Wipfel des stolzesten tropischen Riesen mit der Schnelligkeit eines Eichhörnchens erklettern. Obschon er erst zehn Jahre zählte, war er kräftig wie ein Durchschnittsmensch von dreißig Jahren und behender als die meisten geübten Athleten es je werden. Und seine Kräfte wuchsen von Tag zu Tag.

Sein Leben unter diesen wilden Affen war glücklich, denn in seiner Erinnerung gab es kein anderes Leben; auch wußte er nicht, daß es in dem Weltall außer diesem Wald und den Dschungeltieren, mit denen er vertraut war, noch etwas anderes gab.

Er war schon fast zehn Jahre alt, als er anfing zu erkennen, daß ein Unterschied zwischen ihm und seinen Kameraden bestand. Sein kleiner, von der Sonne gebräunter Körper verursachte ihm plötzlich ein tiefes Schamgefühl, denn er erkannte, daß er vollständig unbehaart war, wie eine Schnecke oder ein Reptil.

Er versuchte diesem Übelstand abzuhelfen, indem er sich vom Kopf bis zu den Füßen mit Lehm bekleisterte, aber dieser trocknete und fiel ab. Außerdem fühlte er sich so unbehaglich dabei, daß er sich lieber schämte, als die Unbequemlichkeit weiter auf sich zu nehmen. In dem höher gelegenen Landstrich, in dem sich sein Stamm aufhielt, war ein kleiner See und in dessen klarem stillen Wasser sah Tarzan zuerst sein Spiegelbild.

An einem schwülen Tag der trockenen Jahreszeit ging er mit einem seiner Vettern an das Ufer, um zu trinken. Als sie sich hinüberbeugten, spiegelte die ruhige Fläche beider Gesichter wider: die wilden, schrecklichen Gesichtszüge des Affen neben denen des aristokratischen Sprößlings eines alten englischen Hauses.

Tarzan war entsetzt. Es war schon schlimm genug, unbehaart zu sein, aber wie konnte er nur eine solche Gesichtsbildung haben! Er wunderte sich, daß die anderen Affen ihn überhaupt noch ansahen.

Dieser kleine Schlitz von einem Mund und diese winzigen, kleinen Zähne! Wie kümmerlich sahen diese aus neben den mächtigen Lippen und den gewaltigen Fängen seiner glücklicheren Brüder! Und diese kleine, schmale Nase, so dünn, daß sie halb verkümmert schien. Es schmerzte ihn, als er sie mit der schönen, breiten Nüster seines Gefährten verglich. Welch großartige Nase! Sie bedeckte ja das halbe Gesicht. Es muß doch gewiß schön sein, so stattlich auszusehen, dachte der arme kleine Tarzan.

Aber als er in seine eigenen Augen sah, da war er noch mehr entsetzt: ein brauner Fleck, ein grauer Kreis, und dann reines Weiß! Fürchterlich! Die Schlangen hatten nicht einmal so häßliche Augen wie er.

Er war so sehr in die Betrachtung seiner Gesichtszüge vertieft, daß er nicht hörte, wie das hohe Gras sich hinter ihm teilte und ein großer Körper sich verstohlen durch die Dschungel schlich. Auch sein Kamerad, der Affe, hörte nichts, denn er trank, und das Geräusch seiner saugenden Lippen und das Gurgeln übertönten die leisen Schritte des Eindringlings.

Keine dreißig Schritte hinter den beiden duckte sich Sabor, die Riesenlöwin, indem sie den Schwanz hin- und herwarf. Vorsichtig bewegte sie ihre große Tatze vorwärts, und sie setzte sie geräuschlos nieder, ehe sie die andere hob. So schlich sie näher. Ihr Bauch berührte fast den Boden. Sie glich ganz einer großen Katze, die den Sprung auf ihre Beute vorbereitete.

Jetzt war sie bis auf etwa zehn Fuß an die zwei kleinen,

ahnungslosen Spielkameraden herangekommen. Sorgfältig zog sie ihre Hinterfüße unter ihren Körper, während die starken Muskeln sich sichtlich unter dem herrlichen Fell bewegten.

Sie lag fast flach auf der Erde. Nur die obere Krümmung des glänzenden Rückens war sichtbar, als sie sich zum Sprung anschickte.

Nun wedelte sie nicht mehr mit dem Schweife; ruhig und gerade lag er hinter ihr.

Einen Augenblick hielt sie inne, als ob sie in Stein verwandelt wäre, und dann sprang sie mit einem schrecklichen Schrei auf. Nun hätte man denken können, das wäre von ihr unklug gehandelt, denn ohne diesen Schrei hätte sie sicher über ihre Opfer herfallen können. Aber Sabor, die Löwin, war eine kluge Jägerin. Sie kannte das unglaublich feine Gehör und die erstaunliche Schnelligkeit des jungen Dschungelvolkes, und sie wußte, daß sie den mächtigen Sprung nicht ohne Geräusch ausführen konnte. Der wilde Schrei aber sollte nicht eine Warnung sein, sondern die armen Opfer vor Schreck lähmen, wenn auch nur für eine Sekunde, die ihr genügte, um ihre gewaltigen Krallen in das weiche Fleisch zu schlagen und sie am Entfliehen zu verhindern.

Was den Affen betraf, so war ihr Kunstgriff richtig. Der kleine Kerl duckte sich einen Augenblick zitternd, und dieser einzige kurze Augenblick wurde zu seinem Verderben.

Anders war es mit Tarzan, dem Menschenkind. Sein Leben inmitten der Gefahren der Dschungel hatte ihn gelehrt, unerwarteten Vorfällen mit Selbstvertrauen zu begegnen, und die Folgen seiner höheren Geisteskräfte war ein schnelles Denken, das weit über den Fähigkeiten der Affen stand.

So regte der Schrei der Löwin das Hirn und die Muskeln des kleinen Tarzan zum augenblicklichen Handeln an.

Vor ihm lag das tiefe Wasser des Sees, hinter ihm der sichere Tod, ein grausamer Tod unter den Klauen und zwischen den Fängen der Löwin.

Tarzan hatte einen Abscheu vor dem Wasser, soweit es nicht dazu diente, seinen Durst zu stillen. Seine wilde Mutter hatte ihn auch gelehrt, das tiefe Wasser des Sees zu meiden, und hatte er nicht erst vor einigen Wochen die kleine Neeta unter der glatten

Fläche verschwinden sehen, so daß sie nie wieder zu ihrem Stamme zurückkehrte?

Aber von zwei Übeln wählte Tarzan rasch entschlossen das kleinere, und noch ehe Sabors Schrei an das Ende der stillen Dschungel gedrungen war und noch bevor das Tier seinen Sprung halb ausgeführt hatte, war Tarzan in das kalte Wasser gesprungen, das über seinem Kopfe zusammenschlug. Er konnte nicht schwimmen, und das Wasser war sehr tief, aber er verlor auch nicht einen Augenblick das Selbstvertrauen und seine Findigkeit, die Kennzeichen eines höheren Wesens waren.

Bei dem Versuch, auf die Oberfläche zu gelangen, bewegte er schnell Hände und Beine, und wahrscheinlich mehr durch Zufall als durch Absicht ahmte er die Stöße eines schwimmenden Hundes nach, so daß er in ein paar Sekunden die Nase über Wasser hatte. So fand er, daß, wenn er sich weiter so bewegte, er weiter im Wasser fortkam.

Er war freudig überrascht über diese neue Fähigkeit, die er sich so schnell angeeignet hatte, wenn er auch keine Zeit hatte, weiter darüber nachzudenken.

Jetzt schwamm er am Ufer entlang, und dort sah er das wilde Tier, das ihm nachstellte, über den leblosen Körper seines kleinen Spielgenossen geduckt.

Die Löwin beobachtete Tarzan gespannt; sie wartete offenbar, daß er ans Land zurückkehrte.

Der Knabe hütete sich aber wohl davor. Er hob vielmehr seine Stimme zu dem Hilfe- und Warnruf, der bei den Affen üblich war.

Gleich darauf kam eine Antwort aus der Ferne, und in wenigen Minuten schwangen sich vierzig bis fünfzig große Affen schnell und majestätisch durch die Bäume, dem tragischen Schauplatz entgegen.

Allen voran war Kala, denn sie hatte die Stimme ihres lieben Kindes erkannt, an ihrer Seite war die Mutter des kleinen Affen, der jetzt tot unter der schrecklichen Sabor lag.

Obschon die Löwin mächtiger und besser zum Kampfe ausgerüstet war als die Affen, so hatte sie doch keine Lust, es mit einer ganzen Schar dieser wütenden großen Tiere aufzunehmen, und mit einem ärgerlichen Knurren sprang sie schnell in das Gebüsch und verschwand. Tarzan schwamm jetzt ans Ufer und kletterte schnell aufs Land. Er fühlte sich so erfrischt und ihm war so behaglich zumute, daß er fortan keine Gelegenheit versäumte, täglich im See, im Fluß oder im Meer zu baden.

Lange konnte Kala sich nicht an diesen Anblick gewöhnen, denn obschon ihr Volk schwimmen konnte, wenn es dazu gezwungen war, so ging ein Affe doch nur ungern und nie freiwillig ins Wasser.

Das Erlebnis mit der Löwin hatte übrigens eine Abwechslung in Tarzans eintöniges Dasein gebracht, das nur in der stumpfsinnigen Wiederholung des Futtersuchens, Essens und Schlafens bestand.

Franz Kafka

EIN BERICHT FÜR EINE AKADEMIE

Hohe Herren von der Akademie!

Sie erweisen mir die Ehre, mich aufzufordern, der Akademie einen Bericht über mein äffisches Vorleben einzureichen.

In diesem Sinne kann ich leider der Aufforderung nicht nachkommen. Nahezu fünf Jahre trennen mich vom Affentum, eine Zeit, kurz vielleicht am Kalender gemessen, unendlich lang aber durchzugaloppieren, so wie ich es getan habe, streckenweise begleitet von vortrefflichen Menschen, Ratschlägen, Beifall und Orchestralmusik, aber im Grunde allein, denn alle Begleitung hielt sich, um im Bilde zu bleiben, weit vor der Barriere. Diese Leistung wäre unmöglich gewesen, wenn ich eigensinnig hätte an meinem Ursprung, an den Erinnerungen der Jugend festhalten wollen. Gerade Verzicht auf jeden Eigensinn war das oberste Gebot, das ich mir auferlegt hatte; ich, freier Affe, fügte mich diesem Joch. Dadurch verschlossen sich mir aber ihrerseits die Erinnerungen immer mehr. War mir zuerst die Rückkehr, wenn die Menschen gewollt hätten, freigestellt durch das ganze Tor, das der Himmel über der Erde bildet, wurde es gleichzeitig mit meiner vorwärts gepeitschten Entwicklung immer niedriger und enger; wohler und eingeschlossener fühlte ich mich in der Menschenwelt; der Sturm, der mir aus meiner Vergangenheit nachblies, sänftigte sich; heute ist es nur ein Luftzug, der mir die Fersen kühlt; und das Loch in der Ferne, durch das er kommt und durch das ich einstmals kam, ist so klein geworden, daß ich, wenn überhaupt die Kräfte und der Wille hinreichen würden, um bis dorthin zurückzulaufen, das Fell vom Leib mir schinden müßte, um durchzukommen. Offen gesprochen, so gerne ich auch Bilder wähle für diese Dinge, offen gesprochen: Ihr Affentum, meine Herren, soferne Sie etwas Derartiges hinter sich haben, kann Ihnen nicht ferner sein als mir das meine. An der Ferse aber kitzelt es jeden, der hier auf Erden geht: den kleinen Schimpansen wie den großen Achilles.

In eingeschränktestem Sinn aber kann ich doch vielleicht Ihre Anfrage beantworten, und ich tue es sogar mit großer Freude. Das erste, was ich lernte, war: den Handschlag geben; Handschlag bezeugt Offenheit; mag nun heute, wo ich auf dem Höhepunkte meiner Laufbahn stehe, zu jenem ersten Handschlag auch das offene Wort hinzukommen. Es wird für die Akademie nichts wesentlich Neues beibringen und weit hinter dem zurückbleiben, was man von mir verlangt hat und was ich beim besten Willen nicht sagen kann – immerhin, es soll die Richtlinie zeigen, auf welcher ein gewesener Affe in die Menschenwelt eingedrungen ist und sich dort festgesetzt hat. Doch dürfte ich selbst das Geringfügige, was folgt, gewiß nicht sagen, wenn ich meiner nicht völlig sicher wäre und meine Stellung auf allen großen Varietébühnen der zivilisierten Welt sich nicht bis zur Unerschütterlichkeit gefestigt hätte:

Ich stamme von der Goldküste. Darüber, wie ich eingefangen wurde, bin ich auf fremde Berichte angewiesen. Eine Jagdexpedition der Firma Hagenbeck – mit dem Führer habe ich übrigens seither schon manche gute Flasche Rotwein geleert – lag im Ufergebüsch auf dem Anstand, als ich am Abend inmitten eines Rudels zur Tränke lief. Man schoß; ich war der einzige, der getroffen wurde; ich bekam zwei Schüsse.

Einen in die Wange; der war leicht; hinterließ aber eine große ausrasierte rote Narbe, die mir den widerlichen, ganz und gar unzutreffenden, förmlich von einem Affen erfundenen Namen Rotpeter eingetragen hat, so als unterschiede ich mich von dem unlängst krepierten, hie und da bekannten, dressierten Affentier Peter nur durch den roten Fleck auf der Wange. Dies nebenbei.

Der zweite Schuß traf mich unterhalb der Hüfte. Er war schwer, er hat es verschuldet, daß ich noch heute ein wenig hinke. Letzthin las ich in einem Aufsatz irgendeines der zehntausend Windhunde, die sich in den Zeitungen über mich auslassen: meine Affennatur sei noch nicht ganz unterdrückt; Beweis dessen sei, daß ich, wenn Besucher kommen, mit Vorliebe die Hosen ausziehe, um die Einlaufstelle jenes Schusses zu zeigen. Dem Kerl sollte jedes Fingerchen seiner schreibenden Hand einzeln weggeknallt werden. Ich, ich darf meine Hosen ausziehen, vor wem es mir beliebt; man wird dort nichts finden als einen wohlgepflegten Pelz und die Narbe nach einem – wählen wir hier zu einem bestimmten Zwecke ein bestimmtes Wort, das aber nicht mißverstanden werden wolle – die Narbe nach einem frevelhaften Schuß. Alles liegt offen zutage; nichts ist zu verbergen; kommt es auf Wahrheit an, wirft jeder Großgesinnte die allerfeinsten Manieren ab. Würde dagegen jener Schreiber die Hosen ausziehen, wenn Besuch kommt, so hätte dies allerdings ein anderes Ansehen, und ich will es als Zeichen der Vernunft gelten lassen, daß er es nicht tut. Aber dann mag er mir auch mit seinem Zartsinn vom Halse bleiben!

Nach jenen Schüssen erwachte ich – und hier beginnt allmählich meine eigene Erinnerung – in einem Käfig im Zwischendeck des Hagenbeckschen Dampfers. Es war kein vierwandiger Gitterkäfig; vielmehr waren nur drei Wände an einer Kiste festgemacht; die Kiste also bildete die vierte Wand. Das Ganze war zu niedrig zum Aufrechtstehen und zu schmal zum Niedersitzen. Ich hockte deshalb mit eingebogenen, ewig zitternden Knien, und zwar, da ich zunächst wahrscheinlich niemanden sehen und immer nur im Dunkel sein wollte, zur Kiste gewendet, während sich mir hinten die Gitterstäbe ins Fleisch einschnitten. Man hält eine solche Verwahrung wilder Tiere in der allerersten Zeit für vorteilhaft, und ich kann heute nach meiner Erfahrung nicht leugnen, daß dies im menschlichen Sinn tatsächlich der Fall ist.

Daran dachte ich aber damals nicht. Ich war zum erstenmal in meinem Leben ohne Ausweg; zumindest geradeaus ging es nicht; geradeaus vor mir war die Kiste, Brett fest an Brett gefügt. Zwar

war zwischen den Brettern eine durchlaufende Lücke, die ich, als ich sie zuerst entdeckte, mit dem glückseligen Heulen des Unverstandes begrüßte, aber diese Lücke reichte bei weitem nicht einmal zum Durchstecken des Schwanzes aus und war mit aller Affenkraft nicht zu verbreitern.

Ich soll, wie man mir später sagte, ungewöhnlich wenig Lärm gemacht haben, woraus man schloß, daß ich entweder bald eingehen müsse oder daß ich, falls es mir gelingt, die erste kritische Zeit zu überleben, sehr dressurfähig sein werde. Ich überlebte diese Zeit. Dumpfes Schluchzen, schmerzhaftes Flöhesuchen, müdes Lecken einer Kokosnuß, Beklopfen der Kistenwand mit dem Schädel, Zungen-Blecken, wenn mir jemand nahekam, – das waren die ersten Beschäftigungen in dem neuen Leben. In alledem aber doch nur das eine Gefühl: kein Ausweg. Ich kann natürlich das damals affenmäßig Gefühlte heute nur mit Menschenworten nachzeichnen und verzeichne es infolgedessen, aber wenn ich auch die alte Affenwahrheit nicht mehr erreichen kann, wenigstens in der Richtung meiner Schilderung liegt sie, daran ist kein Zweifel.

Ich hatte doch so viele Auswege bisher gehabt und nun keinen mehr. Ich war festgerannt. Hätte man mich angenagelt, meine Freizügigkeit wäre dadurch nicht kleiner geworden. Warum das? Kratz dir das Fleisch zwischen den Fußzehen auf, du wirst den Grund nicht finden. Drück dich hinten gegen die Gitterstange, bis sie dich fast zweiteilt, du wirst den Grund nicht finden. Ich hatte keinen Ausweg, mußte mir ihn aber verschaffen, denn ohne ihn konnte ich nicht leben. Immer an dieser Kistenwand – ich wäre unweigerlich verreckt. Aber Affen gehören bei Hagenbeck an die Kistenwand – nun, so hörte ich auf, Affe zu sein. Ein klarer, schöner Gedankengang, den ich irgendwie mit dem Bauch ausgeheckt haben muß, denn Affen denken mit dem Bauch.

Ich habe Angst, daß man nicht genau versteht, was ich unter Ausweg verstehe. Ich gebrauche das Wort in seinem gewöhnlichsten und vollsten Sinn. Ich sage absichtlich nicht Freiheit. Ich meine nicht dieses große Gefühl der Freiheit nach allen Seiten. Als Affe kannte ich es vielleicht, und ich habe Menschen kennengelernt, die sich danach sehnen. Was mich aber anlangt, verlangte ich Freiheit weder damals noch heute. Nebenbei: Mit Freiheit betrügt man sich unter Menschen allzuoft. Und so, wie die Freiheit zu den erhabensten Gefühlen zählt, so auch die entsprechende Täuschung zu den erhabensten. Oft habe ich in den Varietés vor meinem Auftreten irgendein Künstlerpaar oben an der Decke an Trapezen hantieren sehen. Sie schwangen sich, sie schaukelten, sie sprangen, sie schwebten einander in die Arme, einer trug den anderen an den Haaren mit dem Gebiß. »Auch das ist Menschenfreiheit«, dachte ich, »selbstherrliche Bewegung.« Du Verspottung der heiligen Natur! Kein Bau würde standhalten vor dem Gelächter des Affentums bei diesem Anblick.

Nein, Freiheit wollte ich nicht. Nur einen Ausweg; rechts, links, wohin immer; ich stellte keine anderen Forderungen; sollte der Ausweg auch nur eine Täuschung sein; die Forderung war klein, die Täuschung würde nicht größer sein. Weiterkommen, weiterkommen! Nur nicht mit aufgehobenen Armen stillestehn, angedrückt an eine Kistenwand.

Heute sehe ich klar: Ohne größte innere Ruhe hätte ich nie entkommen können. Und tatsächlich verdanke ich vielleicht alles, was ich geworden bin, der Ruhe, die mich nach den ersten Tagen dort im Schiff überkam. Die Ruhe wiederum aber verdankte ich wohl den Leuten vom Schiff.

Es sind gute Menschen, trotz allem. Gerne erinnere ich mich noch heute an den Klang ihrer schweren Schritte, der damals in meinem Halbschlaf widerhallte. Sie hatten die Gewohnheit, alles äußerst langsam in Angriff zu nehmen. Wollte sich einer die Augen reiben, so hob er die Hand wie ein Hängegewicht. Ihre Scherze waren grob, aber herzlich. Ihr Lachen war immer mit einem gefährlich klingenden aber nichts bedeutenden Husten gemischt. Immer hatten sie im Mund etwas zum Ausspeien, und wohin sie ausspieen, war ihnen gleichgültig. Immer klagten sie, daß meine Flöhe auf sie überspringen; aber doch waren sie mir deshalb niemals ernstlich böse; sie wußten eben, daß in meinem Fell Flöhe gedeihen und daß Flöhe Springer sind; damit fanden sie sich ab. Wenn sie dienstfrei waren, setzten sich manchmal einige im Halbkreis um mich nieder; sprachen kaum, sondern gurrten einander nur zu; rauchten, auf Kisten ausgestreckt, die

Pfeife; schlugen sich aufs Knie, sobald ich die geringste Bewegung machte; und hie und da nahm einer einen Stecken und kitzelte mich dort, wo es mir angenehm war. Sollte ich heute eingeladen werden, eine Fahrt auf diesem Schiff mitzumachen, ich würde die Einladung gewiß ablehnen, aber ebenso gewiß ist, daß es nicht nur häßliche Erinnerungen sind, denen ich dort im Zwischendeck nachhängen könnte.

Die Ruhe, die ich mir im Kreise dieser Leute erwarb, hielt mich vor allem von jedem Fluchtversuch ab. Von heute aus gesehen, scheint es mir, als hätte ich zumindest geahnt, daß ich einen Ausweg finden müsse, wenn ich leben wolle, daß dieser Ausweg aber nicht durch Flucht zu erreichen sei. Ich weiß nicht mehr, ob Flucht möglich war, aber ich glaube es; einem Affen sollte Flucht immer möglich sein. Mit meinen heutigen Zähnen muß ich schon beim gewöhnlichen Nüsseknacken vorsichtig sein, damals aber hätte es mir wohl im Lauf der Zeit gelingen müssen, das Türschloß durchzubeißen. Ich tat es nicht. Was wäre damit auch gewonnen gewesen? Man hätte mich, kaum war der Kopf hinausgesteckt, wieder eingefangen und in einen noch schlimmeren Käfig gesperrt; oder ich hätte mich unbemerkt zu anderen Tieren, etwa zu den Riesenschlangen mir gegenüber flüchten können und mich in ihren Umarmungen ausgehaucht; oder es wäre mir gar gelungen, mich bis aufs Deck zu stehlen und über Bord zu springen, dann hätte ich ein Weilchen auf dem Weltmeer geschaukelt und wäre ersoffen. Verzweiflungstaten. Ich rechnete nicht so menschlich, aber unter dem Einfluß meiner Umgebung verhielt ich mich so, wie wenn ich gerechnet hätte.

Ich rechnete nicht, wohl aber beobachtete ich in aller Ruhe. Ich sah diese Menschen auf und ab gehen, immer die gleichen Gesichter, die gleichen Bewegungen, oft schien es mir, als wäre es nur einer. Dieser Mensch oder diese Menschen gingen also unbehelligt. Ein hohes Ziel dämmerte mir auf. Niemand versprach mir, daß, wenn ich so wie sie werden würde, das Gitter aufgezogen werde. Solche Versprechungen für scheinbar unmögliche Erfüllungen werden nicht gegeben. Löst man aber die Erfüllungen ein, erscheinen nachträglich auch die Versprechungen genau dort, wo man sie früher vergeblich gesucht hat. Nun war an diesen Menschen an sich nichts, was mich sehr verlockte. Wäre ich ein Anhänger jener erwähnten Freiheit, ich hätte gewiß das Weltmeer dem Ausweg vorgezogen, der sich mir im trüben Blick dieser Menschen zeigte. Jedenfalls aber beobachtete ich sie schon lange vorher, ehe ich an solche Dinge dachte, ja die angehäuften Beobachtungen drängten mich erst in die bestimmte Richtung.

Es war so leicht, die Leute nachzuahmen. Spucken konnte ich schon in den ersten Tagen. Wir spuckten einander dann gegenseitig ins Gesicht; der Unterschied war nur, daß ich mein Gesicht nachher reinleckte, sie ihres nicht. Die Pfeife rauchte ich bald wie ein Alter; drückte ich dann auch noch den Daumen in den Pfeifenkopf, jauchzte das ganze Zwischendeck; nur den Unterschied zwischen der leeren und der gestopften Pfeife verstand ich lange nicht.

Die meiste Mühe machte mir die Schnapsflasche. Der Geruch peinigte mich; ich zwang mich mit allen Kräften; aber es vergingen Wochen, ehe ich mich überwand. Diese inneren Kämpfe nahmen die Leute merkwürdigerweise ernster als irgend etwas sonst an mir. Ich unterscheide die Leute auch in meiner Erinnerung nicht, aber da war einer, der kam immer wieder, allein oder mit Kameraden, bei Tag, bei Nacht, zu den verschiedensten Stunden; stellte sich mit der Flasche vor mich hin und gab mir Unterricht. Er begriff mich nicht, er wollte das Rätsel meines Seins lösen. Er entkorkte langsam die Flasche und blickte mich dann an, um zu prüfen, ob ich verstanden habe; ich gestehe, ich sah ihm immer mit wilder, mit überstürzter Aufmerksamkeit zu; einen solchen Menschenschüler findet kein Menschenlehrer auf dem ganzen Erdenrund; nachdem die Flasche entkorkt war, hob er sie zum Mund; ich mit meinen Blicken ihm nach bis in die Gurgel; er nickt, zufrieden mit mir, und setzt die Flasche an die Lippen; ich, entzückt von allmählicher Erkenntnis, kratze mich quietschend der Länge und Breite nach, wo es sich trifft; er freut sich, setzt die Flasche an und macht einen Schluck; ich, ungeduldig und verzweifelt, ihm nachzueifern, verunreinige mich in meinem Käfig, was wieder ihm große Genugtuung macht; und nun weit die Flasche von sich streckend und im Schwung sie wieder hinaufführend, trinkt er sie, übertrieben lehrhaft zurückgebeugt, mit einem Zuge leer. Ich, ermattet von allzugroßem Verlangen, kann nicht mehr folgen und hänge schwach am Gitter, während er den theoretischen Unterricht damit beendet, daß er sich den Bauch streicht und grinst.

Nun erst beginnt die praktische Übung. Bin ich nicht schon allzu erschöpft durch das Theoretische? Wohl, allzu erschöpft. Das gehört zu meinem Schicksal. Trotzdem greife ich, so gut ich kann, nach der hingereichten Flasche; entkorke sie zitternd; mit dem Gelingen stellen sich allmählich neue Kräfte ein; ich hebe die Flasche, vom Original schon kaum zu unterscheiden; setze sie an und – und werfe sie mit Abscheu, mit Abscheu, trotzdem sie leer ist und nur noch der Geruch sie füllt, werfe sie mit Abscheu auf den Boden. Zur Trauer meines Lehrers, zur größeren Trauer meiner selbst; weder ihn, noch mich versöhne ich dadurch, daß ich auch nach dem Wegwerfen der Flasche nicht vergesse, ausgezeichnet meinen Bauch zu streichen und dabei zu grinsen.

Allzuoft nur verlief so der Unterricht. Und zur Ehre meines Lehrers: Er war mir nicht böse; wohl hielt er mir manchmal die brennende Pfeife ans Fell, bis es irgendwo, wo ich nur schwer hinreichte, zu glimmen anfing, aber dann löschte er es selbst wieder mit seiner riesigen guten Hand; er war mir nicht böse, er sah ein, daß wir auf der gleichen Seite gegen die Affennatur kämpften und daß ich den schwereren Teil hatte.

Was für ein Sieg dann allerdings für ihn wie für mich, als ich eines Abends vor großem Zuschauerkreis – vielleicht war ein Fest, ein Grammophon spielte, ein Offizier erging sich zwischen den Leuten – als ich an diesem Abend, gerade unbeachtet, eine vor meinem Käfig versehentlich stehengelassene Schnapsflasche ergriff, unter steigender Aufmerksamkeit der Gesellschaft sie schulgerecht entkorkte, an den Mund setzte und ohne Zögern, ohne Mundverziehen, als Trinker von Fach, mit rund gewälzten Augen, schwappender Kehle, wirklich und wahrhaftig leer trank; nicht mehr als Verzweifelter, sondern als Künstler die Flasche hinwarf; zwar vergaß den Bauch zu streichen; dafür aber, weil ich nicht anders konnte, weil es mich drängte, weil mir die Sinne rauschten, kurz und gut »Hallo!« ausrief, in Menschenlaut ausbrach, mit diesem Ruf in die Menschengemeinschaft sprang und ihr Echo: »Hört nur, er spricht!« wie einen Kuß auf meinem ganzen schweißtriefenden Körper fühlte.

Ich wiederhole: Es verlockte mich nicht, die Menschen nachzuahmen; ich ahmte nach, weil ich einen Ausweg suchte, aus keinem anderen Grund. Auch war mit jenem Sieg noch wenig getan. Die Stimme versagte mir sofort wieder; stellte sich erst nach Monaten ein; der Widerwille gegen die Schnapsflasche kam sogar noch verstärkter. Aber meine Richtung allerdings war mir ein für allemal gegeben.

Als ich in Hamburg dem ersten Dresseur übergeben wurde, erkannte ich bald die zwei Möglichkeiten, die mir offenstanden: Zoologischer Garten oder Varieté. Ich zögerte nicht. Ich sagte mir: Setze alle Kraft an, um ins Varieté zu kommen; das ist der Ausweg; Zoologischer Garten ist nur ein neuer Gitterkäfig; kommst du in ihn, bist du verloren.

Und ich lernte, meine Herren. Ach, man lernt, wenn man muß; man lernt, wenn man einen Ausweg will; man lernt rücksichtslos. Man beaufsichtigt sich selbst mit der Peitsche; man zerfleischt sich beim geringsten Widerstand. Die Affennatur raste, sich überkugelnd, aus mir hinaus und weg, so daß mein erster Lehrer selbst davon fast äffisch wurde, bald den Unterricht aufgeben und in eine Heilanstalt gebracht werden mußte. Glücklicherweise kam er wieder bald hervor.

Aber ich verbrauchte viele Lehrer, ja sogar einige Lehrer gleichzeitig. Als ich meiner Fähigkeiten schon sicherer geworden war, die Öffentlichkeit meinen Fortschritten folgte, meine Zukunft zu leuchten begann, nahm ich selbst Lehrer auf, ließ sie in fünf aufeinanderfolgenden Zimmern niedersetzen und lernte bei allen zugleich, indem ich ununterbrochen aus einem Zimmer ins andere sprang.

Diese Fortschritte! Dieses Eindringen der Wissensstrahlen von allen Seiten ins erwachende Hirn! Ich leugne nicht: es beglückte mich. Ich gestehe aber auch ein: Ich überschätzte es nicht, schon damals nicht, wieviel weniger heute. Durch eine Anstrengung, die sich bisher auf der Erde nicht wiederholt hat, habe ich die Durchschnittsbildung eines Europäers erreicht. Das wäre an sich vielleicht gar nichts, ist aber insofern doch etwas, als es mir aus dem Käfig half und mir diesen besonderen Ausweg, diesen Menschenausweg verschaffte. Es gibt eine ausgezeichnete deutsche Redensart: sich in die Büsche schlagen; das habe ich getan, ich habe mich in die Büsche geschlagen. Ich hatte keinen anderen Weg, immer vorausgesetzt, daß nicht die Freiheit zu wählen war.

Überblicke ich meine Entwicklung und ihr bisheriges Ziel, so klage ich weder, noch bin ich zufrieden. Die Hände in den Hosentaschen, die Weinflasche auf dem Tisch, liege ich halb, halb sitze ich im Schaukelstuhl und schaue aus dem Fenster. Kommt Besuch, empfange ich ihn, wie es sich gebührt. Mein Impresario sitzt im Vorzimmer; läute ich, kommt er und hört, was ich zu sagen habe. Am Abend ist fast immer Vorstellung, und ich habe wohl kaum mehr zu steigernde Erfolge. Komme ich spät nachts von Banketten, aus wissenschaftlichen Gesellschaften, aus gemütlichem Beisammensein nach Hause, erwartet mich eine kleine halbdressierte Schimpansin und ich lasse es mir nach Affenart bei ihr wohlgehen. Bei Tag will ich sie nicht sehen; sie hat nämlich den Irrsinn des verwirrten dressierten Tieres im Blick; das erkenne nur ich, und ich kann es nicht ertragen.

Im Ganzen habe ich jedenfalls erreicht, was ich erreichen wollte.

Man sage nicht, es wäre der Mühe nicht wert gewesen. Im übrigen will ich keines Menschen Urteil, ich will nur Kenntnisse verbreiten, ich berichte nur, auch Ihnen, hohe Herren von der Akademie, habe ich nur berichtet. *Aus dem Amerikanischen von Ton Kellen*

Paula Delsol

ERFOLGREICHE AFFEN

Wenn er sich Mühe gibt, kann er jeden Beruf ergreifen.

Genialer Spekulant, gerissener Geschäftsmann, berühmter Schriftsteller, Filmschauspieler, Diplomat, Politiker.

Aber auch: unwiderstehlicher Hochstapler.

Berühmte Affen lieben vor allem den Erfolg. Sie setzen dafür ihren Einfallsreichtum, ihre Geschicklichkeit, Intelligenz und ihren Charme ein. Ihr gutes Gedächtnis hilft ihnen dabei. L. B. Johnson und Harry Truman erreichten es in der Politik;

Krupp, Grundig und Münemann in der Wirtschaft. Bei Leonardo da Vinci, Gauguin und Modigliani erkennt man Affenzüge, in der Literatur bei Byron, Dickens, Alexandre Dumas, Carl Zuckmayer, Willi Heinrich und Friedrich Torberg; in der Philosophie bei Kant. Die Intelligenz Bertrand Russels hat etwas Affenartiges, ebenso die Dirigierkunst Herbert von Karajans. Natürlich gibt es viele Affen im Schaugeschäft: Fellini, Elizabeth Taylor, Buster Keaton, Michèle Morgan, Hubert von Meyerinck, Vico Torriani, Kurt Edelhagen…

GEFANGENSCHAFT

Alfred Brehm

EINIGE GESCHICHTEN VON ZIVILISIERTEN AFFEN

Wir haben eine Menge Erzählungen, welche uns von gefangenen Thieren berichten, und alle stimmen darin überein, daß die jungen Pongos außerordentlich gutartige, etwas langsame und schwerfällige Geschöpfe sind. Die ersten genauen Beobachtungen verdanken wir dem Holländer Bosmaern, welcher ein Weibchen längere Zeit zahm hielt. Dasselbe war sehr gutmüthig und bewies sich niemals boshaft oder falsch. Man konnte ihm ohne Bedenken die Hand in das Maul stecken. Sein äußeres Ansehen hatte etwas Trauriges, Schwermüthiges. Es liebte die menschliche Gesellschaft ohne Unterschied des Geschlechts, zog aber diejenigen Leute vor, welche sich am meisten mit ihm beschäftigten. Man hatte es an eine Kette gelegt, worüber es zuweilen in Verzweiflung gerieth; es warf sich dann auf den Boden, schrie erbärmlich und zerriß alle Decken, welche man ihm gegeben hatte. Sein gewöhnlicher Gang war auf allen Vieren, wie bei anderen Affen, doch konnte es recht gut aufrecht gehen und sich an einem Stocke lange Zeit halten. Als es einmal frei gelassen wurde, kletterte es behend in dem Sparrwerke des Daches herum und zeigte sich hier so hurtig, daß vier Personen eine Stunde lang zu thun hatten, um es wieder einzufangen. Bei diesem Ausfluge erwischte es eine Flasche mit Malagawein, entkorkte sie und brachte den Wein schleunigst in Sicherheit, stellte dann aber die Flasche wieder an ihren Ort. Es fraß Alles, was man ihm gab, zog aber Obst und gewürzhafte Pflanzen anderen Speisen vor. Gesottenes und gebratenes Fleisch oder Fische genoß es ebenfalls sehr gern. Nach Kerbthieren jagte es nicht, und ein ihm dargebotener Sperling verursachte ihm viel Furcht, doch biß es ihn endlich todt, zog ihm einige Federn aus, kostete das Fleisch und warf den Vogel wieder weg. Rohe Eier soff es mit Wohlbehagen aus. Der größte Leckerbissen schienen ihm Erdbeeren zu sein. Sein gewöhnliches Getränk bestand in Wasser; es trank aber auch sehr gern alle Arten von Wein und besonders Malaga. Nach dem Trinken wischte es, wie mancher Mensch, die Lippen mit der Hand ab, ja, es bediente sich sogar eines Zahnstochers in derselben Weise, wie ein Mensch. Den Taschendiebstahl verstand es meisterhaft; es zog den Leuten, ohne daß sie es merkten, Leckereien aus den Taschen heraus. Vor dem Schlafengehen machte es stets große Anstalten. Es legte sich das Heu zum Lager zurecht, schüttelte es gut auf, legte sich noch ein besonderes Bündel unter den Kopf und deckte sich dann zu. Allein schlief es nicht gern, weil es die Einsamkeit überhaupt nicht liebte. Bei Tage schlummerte es zuweilen, aber niemals lange. Man hatte ihm eine Kleidung gegeben, welche es sich bald um den Leib und bald um den Kopf legte, und zwar ebensowohl wenn es kühl war, als während der größten Hitze. Als man ihm einmal das Schloß seiner Kette mit dem Schlüssel öffnete, sah es mit großer Aufmerksamkeit zu und nahm sodann ein Stückchen Holz, steckte es ins Schlüsselloch und drehte es nach allen Seiten um. Einst gab man ihm eine junge Katze. Es hielt dieselbe fest und beroch sie sorgfältig. Die Katze kratzte es in den Arm, da warf es dieselbe weg, besah sich die Wunde und wollte fortan Nichts wieder mit Miez zu thun haben. Es konnte die verwickeltsten Knoten an einem Stricke sehr geschickt mit den Fingern oder, wenn sie zu fest waren, mit den Zähnen auflösen und schien daran eine solche Freude zu haben, daß es auch den Leuten, welche nahe zu ihm hintraten, regelmäßig die Schuhe aufband. In seinen Händen besaß es eine außerordentliche Stärke und konnte damit die größten Lasten aufheben. Die Hinterhände benutzte es ebenso geschickt, wie die vorderen. So legte es sich z. B., wenn es Etwas mit den Vorderhänden nicht erreichen konnte, auf den Rücken und zog den Gegenstand mit den Hinterfüßen heran. Es schrie nie, außer wenn es allein war. Anfangs glich dieses Geschrei dem Heulen eines Hundes, dann wurde es immer gröber und rauher und ähnelte zuletzt dem Geräusch einer Holzsäge. – Die Auszehrung machte seinem jungen Leben bald ein Ende.

Ein anderer zahmer Pongo, von dem uns Jeffries erzählt, hielt seinen Stall sehr reinlich, scheuerte den Boden desselben öfters mit einem Lappen und Wasser und entfernte alle Überreste von Speisen und dergleichen. Er wusch sich auch Gesicht und Hände wie ein Mensch. Ein dritter Orang-Utang zeichnete sich durch große Zärtlichkeit gegen Alle aus, welche freundlich mit ihm sprachen, und küßte seinen Herrn und seinen Wärter echt menschlich. Gegen Unbekannte war er sehr schüchtern, gegen Bekannte ganz zutraulich.

*

Der Schimpanse ist namentlich in der Neuzeit öfters lebend nach Europa und selbst nach Deutschland gebracht worden, wenn auch gewöhnlich nur jung. Unser ihm fremdes Klima hat ihn aber immer bald umgebracht. Es ist bis jetzt kein Beispiel bekannt, daß einer dieser Affen mehrere Jahre hier am Leben geblieben wäre; dagegen erzählt man, daß Schimpanses in ihrer Heimat über 20 Jahre in der Gefangenschaft ausgehalten haben und dabei sehr groß und stark geworden sind. Bis jetzt hat man stets beobachtet, daß die Gefangenen sanft, klug und liebenswürdig waren. Der Kapitän Grandpret erzählt von einem Weibchen, welches bewunderungswürdige Beweise seiner Klugheit gab. Er sah es auf einem Schiffe, mit welchen es nach Amerika gebracht werden sollte. Man hatte es gelehrt, den Backofen zu heizen, und es erfüllte sein Amt zur allgemeinen Zufriedenheit, gab sorgfältig Acht, daß keine Kohlen herausfielen, und wußte auch, wenn der Ofen den nöthigen Grad von Hitze erlangt hatte. Dann ging es hin und berichtete den Bäcker durch sehr ausdrucksvolle Geberden davon, und dieser konnte sich auf seinen Gehilfen so gut verlassen, daß er niemals selbst nachzusehen brauchte. Derselbe Affe verrichtete die Arbeit eines Matrosen mit ebenso viel Geschick als Einsicht. Er wand das Ankertau auf, zog die Segel ein, band sie fest und arbeitete vollkommen zur Zufriedenheit der Matrosen, welche ihn zuletzt als ihren Maat betrachteten. Leider verlor dieses herrliche Thier, ehe es Amerika erreichte, sein Leben in Folge viehischer Grausamkeit, welches es von dem Steuermann erleiden mußte. Dieser hatte es ungerechter Weise mißhandelt, ohne sich um die flehenden Bitten des armen Geschöpfes zu kümmern. Es hielt, wie ein Mensch, die zusammengefalteten Hände vor, um das Herz seines Peinigers zu erweichen; allein der Unmensch achtete nicht auf die beredte Sprache des so hoch begabten Wesens. Er fuhr fort in seiner gemeinen Grausamkeit. Der Affe erlitt sie geduldig, weigerte sich aber von diesem Augenblicke standhaft, irgend welche Nahrung zu sich zu nehmen, und starb am fünften Tage darauf aus Hunger und Gemüthserregung. Die ganze Mannschaft betrauerte ihn, als ob einer ihrer Kameraden gestorben wäre.

Brosse brachte zwei Schimpanses mit sich nach Europa, ein junges Männchen und ein Weibchen. Sie setzten sich an den Tisch, wie ein Mensch, aßen von Allem und bedienten sich dabei des Messers, der Gabel und der Löffel. Auch die Getränke theilten sie redlich mit den Menschen, und namentlich Wein und Branntwein mundeten ihnen vortrefflich. Sie riefen die Schiffsjungen, wenn sie Etwas brauchten, und wurden böse, wenn diese es ihnen verweigerten, faßten dann die Knaben an dem Arme, bissen sie und warfen sie unter sich. Das Männchen wurde krank und der Schiffsarzt ließ ihm deshalb zur Ader; so oft es sich später unwohl fühlte, hielt es ihm stets den Arm hin. – Buffons Schimpanse ging fast immer aufrecht, selbst wenn er schwere Sachen trug; er sah traurig und ernsthaft aus und bewegte sich abgemessen und verständig. Von den häßlichen Eigenschaften der Paviane zeigte er keine einzige; er war aber auch nicht muthwillig, wie die Meerkatzen. Seinem Herrn gehorchte er aufs Wort oder auf ein Zeichen. Er bot den Leuten den Arm an und ging ordentlich mit ihnen herum, setzte sich zu Tisch, benutzte ein Vorstecktuch und wischte sich damit die Lippen, wenn er getrunken hatte; er schenkte sich selbst Wein ein und stieß mit den Andern an. Er holte sich eine Tasse und Schale herbei, that Zucker hinein, goß Thee darauf und ließ ihn kalt werden, bevor er ihn trank. Niemandem fügte er ein Leid zu, sondern näherte sich Jedem bescheiden und freute sich ungemein, wenn ihm geschmeichelt wurde. Alle Leute, welche Buffon besuchten, gewannen seinen Hausgenossen außerordentlich lieb und brachten ihm Zuckerbrod oder Obst mit. Leider tödtete ihn die Lungenschwindsucht innerhalb eines Jahres. – Dr. Traill brachte einen Schimpanse mit nach England, welcher nicht gern aufrecht ging, sich vielmehr beim Gehen auf die Finger stützte. Er war furchtsam, aber mit Bekannten vertraulich. Wenn es kalt wurde, wickelte er sich in eine Decke. Eines Tages hielt man ihm einen Spiegel vor, sogleich war seine Aufmerksamkeit gefesselt; auf die größte Beweglichkeit folgte sofort die tiefste Ruhe. Er untersuchte neugierig das merkwürdige Werkzeug und schien stumm vor Erstaunen. Dann blickte er fragend seinen Freund an, hierauf wieder den Spiegel, ging hinter diesen, kam zurück, betrachtete nochmals sein Bild und suchte sich durch Betasten desselben zu überzeugen, ob er die wirkliche Körperlichkeit oder bloßen Schein vor sich habe: – ganz so, wie es wilde Völker thun, wenn ihnen zum ersten Male ein Spiegel gereicht wird.

Der Lieutenant Henry K. Sayers erzählt von einem jungen Männchen, welches er wenige Tage nach der Gefangennahme an der Westküste Afrikas erhielt, daß es sehr bald und im hohen Grade vertraut mit ihm wurde, noch innigere Freundschaft aber mit einem Negerknaben schloß und im höchsten Zorne zu kreischen anfing, wenn jener ihn nur für einen Augenblick verlassen wollte. Sehr eingenommen war er für Kleidungsstücke, und das erste Beste, das ihm in den Weg kam, eignete er sich an, trug es sogleich auf den Platz und setzte sich unabänderlich, mit selbstzufriedenem Gurgeln darauf, gab es auch gewiß nicht ohne harten Kampf und ohne die Zeichen der größten Unzufriedenheit wieder her. »Als ich diese Vorliebe bemerkte«, fährt der Erzähler fort, »versah ich ihn mit einem Stück Baumwollenzeug, von dem er sich dann, zur allgemeinen Belustigung, nicht wieder trennen mochte, und welches er überallhin mitschleppte, so daß keine Verlockung stark genug war, ihn zum Aufgeben desselben auch nur für einen Augenblick zu bewegen.«

»Die Lebensweise der Thiere in der Wildniß war mir völlig unbekannt; ich versuchte deshalb, ihn nach meiner Art zu ernähren und hatte den besten Erfolg. Morgens um acht Uhr bekam mein Gefangener ein Stück Brod in Wasser oder in verdünnter Milch geweicht, gegen zwei Uhr ein paar Bananen oder Pisang, und ehe er sich niederlegte, wieder eine Banane, eine Apfelsine oder ein Stück Ananas. Die Banane schien seine Lieblingsfrucht zu sein, für sie ließ er jedes andere Gericht im Stiche, und wenn er sie nicht bekam, war er höchst mürrisch. Als ich ihm einmal eine verweigerte, verfiel er in heftigste Wuth, stieß einen schrillen Schrei aus und rannte mit dem Kopfe so heftig gegen die Wand, daß er auf den Rücken fiel; stieg dann auf eine Kiste, streckte die Arme verzweiflungsvoll aus und stürzte sich herunter. Alles Dies ließ mich so sehr für sein Leben fürchten, daß ich den Streit aufgab. Nun erfreute er sich seines Sieges auf das lebhafteste, indem er minutenlang ein höchst bedeutungsvolles Gurgeln und Murren hören ließ; kurz, jedesmal, wenn man ihm seinen Willen nicht thun wollte, zeigte er sich wie ein verzogenes Kind. Aber so bös er auch werden mochte, nie bemerkte ich, daß er geneigt gewesen wäre, seinen Wärter oder mich zu beißen, oder sich sonst wie an uns zu vergreifen.« –

Das sind einige von den unzähligen Geschichten, welche man von diesen Affen berichtet; schade, daß die fast unausbleibliche Lungenschwindsucht die armen Thiere gewöhnlich so rasch tödtet. Schon kurze Zeit nach ihrer Ankunft in Europa beginnen sie zu husten und damit stiller und trauriger zu werden. Je weiter die Krankheit fortschreitet, um so ruhiger und milder werden sie; sie sehen zuletzt wahrhaft erbarmungswürdig aus. Wie lungenkranke Menschen beugen sie den Kopf nach vorn, husten von Zeit zu Zeit und legen ihre Hände dann auf die wunde Brust, dabei sehen sie so kläglich und bittend mit ihren dunkelbraunen Augen auf den Menschen, daß dieser sich der Rührung unmöglich erwehren kann. Gewöhnlich unterliegen sie der fürchterlichen Seuche schon im ersten, sicher aber im zweiten Jahre; unser kaltes Klima kann den glücklichen Kindern des Südens niemals ihre schöne Heimat ersetzen.

Wilhelm Busch

FIPPS' GEFANGENNAHME

Erstes Kapitel

Der Fipps, das darf man wohl gestehn,
Ist nicht als Schönheit anzusehn.
Was ihm dagegen Wert verleiht,
Ist Rührig- und Betriebsamkeit.

Wenn wo was los, er darf nicht fehlen;
Was ihm beliebt, das muß er stehlen;
Wenn wer was macht, er macht es nach;
Und Bosheit ist sein Lieblingsfach.

Es wohnte da ein schwarzer Mann,
Der Affen fing und briet sie dann.

Besonders hat er junge gern,
Viel lieber als die ältern Herrn.
»Ein alter Herr ist immer zäh!«
So spricht er oft und macht »Bebä!«

Um seine Zwecke zu erfüllen,
Wählt er drei leere Kürbishüllen.

Für auf den Kopf die große eine,
Für an die Hände noch zwei kleine.

So kriecht er in ein Bündel Stroh,
Macht sich zurecht und wartet so. –

Dies hat nun allerdings den Schein,
Als ob hier schöne Früchte sein.

Fipps, der noch nie so große sah,
Kaum sieht er sie, so ist er da.

Er wählt für seinen Morgenschmaus
Sich gleich den allergrößten aus.

Doch wie er oben sich bemüht,
Erfaßt ihn unten wer und zieht,
Bis daß an jeder Hinterhand
Ringsum ein Kürbis sich befand.

So denkt ihn froh und nach Belieben
Der böse Mann nach Haus zu schieben.

An dieses Mannes Nase hing
Zu Schmuck und Zier ein Nasenring.
Fipps faßt den Reif mit seinem Schweif.
Der Schwarze wird vor Schrecken steif.

Die Nase dreht sich mehre Male
Und bildet eine Qualspirale.

Jetzt biegt der Fipps den langen Ast,
Bis er den Ring der Nase faßt.

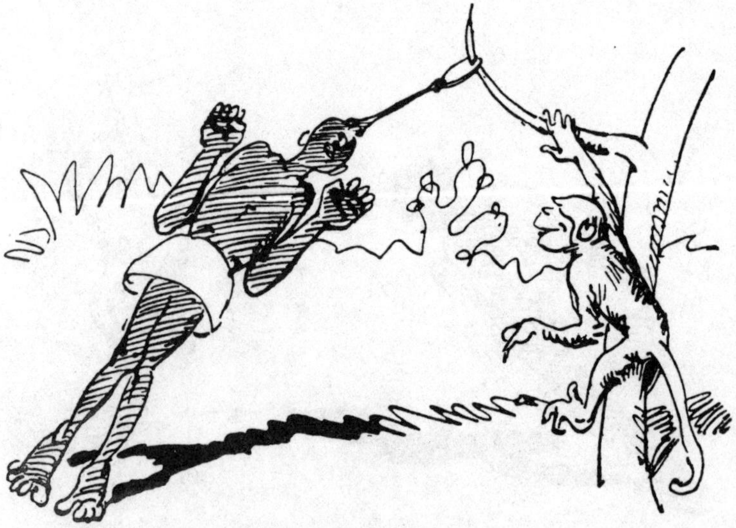

Dem Neger wird das Herze bang,
Die Seele kurz, die Nase lang.

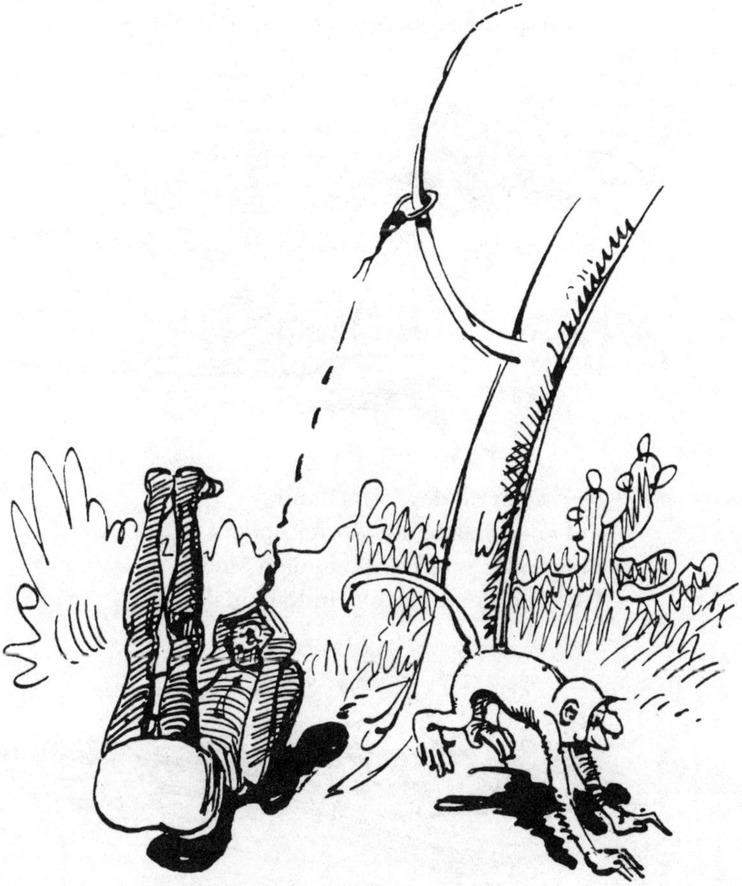

Am Ende gibt es einen Ruck,
Und oben schwebt der Nasenschmuck.

Der Schwarze aber aß seit dieser
Begebenheit fast nur Gemüser.

Zweites Kapitel

Natürlich läßt Fipps die ekligen Sachen,
Ohne neidisch zu sein, von anderen machen.
Dagegen aber, wenn einer was tut,
Was den Anschein hat, als tät es ihm gut,
Gleich kommt er begierig und hastig herbei,
Um zu prüfen, ob's wirklich so angenehm sei.

Mal saß er an des Ufers Rand
Auf einer Palme, die dorten stand.
Ein großes Schiff liegt auf dem Meer;
Vom Schiffe schaukelt ein Kahn daher.

Im kleinen Kahn da sitzt ein Mann,
Der hat weder Schuhe noch Stiefel an;
Doch vor ihm steht ganz offenbar
Ein großes und kleines Stiefelpaar.

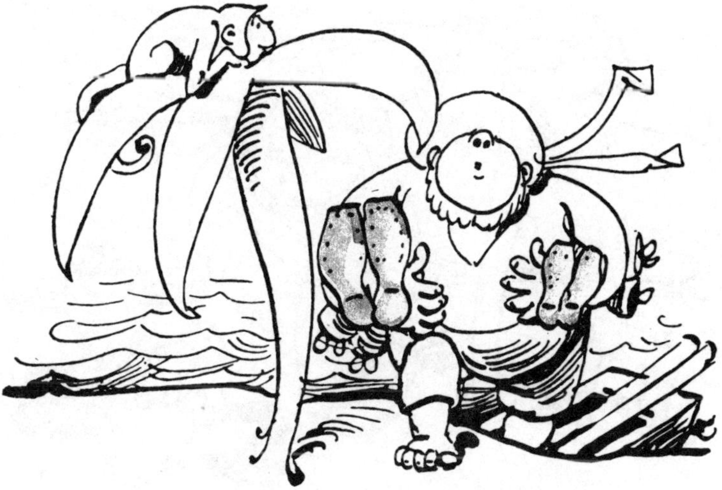

Und wie der Mann an das Ufer tritt,
Bringt er die zwei Paar Stiefel mit.
Das kleine, das er mit sich führt,
Ist innen mit pappigem Pech beschmiert;

Er trägt sie sorglich unter dem Arm
Und jammert dabei, daß es Gott erbarm.

Kaum aber ziehet der Trauermann
Sich einen von seinen Stiefeln an,
So mildern sich schon ganz augenscheinlich
Die Schmerzen, die noch vor kurzem so peinlich,

Und gar bei Stiefel Numero zwei
Zeigt er sich gänzlich sorgenfrei.

Dann sucht er in fröhlichem Dauerlauf
Den kleinen Nachen wieder auf
Und läßt aus listig bedachtem Versehn
Das kleine Paar Stiefel am Lande stehn.

Ratsch! ist der Fipps vom Baum herunter,
Ziehet erwartungsvoll und munter
Die Stiefel an seine Hinterglieder,

Und schau! der lustige Mann kommt wieder.

O weh! Die Stiefel an Fippsens Bein
Stören die Flucht. Man holt ihn ein.
Vergebens strampelt er ungestüm,

Der Schiffer geht in den Kahn mit ihm.

Zum Schiffe schaukelt und strebt der Kahn,
Das Schiff fährt über den Ozean,
Und selbiger Mann (er schrieb sich Schmidt)
Nimmt Fipps direkt nach Bremen mit.

Wilhelm Busch

DIE AFFEN

Der Bauer sprach zu seinem Jungen:
»Heut in der Stadt, da wirst du gaffen.
Wir fahren hin und sehn die Affen.
Es ist gelungen
und um sich schief zu lachen,
was die für Streiche machen
und für Gesichter –
wie rechte Bösewichter.
Sie krauen sich,
sie zausen sich,
sie hauen sich,
sie lausen sich,
beschnuppern dies, beknuppern das,
und keiner gönnt dem andern was,
und essen tun sie mit der Hand,
und alles tun sie mit Verstand,
und jeder stiehlt als wie ein Rabe.
Paß auf, das siehst du heute.«
»O Vater«, rief der Knabe,
»sind Affen denn auch Leute?«
Der Vater sprach: »Nun ja,
nicht ganz, doch so beinah.«

Georg Heym

DER AFFE

I

Er zittert oben hoch auf dem Kamel
In einem roten Rock auf seinem Brette.
Er klettert schnell herab auf den Befehl
Und schleift am Fuße nach die dünne Kette.

Er hüpft auf einem Bein. Er schlägt behende
Das Tamburin und bläst auf der Schalmei.
Dann geht er ab den Kreis und streckt die Hände
Nach Pfennigen aus, und dankt wie ein Lakai.

In seinem Auge rollt ein Feuer, weiß
Kalt wie ein Frosch, und seine Stirn gerinnt
In viele Runzeln, wie ein Greis
Uralt, und wie ein neugebornes Kind.

II

Er hält der Schläfer und der Wagen Wacht
Und hockt auf einem Stein an der Chaussee.
Tief in ihm klopft das Rätsel, und die Nacht
Des Eingekerkerten, das dunkle Weh.

Es kratzt in ihm nach einer kleinen Pforte,
Er sieht sich um voll Angst und starrt herauf
Zum Kreis der Sterne, die dem dunklen Orte
Schwach leuchten, in der dumpfen Stunden Lauf.

Das dunkle Volk der flatternden Plejaden
Huscht wie ein Fledermäuse-Schwarm dahin.
Der Wagen zieht auf seinen dunklen Pfaden
Stumm fort und ohne Last seit Urbeginn.

Es staunt das Tier. Da kommt mit gelbem Hut
Der Mond gerannt und stolpert durch den Grund.
Da duckt es sich, und matt verrollt sein Blut
Gebunden wieder in den Adern rund.

Kurt Tucholsky
AFFENKÄFIG

Der Affe (von den Besuchern) »Wie gut, daß die alle hinter Gittern sind –!«
Alter Simplizissimus

In Berlins Zoologischem Garten ist eine Affenhorde aus Abessinien eingesperrt, und vor ihr blamiert sich das Publikum täglich von neun bis sechs Uhr. Hamadryas Hamadryas L. sitzt still im Käfig und muß glauben, daß die Menschen eine kindische und etwas schwachsinnige Gesellschaft sind. Weil es Affen der alten Welt sind, haben sie Gesäßschwielen und Backentaschen. Die Backentaschen kann man nicht sehen. Die Gesäßschwielen äußern sich in flammender Röte – es ist, als ob jeder Affe auf einem Edamer Käse säße. Die Horde wohnt in einem Riesenkäfig, von drei Seiten gut zu besichtigen; wenn man auf der einen Seite steht, kann man zur andern hindurchsehen und sieht: Gitterstangen, die Affen, wieder Gitterstangen und dahinter das Publikum. Da stehen sie.

Da stehen Papa, Mama, das Kleinchen; ausgeschlafen, fein sonntagvormittaglich gebadet und mit offenen Nasenlöchern. Sie sind leicht amüsiert, mit einer Mischung von Neugier, vernünftiger Überlegenheit und einem Schuß gutmütigen Spottes. Theater am Vormittag – die Affen sollen ihnen etwas vorspielen. Vor allem einen ganz bestimmten Akt.

Zunächst ist alles still im Affenkäfig. Auf den hohen Brettern sitzen die Tiere umher, allein, zu zweit, zu dritt. Da oben sitzt eine Ehe – zwei in sich versunkene Tiere; umschlungen, lauscht jedes auf den Herzschlag des andern. Einige lausen sich. Die Gelausten haben im zufriedenen Gesichtsausdruck eine überraschende Ähnlichkeit mit eingeseiften Herren im Friseurladen, sie sehen würdig aus und sind durchaus im Einverständnis mit dem guten Werk, das da getan wird. Die Lauser suchen, still und sicher, kämmen sorgsam die Haare zurück, tasten und stecken manchmal das Gejagte in den Mund ... Einer hockt am Boden, Urmensch am Feuer, und schaufelt mit langen Armen Nußreste in sich hinein. Einer rutscht vorn an das Gitter, läßt sich mit zufriedenem

Gesichtsausdruck vor dem Publikum nieder, seinerseits im Theater, setzt sich behaglich zurecht ... So ... es kann anfangen.

Es fängt an. Es erscheint Frau Dembitzer, fest überzeugt, daß der Affe seit frühmorgens um sieben darauf gewartet habe, daß sie »Zi-zi-zi!« zu ihm mache. Der Affe sieht sie an ... mit einem himmlischen Blick. Frau Dembitzer ist unendlich überlegen. Der Affe auch. Herr Dembitzer wirft dem Affen einen Brocken auf die Nase. Der Affe hebt den Brocken auf, beriecht ihn, steckt in langsam in den Mund. Sein hart gefalteter Bauernmund bewegt sich. Dann sieht er gelassen um sich. Kind Dembitzer versucht, den Affen mit einem Stock zu necken. Der Affe ist plötzlich sechstausend Jahre alt.

Drüben muß etwas vorgehen. In den Blicken der Beschauer liegt ein lüsterner, lauernder Ausdruck. Die Augen werden klein und zwinkern. Die Frauen schwanken zwischen Abscheu, Grauen und einem Gefühl: nostra res agitur. Was ist es? Die Affen der andern Seite sind dazu übergegangen, sich einer anregenden Okularinspektion zu unterziehen. Sie spielen etwas, das nicht Mah-Jongg heißt. Das Publikum ist indigniert, amüsiert, aufgeregt und angenehm unterhalten. Ein leiser Schauer von bösem Gewissen geht durch die Leute – jeder fühlt sich getroffen. »Mama!« sagt ganz laut ein Kind, »was ist das für ein roter Faden, den der Affe da hat –?« Mama sagt es nicht. Mein liebes Kind, es ist der rote Faden, der sich durch die ganze Weltgeschichte zieht.

In die Affen ist Bewegung gekommen. Die Szene gleicht etwa einem Familienbad in Zinnowitz. Man geht umher, berührt sich, stößt einander, betastet fremde und eigne Glieder ... Zwei Kleine fliehen unter Gekreisch im Kreise. Ein bebarteter Konsistorialrat bespricht ernst mit einem Studienrat die Schwere der Zeiten. Eine verlassene Äffin verfolgt aufmerksam das Treiben des Ehemaligen. Ein junger Affe spricht mit seinem Verleger – der Verleger zieht ihm unter heftigen Arm- und Beinbewegungen fünfzig Prozent ab. Zwei vereinigte Sozialdemokraten sind vernünftig und realpolitisch geworden; mißbilligend sehen sie auf die Jungen – gleich werden sie ein Kompromiß schließen. Zwei Affen bereden ein Geheimnis, das nur sie kennen.

Das Publikum ist leicht enttäuscht, weil wenig Unanständiges vorgeht. Die Affen scheinen vom Publikum gar nicht enttäuscht

– sie erwarten wohl nicht mehr. Hätten wir Revue-Theater und nicht langweilige Sportpaläste voll geklauter Tricks – welch eine Revue-Szene!

In dem Riesenkäfig wohnten früher die Menschenaffen aus Gibraltar. Große, dunkle und haarige Burschen, größer als Menschen – mit riesigen, alten Negergesichtern. Eine Mutter hatte ein Kleines – sie barg es immer an ihrer Brust, eine schwarze Madonna. Sie sind alle eingegangen. Das Klima hat ihnen wohl nicht zugesagt. Sie sind nicht die einzigen, die dieses Klima nicht vertragen können.

Ob die Affen einen Präsidenten haben? Und eine Reichswehr? Und Oberlandesgerichtsräte? Vielleicht hatten sie das alles, im fernen Gibraltar. Und nun sind sie eingegangen, weil man es ihnen weggenommen hat. Denn was ein richtiger Affe ist, der kann ohne so etwas nicht leben.

Robert Musil

DIE AFFENINSEL

In der Villa Borghese in Rom steht ein hoher Baum ohne Zweige und Rinde. Er ist so kahl wie ein Schädel, den Sonne und Wasser blank geschält haben, und gelb wie ein Skelett. Er steht ohne Wurzeln aufrecht und ist tot, und wie ein Mast in den Zement einer ovalen Insel gepflanzt, die so groß ist wie ein kleiner Flußdampfer und durch einen glatt betonierten Graben vom Königreich Italien getrennt wird. Dieser Graben ist gerade so breit und an der Außenwand so tief, daß ein Affe ihn weder durchklettern noch überspringen kann. Von außen herein ginge es wohl; aber zurück geht es nicht.

Der Stamm in der Mitte bietet sehr gute Griffe dar und läßt sich, wie Touristen so etwas ausdrücken, flott und genußfroh durchklettern. Oben aber laufen waagrechte, lange, starke Äste von ihm aus; und wenn man Schuhe und Strümpfe auszöge und mit einwärts gestellter Ferse die Sohlen fest an die Rundung des Astes schmiegte und mit den voreinander greifenden Händen auch recht fest zugriffe, müßte man gut an das Ende eines dieser von der Sonne gewärmten langen Äste gelangen können, die sich über den grünen Straußfedern der Pinienwipfel hinstrecken.

Diese wundervolle Insel wird von drei Familien von verschiedener Mitgliederzahl bewohnt. Den Baum bevölkern etwa fünfzehn sehnige, bewegliche Burschen und Mädchen, die ungefähr die Größe eines vierjährigen Kindes haben; am Fuße des Baumes aber lebt in dem einzigen Gebäude der Insel, einem Palast von Form und Größe einer Hundehütte, ein Ehepaar weit mächtigerer Affen mit einem ganz kleinen Sohne. Das ist das Königspaar der Insel und der Kronprinz. Nie kommt es vor, daß sich die Alten in der Ebene weit von ihm entfernen; wächterhaft regungslos sitzen sie rechts und links von ihm und blicken geradeaus an ihren Schnauzen vorbei ins Weite. Nur einmal in jeder Stunde erhebt sich der König und besteigt den Baum zu einem inspizierenden Rundgang. Langsam schreitet er dann die Äste entlang, und es scheint nicht, daß er bemerken will, wie ehrfürchtig und mißtrauisch alles zurückweicht und sich – um Hast und Aufsehen zu vermeiden – seitlings vor ihm herschiebt, bis das Ende des Astes kein Entweichen mehr zuläßt und nur ein lebensgefährlicher Absprung auf den harten Zement übrigbleibt. So schreitet der König, einen nach dem anderen, die Äste ab, und die gespannteste Aufmerksamkeit kann nicht unterscheiden, ob sein Gesicht dabei die Erfüllung einer Herrscherpflicht oder einer Terrainkur ausdrückt, bis alle Äste entleert sind und er wieder zurückkehrt. Auf dem Dache des Hauses sitzt inzwischen der Kronprinz allein, denn auch die Mutter entfernt sich merkwürdigerweise jedesmal zur gleichen Zeit, und durch seine dünnen, weit abstehenden Ohren scheint korallenrot die Sonne. Selten kann man etwas so Dummes und Klägliches dennoch von einer unsichtbaren Würde umwallt sehen wie diesen jungen Affen. Einer nach dem anderen kommen die zur Erde gejagten Baumaffen vorbei und könnten ihm den dünnen Hals mit einem Griff abdrehen, denn sie sind sehr mißmutig, aber sie machen einen Bogen um ihn und erweisen ihm alle Ehrerbietung und Scheu, die seiner Familie zukommt.

Es braucht längere Zeit, ehe man bemerkt, daß außer diesen ein geordnetes Leben führenden Wesen noch andere von der

Insel beherbergt werden. Verdrängt von der Oberfläche und der Luft, lebt in dem Graben ein zahlreiches Volk kleiner Affen. Wenn sich einer von ihnen oben auf der Insel nur zeigt, wird er schon von den Baumaffen unter schmerzlichen Züchtigungen wieder in den Graben gescheucht. Wenn das Mahl angerichtet wird, müssen sie scheu beiseite sitzen, und erst wenn alle satt sind und die meisten schon auf den Ästen ruhen, ist es ihnen erlaubt, sich zu den Küchenabfällen zu stehlen. Selbst das, was ihnen zugeworfen wird, dürfen sie nicht berühren. Denn es kommt oft vor, daß ein böser Bursche oder ein scherzhaftes Mädchen, obgleich sie blinzelnd Verdauungsbeschwernis heucheln, nur darauf warten, und vorsichtig von ihrem Ast heruntergleiten, sobald sie merken, daß die Kleinen es sich ungebührlich wohlergehen lassen. Schon huschen da die wenigen, die sich auf die Insel gewagt haben, schreiend in den Graben zurück; und mengen sich zwischen die anderen; und das Klagen hebt an: und jetzt drängt sich alles zusammen, so daß eine Fläche von Haar und Fleisch und irren, dunklen Augen sich an der abseitigen Wand emporhebt wie Wasser in einem geneigten Bottich. Der Verfolger geht aber nur den Rand entlang und schiebt die Woge von Entsetzen vor sich her. Da erheben sich die kleinen schwarzen Gesichter und werfen die Arme in die Höhe und strecken die Handflächen abwehrend vor den bösen fremden Blick, der vom Rande herabsieht. Und allmählich heftet dieser Blick sich an einem fest; der rückt vor und zurück, und fünf andere mit ihm, die noch nicht unterscheiden können, welcher das Ziel dieses langen Blickes ist; aber die weiche, vom Schreck gelähmte Menge läßt sie nicht vom Platze. Dann nagelt der lange gleichgültige Blick den zufälligen einen an; und nun wird es ganz unmöglich, sich so zu beherrschen, daß man weder zuviel noch zuwenig Angst zeigt: und von Augenblick zu Augenblick wächst die Verfehlung an, während sich ruhig eine Seele in eine andere bohrt, bis der Haß da ist, und der Sprung losschnellen kann, und ein Geschöpf ohne Halt und Scham unter Peinigungen wimmert. Mit befreitem Geschrei rasen da die anderen auseinander, den Graben entlang; sie flackern lichtlos durcheinander wie die besessenen Seelen im Fegefeuer, und sammeln sich freudig schnatternd an der entferntesten Stelle.

Wenn alles vorbei ist, steigt der Verfolger mit federnden Griffen den großen Baum hinan bis zum höchsten Ast, schreitet bis an dessen äußerstes Ende hinaus, setzt sich ruhig zurecht, und verharrt ernst, aufrecht und ewig lange, ohne sich zu regen. Der Strahl seines Blickes ruht auf den Wipfeln des Pincio und der Villa Borghese, quer darüber hin; und wo er die Gärten verläßt, liegt unter ihm die große gelbe Stadt, über der er, noch in die grüne, schimmernde Wolke der Baumwipfel gehüllt, achtlos in der Luft schwebt.

Günter Bruno Fuchs

EIN AFFE AM ABEND

Die Zeit vor dem Abendessen nennen wir Abend. Der Affe setzt sich, genauso wie wir, auf einen Stuhl, beginnt zu essen. Der Stuhl des Affen steht im Urwald, unser Stuhl steht in einer Stube, kann sein: in der Küche. Wenn wir das Abendbrot essen, sagt der Affe, sollten wir ihn von weither sprechen hören: »Guten Appetit!« Wir sind höflich, wir rufen, vielleicht etwas laut für einen Abend, in Richtung Urwald: »Danke, Affe! Und guten Appetit!« Dann gehen wir schlafen. Oder wir krauchen ins Bett. Der Affe am Abend läßt sich Zeit, er ißt Bananen. Kaum hat der Affe in die erste Banane gebissen, da wird der Himmel rot, die Sonne macht den ganzen Himmel rot, dann geht sie unter. Aber solche Sätze von einer untergehenden Sonne bewirken sofort, daß der Affe am Abend sehr laut lachen muß. Der Affe ist klug, er kennt die Sonne. Er weiß, was sie tut. Er nimmt sein Notizbuch, schreibt etwas hinein. Er macht einen Punkt hinter das Geschriebene. Der Punkt ist rund und kostbar.

AFFEN

Die gelehrigen Menschenaffen heißen Schimpansen. In den Urwäldern ihrer Heimat turnen sie durch Baumkronen. Dort befinden sich auch ihre Schlafnester. Wenn sie in Gefangenschaft des Menschen geraten, hat der Mensch seine Absichten mit ihnen. Er bringt ihnen bei, Gabel, Messer und Teller zu handhaben, Rollschuh zu fahren, Zigaretten zu rauchen, zu salutieren, eine Trommel zu schleppen, ein Gewehr über die Schulter zu legen und ähnliche Vorführungen zu meistern. Die Augen des Schimpansen blicken bei jeder Übung ein wenig anders. Am schönsten sind seine Augen den Augen seiner Urwaldbrüder verwandt, wenn sein gelehriger Kopf müde wird. Wenn er einschläft wie vor zahllosen Nächten.

VERBRECHEN

Edgar Allan Poe

DIE MORDE IN DER RUE MORGUE

Nicht lange nach diesem Gespräch sahen wir eine Abendausgabe der ›Gazette des Tribunaux‹ durch, als die folgenden Artikel unsere Aufmerksamkeit fesselten.

«AUFSEHENERREGENDE MORDE. – Am heutigen Morgen gegen drei Uhr wurden die Bewohner des Quartier St. Roch von einer Folge schrecklicher Schreie aus dem Schlaf gerissen, welche offenbar aus dem vierten Stockwerk eines Hauses in der Rue Morgue herrührten. Von diesem war bekannt, daß es einzig von einer Madame L'Espanaye und ihrer Tochter, Mademoiselle Camille L'Espanaye, bewohnt wurde. Nach einigem Verzug, verursacht vom fruchtlosen Versuch, sich auf die übliche Weise Eingang zu verschaffen, ward das Haustor mit einer Brechstange erbrochen, und acht oder zehn Nachbarn drangen ein, begleitet von zwei *gendarmes*. Um diese Zeit waren die Schreie bereits verstummt; doch als die Gesellschaft die erste Treppenflucht hinaufstürmte, ließen sich zwei oder mehr rauhe, zornig hadernde Stimmen unterscheiden, welche vom obern Teil des Hauses auszugehen schienen. Als der zweite Treppenabsatz erreicht wurde, waren auch diese Laute verstummt, und alles blieb vollkommen still. Die Gesellschaft breitete sich aus und hastete von Raum zu Raum. Als man zu einem großen Hinterzimmer im vierten Stockwerk kam (dessen Türe, da es sich verschlossen fand und der Schlüssel innen steckte, mit Gewalt geöffnet wurde), bot sich ein Anblick, bei welchem alle Anwesenden nicht weniger Entsetzen denn Erstaunen überfiel.

«Die Wohnung befand sich in der wildesten Unordnung – die Einrichtung war zerbrochen und nach allen Richtungen umhergeschleudert. Nur eine einzige Bettstatt war vorhanden; und von dieser war das Pfühl heruntergerissen und mitten auf den Fußboden geworfen worden. Auf einem Stuhle lag ein Barbiermesser, mit Blut beschmiert. Auf dem Kamin fanden sich zwei oder drei langsträhnige und dicke Büschel grauen Menschenhaars, insgleichen blutbenetzt und anscheinend mit den Wurzeln ausgerissen. Auf dem Boden fand man vier Napoleons, einen Ohrring von Topas, drei große Silberlöffel, drei kleinere aus *métal d'Alger* und zwei Geldbörsen, die nahezu viertausend Franken in Gold enthielten. Die Schubladen einer Kommode, welche in einer Ecke stand, waren offen und augenscheinlich beraubt, wenngleich noch mancherlei Gegenstände darin verblieben waren. Unter dem Bett (dem Pfühle, nicht der Bettstatt) entdeckte man eine kleine eiserne Kassette. Sie war offen; der Schlüssel steckte noch. Sie hatte keinerlei Inhalt außer ein paar wenigen alten Briefen und anderen Papieren von geringer Bedeutung.

«Von Madame L'Espanaye war hier keine Spur zu sehen; doch da man eine ungewöhnliche Menge Ruß in der Feuerstelle bemerkte, wurde eine Untersuchung des Kamins vorgenommen und (schrecklich zu berichten!) der Leichnam der Tochter herausgezogen, den Kopf zu unterst; in dieser Stellung war er ein beträchtliches Stück die enge Öffnung hinaufgetrieben worden. Der Körper war noch ganz warm. Bei seiner Untersuchung wurden zahlreiche Hautabschürfungen festgestellt, zweifellos verursacht von der Heftigkeit, mit welcher er hinaufgestoßen und wieder herausgezogen worden. Auf dem Gesichte fanden sich viele schwere Kratzwunden und auf der Kehle dunkle Quetschungen und tiefe Eindrücke von Fingernägeln, ganz als sei die Verstorbene durch Würgen zu Tode gebracht worden.

«Nach einer gründlichen Durchsuchung in allen Teilen des Hauses, die indes keine weitere Entdeckung brachte, begab sich die Gesellschaft in einen kleinen gepflasterten Hof an der Rückfront des Gebäudes, wo der Leichnam der alten Dame lag, mit so vollständig durchschnittener Kehle, daß beim Versuch, sie aufzuheben, der Kopf herabfiel. Der Rumpf wie auch der Kopf waren auf das gräßlichste verstümmelt – der erstere so sehr, daß er kaum noch irgend Menschenähnliches an sich hatte.

«Zur Aufklärung dieses entsetzlichen Geheimnisses besteht, so glauben wir, zur Stunde noch nicht der leiseste Anhalt.»

Die Zeitung des nächsten Tages enthielt die folgenden zusätzlichen Einzelheiten.

«DIE TRAGÖDIE IN DER RUE MORGUE. Zahlreiche Personen sind im Zusammenhang mit dieser höchst aufsehenerregenden und schrecklichen Affäre vernommen worden» (das Wort *affaire* hat in Frankreich noch nicht den leichtfertigen Sinn, welchen es bei uns ausdrückt), «doch ist rein gar nichts bekannt geworden, was

Licht darauf werfen könnte. Nachstehend geben wir sämtliche gewonnenen Zeugenaussagen wieder.

«*Pauline Dubourg*, Wäscherin, gibt an, die beiden Verstorbenen seit drei Jahren gekannt zu haben, da sie während dieser Zeit für sie tätig gewesen sei. Die alte Dame und ihre Tochter hätten anscheinend auf gutem Fuße miteinander gestanden – sehr herzlich zueinander. Waren ausgezeichnete Zahler. Zeugin konnte nichts über ihre Lebensweise oder Bemittelung aussagen. Glaubte, daß Madame L. ihren Lebensunterhalt mit Wahrsagen verdiente. Es ginge die Meinung, daß sie Geld zurückgelegt habe. Traf niemals irgendwelche Personen im Hause, wenn zum Abholen oder Bringen der Wäsche gerufen. War sicher, daß kein Dienstbote angestellt war. Es zeigte sich, daß im ganzen Hause keinerlei Wohneinrichtung vorhanden außer im vierten Stock.

«*Pierre Moreau*, Tabak-Händler, gibt an, daß er seit nahezu vier Jahren regelmäßig kleinere Mengen Tabak und Schnupftabak an Madame L'Espanaye verkauft habe. Ist in der Nachbarschaft geboren und hat dort dauernd gewohnt. Die Verstorbene und ihre Tochter hatten das Haus, in welchem die Leichen gefunden, seit mehr als sechs Jahren inne. Früher wurde es von einem Goldschmiede bewohnt, der die obern Räume an verschiedene Personen in Untermiete vergab. Das Haus war Eigentum von Madame L. Sie wurde unzufrieden über den Mißbrauch, den ihr Pächter mit dem Anwesen trieb, zog selber hinein und lehnte es ab, auch nur einen Teil unterzuvermieten. Die alte Dame war kindisch. Zeuge hatte die Tochter während der sechs Jahre einige fünf oder sechs Mal gesehen. Die beiden führten ein überaus zurückgezogenes Leben – galten für vermögend. Hatte unter den Nachbarn reden hören, daß Madame L. wahrsage – glaubte es aber nicht. Hatte nie einen Menschen zum Tore hineintreten sehen außer der alten Dame und ihrer Tochter, einem Gepäckträger ein- oder zweimal und einem Arzte einige acht- oder zehnmal.

«Viele andere Personen, Nachbarn, machten Aussagen selben Inhalts. Von niemandem wurde erwähnt, daß er häufig im Hause verkehrt habe. Man wußte nicht, ob es irgendwelche lebenden Verwandten von Madame L. und ihrer Tochter gab. Die Läden der vordern Fenster wurden selten geöffnet. Die an der Rückfront waren stets geschlossen, mit Ausnahme derer des großen Hinterzimmers im vierten Stock. Das Haus war in gutem Stande – nicht sehr alt.

«*Isidore Musèt*, Gendarm, gibt an, er sei gegen drei Uhr am Morgen zum Hause gerufen worden und habe einige zwanzig oder dreißig Personen am Tore angetroffen, welche bemüht waren, Zutritt zu gewinnen. Erbrach schließlich die Tür – mit einem Bajonett, nicht mit einer Brechstange. Hatte hierbei nur geringe Schwierigkeit, da es sich um eine Doppel- oder Flügeltür handelte, welche zudem weder nach der Decke noch nach der Schwelle zu eine Verriegelung besaß. Die Schreie dauerten fort, bis die Tür erbrochen war, – und hörten dann plötzlich auf. Es schienen Wehrufe von einer oder mehreren in höchster Todesangst befindlichen Personen zu sein – laut und langgezogen, nicht kurz und rasch. Zeuge führte die Treppe empor. Bei Erreichen des ersten Absatzes hörte er zwei Stimmen in lautem und ärgerlichem Streite – die eine schroff und barsch, die andere weit schriller – eine sehr fremdartige Stimme. Konnte einige Worte der ersten unterscheiden, welche die eines Franzosen war. Hielt für gewiß, daß es sich nicht um eine Frauenstimme handelte. Konnte die Worte ›*sacré*‹ und ›*diable*‹ unterscheiden. Die schrille Stimme habe einem Ausländer angehört. Konnte nicht sicher angeben, ob es die Stimme eines Mannes oder einer Frau war. Konnte nicht ausmachen, was gesprochen wurde, hielt jedoch die Sprache für Spanisch. Der Zustand des Zimmers und der Körper wurde von diesem Zeugen beschrieben, wie wir es gestern mitteilten.

«*Henri Duval*, ein Nachbar, Silberschmied von Gewerbe, gibt an, bei der Gesellschaft gewesen zu sein, die zuerst das Haus betrat. Bestätigt im Allgemeinen die Zeugenaussage von Musèt. Sobald sie sich gewaltsam Eingang verschafft, schlossen sie wieder die Tür, um die Menge draußen zu halten, welche sich sehr rasch, ohngeachtet der späten Stunde, sammelte. Die schrille Stimme, so vermeint der Zeuge, war die eines Italieners. War sicher, daß es sich nicht um einen Franzosen handelte. Konnte nicht gewiß sagen, daß es eine Männerstimme war. Es möchte wohl auch die einer Frau gewesen sein. Ist nicht vertraut mit der italienischen Sprache. Konnte die Worte nicht unterscheiden, wurde jedoch vom Tonfall zu der Annahme bewogen, daß der Sprecher Italiener wäre. Kannte Madame L. und ihre Tochter. Hatte häufige Unterhaltungen mit beiden. War sicher, daß die schrille Stimme keiner der beiden Verstorbenen zugehörte.

«- - - *Odenheimer, restaurateur.* Der Zeuge erbot sich freiwillig zu einer Aussage. Da er kein Französisch spricht, wurde er vermittels eines Dolmetschers befragt. Ist in Amsterdam geboren. Ging zur Zeit der Schreie an dem Haus vorüber. Sie währten etliche Minuten lang – vermutlich zehn. Waren lang und laut – ganz furchtbar, und schrecklich anzuhören. Zeuge war einer von denen, die in das Gebäude eindrangen. Bekräftigt die vorstehende Aussage in jedem Betracht – mit Ausnahme einer Einzelheit. War sicher, daß die schrille Stimme die eines Mannes war – eines Franzosen. Konnte die geäußerten Worte nicht unterscheiden. Sie klangen laut und rasch – ungleichmäßig – anscheinend in Furcht ebenso als in Ärger gesprochen. Die Stimme war rauh – nicht so sehr schrill wie rauh. Konnte sie nicht eigentlich als schrill bezeichnen. Die barsche Stimme sagte wiederholt ›*sacré*‹, ›*diable*‹ und einmal ›*mon Dieu*‹.

«*Jules Mignaud,* Bankier, von der Firma Mignaud et Fils, Rue Deloraine. Ist der ältere Mignaud. Madame L'Espanaye besaß einiges Vermögen. Hatte bei seinem Bankhaus im Frühjahr 18- - (acht Jahre zuvor) ein Konto eröffnet. Leistete häufige Einlagen in kleinen Summen. Hatte bis zum dritten Tag vor ihrem Tode noch nichts abgehoben, als sie in Person die Summe von 4.000 Franken holte. Dieser Betrag wurde in Gold ausgezahlt und ein Angestellter mit dem Gelde zu ihr nach Haus geschickt.

«*Adolphe Le Bon,* Angestellter bei Mignaud et Fils, gibt an, daß er an dem in Rede stehenden Tage um Mittag Madame L'Espanaye mit den 4.000 Franken nach ihrer Wohnung begleitete; das Geld war in zwei Beuteln verpackt. Als die Tür geöffnet wurde, erschien Mademoiselle L. und nahm ihm den einen Beutel aus den Händen, während die alte Dame ihn von dem anderen befreite. Hierauf machte er eine Verbeugung und entfernte sich. Sah keinen Menschen auf der Straße um die Zeit. Es handelt sich um eine Seitengasse – sehr einsam.

«*William Bird,* Schneider, gibt an, mit von der Gesellschaft gewesen zu sein, die in das Haus eindrang. Ist Engländer. Lebt seit zwei Jahren in Paris. War einer der ersten, welche die Treppe erstiegen. Vernahm die im Streit begriffenen Stimmen. Die barsche Stimme war die eines Franzosen. Konnte verschiedene Worte ausmachen, vermag sich jetzt jedoch nicht aller mehr zu erinnern. Hörte deutlich ›*sacré*‹ und ›*mon Dieu*‹. Es gab in dem Augenblick ein Geräusch wie von mehreren miteinander kämpfenden Personen – ein scharrendes und schlurfendes Geräusch. Die schrille Stimme war sehr laut – lauter als die barsche. Ist sicher, daß es nicht die Stimme eines Engländers war. Erschien ihm eher als die eines Deutschen. Hätte eine Frauenstimme sein können. Versteht kein Deutsch.

«Vier der oben namentlich genannten Zeugen, deren Erinnerung sich bei nochmaliger Befragung belebte, gaben an, daß die Tür des Zimmers, in welchem der Körper von Mademoiselle L. gefunden wurde, von innen zugesperrt gewesen sei, als die Gesellschaft sie erreichte. Alles war vollkommen still – kein Stöhnen oder Laut sonst irgendwelcher Art. Beim gewaltsamen Öffnen der Tür war Niemand zu sehen. Die Fenster, sowohl des Hinter- als des Vorderzimmers, waren niedergelassen und fest von innen verklinkt. Eine Tür zwischen den beiden Räumen fand sich geschlossen, doch nicht abgesperrt. Die Tür, welche vom Vorderzimmer auf den Gang hinausführt, war abgeschlossen; der Schlüssel steckte innen. Ein kleiner Raum im vierten Stockwerk vorn, am Ende des Ganges, war offen, die Tür leicht angelehnt. Dieser Raum steckte voll von alten Betten, Kisten und so fort. Sie wurden mit Sorgfalt bei Seite gerückt und durchsucht. Im ganzen Haus blieb nicht ein Zoll, der nicht mit Sorgfalt durchsucht worden wäre. Schornsteinfeger wurden in den Kaminen auf und nieder geschickt. Das Haus ist vierstöckig und besitzt Dachstuben *(mansardes)*. Eine Falltür zum Dach war sehr sicher vernagelt – schien seit Jahren nicht geöffnet worden zu sein. Die Zeit, welche zwischen dem Vernehmen der streitenden Stimmen und dem Aufbrechen der Zimmertür verstrich, wurde von den Zeugen unterschiedlich angegeben. Einige legten sie auf kurze drei Minuten fest – andere auf ganze fünf. Die Tür ließ sich nur mit Schwierigkeit öffnen.

«*Alfonzo Garcio*, Unternehmer, gibt an, daß er in der Rue Morgue wohnhaft ist. Spanier von Geburt. War bei der Gesellschaft, die das Haus betrat. Ging aber nicht mit nach oben. Ist nervös und fürchtete sich vor den Folgen der Aufregung. Hörte die streitenden Stimmen. Die barsche Stimme war die eines Franzosen. Konnte nicht unterscheiden, was gesprochen wurde. Die schrille Stimme gehörte einem Engländer – ist dessen sicher. Versteht die englische Sprache nicht, sondern urteilt nach dem Tonfall.

«*Alberto Montani*, Konditor, gibt an, daß er unter den ersten war, welche die Treppe erstiegen. Vernahm die fraglichen Stimmen. Die barsche Stimme war die eines Franzosen. Unterschied mehrere Worte. Der Sprecher schien Jemandem Vorhaltungen zu machen. Konnte die Worte der schrillen Stimme nicht verstehen. Deren Tonfall rasch und ungleichmäßig. Hält sie für die Stimme eines Russen. Bekräftigt das allgemeine Zeugnis. Ist Italiener. Sprach noch nie mit einem Russen.

«Verschiedene Zeugen sagten neuerlich aus, daß die Kamine sämtlicher Räume im vierten Stock zu eng wären, um ein menschliches Wesen hindurchzulassen. Unter den genannten ›Schornsteinfegern‹ wurden zylindrische Besen verstanden, wie sie von Kaminkehrern verwendet werden. Mit diesen Besen wurden sämtliche Abzüge im Hause nach oben und unten durchfegt. Es gibt keinen Hinterausgang, durch welchen Jemand hätte hinabgelangen können, während die Gesellschaft über die Treppe heraufkam. Der Körper von Mademoiselle L'Espanaye steckte so fest im Kamine, daß er nicht niedergeholt werden konnte, ehe nicht vier oder fünf Männer von der Gesellschaft ihre Anstrengungen vereinten.

«*Paul Dumas*, Arzt, gibt an, um etwa Tagesanbruch zur Besichtigung der Leichname gerufen worden zu sein. Sie lagen zu diesem Zeitpunkt beide auf der Bettmatratze in dem Zimmer, in welchem Mademoiselle L. gefunden wurde. Der Körper der jungen Dame wies starke Quetschungen und Hautabschürfungen auf. Die Tatsache, daß er in den Kamin hinaufgestoßen worden, würde diese Erscheinungen hinreichend erklären. Die Kehle war in starkem Maße wund gescheuert. Gleich unter dem Kinn zeigten sich verschiedentliche tiefe Kratzer, zusammen mit einer Reihe bleigrauer Flecken, welche mit Entschiedenheit auf Fingerabdrücke zurückgehen. Das Gesicht hatte sich auf das fürchterlichste entfärbt, und die Augäpfel waren hervorgetreten. Die Zunge war teilweise durchbissen. Eine große Schramme wurde über der Magengrube entdeckt, hervorgerufen offenbar vom Druck eines Knies. Nach Meinung von M. Dumas war Mademoiselle L'Espanaye von einer oder mehreren unbekannten Personen erdrosselt worden. Der Leichnam der Mutter zeigte grauenvolle Verstümmelungen. Alle Knochen des rechten Beines und Arms waren mehr oder minder zerschmettert. Die linke *tibia* weitgehend zersplittert, insgleichen alle Rippen der linken Seite. Der ganze Körper war furchtbar entstellt und verfärbt. Es war nicht möglich zu entscheiden, wie die Verletzungen zugefügt worden seien. Ein schweres Holzscheit oder eine breite Eisenstange – ein Stuhl – jede große, schwere und stumpfe Waffe würde solche Wirkungen erzielt haben, wenn von den Händen eines sehr starken Mannes geführt. Unmöglich hätte eine Frau mit irgend nur einer Waffe dergleichen ausrichten können. Der Kopf der Verstorbenen war, als vom Zeugen in Augenschein genommen, gänzlich vom Rumpfe getrennt und ebenfalls in starkem Maße zerschmettert. Die Kehle war entschieden mit einem sehr scharfen Instrument durchschnitten worden – vermutlich mit einem Barbiermesser.

«*Alexandre Etienne*, Chirurg, wurde mit M. Dumas zusammen gerufen, die Körper zu besehen. Bekräftigte das Zeugnis und die Meinungen von M. Dumas.

«Nichts von weiterer Bedeutung wurde ans Licht gebracht, obwohl verschiedene andere Personen verhört wurden. Ein so geheimnisvoller und in all seinen Einzelheiten verwirrender Mord ist noch niemals je in Paris begangen worden – wenn tatsächlich überhaupt ein Mordfall vorliegt. Die Polizei befindet sich vollkommen ratlos – ein ungewöhnliches Vorkommen in Angelegenheiten von dieser Natur. Es ist indessen nicht der mindeste Schatten eines Anhalts sichtbar.»

Die Abendausgabe des Blattes konstatierte, daß im Quartier St. Roch nach wie vor die größte Aufregung anhalte – daß die oberwähnten Punkte nochmals sorgsam nachgeprüft und neuerliche Zeugenbefragungen vorgenommen seien, doch alles ohne Erfolg. Eine Nachschrift erwähnt jedoch, daß Adolphe Le Bon verhaftet und in das Gefängnis gebracht worden sei – obgleich außer den bereits mitgeteilten Tatsachen ihn nichts mit dem Verbrechen in Verbindung bringe.

Dupin schien ein ganz eigentümliches Interesse am Fortgang der Angelegenheit zu nehmen – zumindest schloß ich dies aus seinem Betragen, denn Bemerkungen machte er nicht dazu. Einzig nach der Ankündigung, Le Bon sei in Haft genommen worden, geschah es, daß er mich um meine Meinung über die Morde fragte.

Ich konnte nur mit ganz Paris darin einig gehen, sie für ein unlösbares Geheimnis zu erachten. Keinerlei mögliche Mittel wollten mir sichtbar werden, dem Mörder auf die Spur zu kommen.

«Nach den möglichen Mitteln», sagte Dupin, «dürfen wir bei dem oberflächlichen Stande dieser Untersuchung nicht urteilen. Die Pariser Polizei, so hoch gepriesen für ihren Scharfsinn, ist schlau, doch weiter nichts. Es ist keine Methode in ihrem Vorgehen, jedenfalls keine, die über die gegenwärtigen Praktiken hinausginge. Sie prunkt recht ausgiebig mit ihren Maßnahmen; doch nicht selten sind diese den vorgegebenen Gegenständen so übel angemessen, daß es uns an Monsieur Jourdain gemahnt, der nach seiner *robe-de-chambre* rief, *pour mieux entendre la musique.* Die erzielten Ergebnisse der Herren sind nicht einmal selten überraschend, werden jedoch zumeist durch Fleiß und Betriebsamkeit erbracht. Wenn diese Mittel nichts ergeben, ist ihr ganzes System hinfällig. Vidocq zum Beispiel war ein guter Rater und ein beharrlicher Mann. Doch bei seinem Mangel an geschultem Denken ging er fortgesetzt in der Irre, und zwar eben aufgrund der verbohrten Beharrlichkeit seiner Nachforschungen. Er verstellte sich selbst den Blick, indem er sich zu nahe an der Sache hielt. Er mochte wohl ein oder zwei Punkte mit ungewöhnlicher Klarheit sehen, doch eben dabei verlor er notwendigerweise die Übersicht über das Ganze. Das kann gar nicht ausbleiben, wenn man es allzu gründlich treibt. Die Wahrheit liegt nicht immer tief auf dem Grunde des Brunnens. Im Betracht der weit wichtigern Kenntnis glaube ich vielmehr, daß sie sich tatsächlich schlechthin an der Oberfläche befindet. Das Tiefe liegt in den Tälern, wo wir es suchen, und nicht auf den Bergeshöhen, wo man es wähnt. Die Formen und Quellen solcher Art Irrtum sind treffend in der Betrachtung der Himmelskörper vorgebildet. Einen Stern mit einem Blick zu streifen – ja eigentlich an ihm vorbeizusehen, ihn nur aus dem Augenwinkel anzuvisieren, indem man ihm nur die äußern Partien der *retina* zuwendet (die weit empfänglicher für schwache Lichteindrücke sind als die innern), – heißt den Stern genau wahrnehmen – heißt die beste Schätzung von seinem Schimmer zu gewinnen, einem Schimmer, welcher an Trübe grad in dem Maße zunimmt, in welchem wir unsere *volle* Sicht auf ihn wenden. Im letztern Falle treffen gewißlich eine größere Anzahl Strahlen auf das Auge, doch im erstern ist die Wahrnehmungsfähigkeit eine weitaus feinere. Bei ungebührlicher Gründlichkeit verwirren und schwächen wir das Denken; und durchaus wohl mag es geschehen, daß die Venus selbst vom Firmament verschwindet, richtet ein forschender Blick sich allzu gezielt, allzu konzentriert oder allzu direkt darauf.

«Was nun diese Morde betrifft, so wollen wir uns selber auf einige Untersuchungen einlassen, ehe wir uns eine Meinung von ihnen bilden. Es wird ein reines Vergnügen für uns sein» (ich fand diesen Ausdruck, hier angewendet, einigermaßen sonderbar, sagte jedoch nichts), «und außerdem leistete mir Le Bon einst einen Dienst, für welchen ich nicht undankbar bin. Wir werden also gehen und uns das Grundstück einmal mit eignen Augen ansehen. Ich kenne G-----, den Polizeipräfekten, und werde keine Schwierigkeit haben, die notwendige Erlaubnis zu erlangen.»

Die Erlaubnis wurde erlangt, und wir begaben uns sogleich zur Rue Morgue. Diese ist eine jener elenden Durchfahrtsgassen, welche zwischen der Rue Richelieu und der Rue St. Roch verlaufen. Es war spät am Nachmittage, als wir sie erreichten; denn dieses Viertel liegt in großer Entfernung von dem, in welchem wir wohnten. Das Haus war rasch gefunden; noch immer nämlich blickten zahlreiche Personen zu den geschlossenen Läden mit müßiger Neugierde von der gegenüberliegenden Seite des Fahrdamms empor. Es war ein ganz gewöhnliches Pariser Haus mit einer Toreinfahrt, auf deren Seite sich ein verglastes Wächterhäuschen mit einem Schieber im Fenster befand, also eine *loge de concierge.* Ehe wir aber eintraten, gingen wir die Straße weiter hinauf, bogen in ein Gäßchen ein und gelangten, indem wir abermals abbogen, zum Hinterhof des Gebäudes – Dupin inspizierte derweil die ganze Nachbarschaft wie auch das Haus mit einer peinlich genauen Aufmerksamkeit, für welche ich keinerlei eigentlichen Gegenstand sah.

Nachdem wir den Weg sodann wieder zurückgelegt, kamen wir erneut zur vordern Front der Wohnung, wiesen unsere Beglaubigung vor und wurden von den aufsichtführenden Polizisten zugelassen. Wir stiegen die Treppe empor und gingen in das Zimmer, in welchem der Leichnam von Mademoiselle L'Espanaye gefunden worden und wo die beiden Verstorbenen jetzt noch lagen. Die Unordnung war im Zimmer, wie üblich, belassen worden. Ich erblickte nichts außer dem, was die ›Gazette des Tribunaux‹ mitgeteilt hatte. Dupin untersuchte schlechthin alles – die Körper der Opfer nicht ausgenommen. Dann gingen wir in die andern Zimmer und in den Hof, überall von einem *gendarme* begleitet. Die Untersuchung beschäftigte uns bis zum Eintritt der Dunkelheit, wo wir uns empfahlen. Auf dem Heimweg begab sich mein Gefährte für einen Augenblick in die Expedition einer der Tageszeitungen.

Ich habe gesagt, daß die Grillen meines Freundes mannigfaltig waren und daß *je les ménageais:* – für diesen Ausdruck gibt es keine treffende Entsprechung im Englischen. Jetzt gefiel es seiner Laune, jede Unterhaltung zum Thema des Mordes abzulehnen, bis etwa zum nächsten Mittag. Da fragte er mich plötzlich, ob ich irgend etwas *Besonderes* auf dem Schauplatz der Abscheulichkeit bemerkt hätte.

In der Betonung, die er dem Wort ‹Besonderes› gab, lag etwas, das mich erschaudern ließ, ohne daß ich den Grund dafür hätte angeben können.

«Nein, Besonderes nicht», sagte ich; «jedenfalls nichts weiter als das, was wir beide in der Zeitung mitgeteilt fanden.»

«Die ‹Gazette›», erwiderte er, «hat, so fürchte ich, die außergewöhnliche Scheußlichkeit der Sache nicht erfaßt. Doch lassen wir die müßigen Meinungen dieses Blattes. Mir will es scheinen, als werde dies Geheimnis eben aus dem Grunde für unlösbar erachtet, welcher seine leichte Lösbarkeit nahelegen wollte – ich meine: weil es so gänzlich outrierte Züge trägt. Die Polizei läßt sich von der scheinbaren Abwesenheit eines Motivs verwirren – nicht für den Mord selbst, sondern für die Scheußlichkeit des Mordes. Auch ist sie irre geworden angesichts der scheinbaren Unmöglichkeit, die Stimmen, deren Streiten man vernahm, mit der Tatsache überein zu bringen, daß Niemand oberhalb der

Treppe entdeckt wurde, außer der ermordeten Mademoiselle L'Espanaye, und daß es keine Möglichkeit zu entweichen gab, ohne daß die herannahende Gesellschaft es hätte bemerken müssen. Die wilde Unordnung im Zimmer; der Leichnam, mit dem Kopf nach unten in den Kamin hinaufgestoßen; die gräßliche Verstümmelung des Körpers der alten Dame; diese Erwägungen – zusammen mit den eben erwähnten und noch anderen mehr, welche ich nicht anzuführen brauche – haben hingereicht, die Kräfte der staatlichen Organe zu lähmen, indem sie ihren gepriesenen Scharfsinn auf vollkommen falsche Fährte brachten. Sie sind dem plumpen, doch weit verbreiteten Irrtum verfallen, das Ungewöhnliche mit dem Abstrusen zu verwechseln. Doch gerade anhand dieser Abweichungen vom platt Gewöhnlichen ertastet sich die Vernunft, wenn überhaupt, ihren Weg bei ihrer Suche nach der Wahrheit. Bei Nachforschungen, wie wir sie jetzt vornehmen, sollte gar nicht einmal so sehr gefragt werden «Was hat sich ereignet?», als vielmehr «Was ist dabei geschehen, das sich noch nie zuvor ereignete?». In der Tat steht die Leichtigkeit, mit welcher ich zur Lösung des Geheimnisses gelangen werde – oder bereits gelangt bin –, im direkten Verhältnis zu seiner anscheinenden Unlösbarkeit in den Augen der Polizei.»

Ich starrte den Sprecher in stummer Verwunderung an. «Ich erwarte jetzt», fuhr er fort, indem er nach der Türe unserer Wohnung blickte – «ich erwarte jetzt eine Person, welche, obschon sie vielleicht nicht der Frevler selber dieser Metzeleien war, doch in irgendeiner Weise in sie verwickelt gewesen sein muß. Daß diese Person am schlimmsten Teil des begangenen Verbrechens unschuldig ist, darf freilich angenommen werden. Ich hoffe, daß ich mit dieser Mutmaßung Recht habe; denn auf sie gründet sich meine Zuversicht, das Rätsel zur Gänze zu lösen. Ich erwarte den Mann hier – in diesem Zimmer – jeden Augenblick. Wohl mag es sein, daß er nicht kommt, das ist wahr; doch aller Wahrscheinlichkeit nach wird er kommen. Sollte dies eintreffen, so wird es notwendig sein, ihn festzuhalten. Hier sind Pistolen; wir wissen sie beide zu gebrauchen, sollte eine Veranlassung ihren Gebrauch erfordern.»

Ich nahm die Pistolen, kaum wissend, was ich tat; ja, ich glaubte nicht, was ich hörte, während Dupin fortfuhr – eigentlich ganz wie in einem Selbstgespräch begriffen. Ich habe bereits von seinem abstrakten Gebaren zu solchen Zeiten gesprochen. Sein Vortrag war an mich gerichtet; doch seine Stimme, obschon in keiner Weise laut, hatte jenen Tonfall, welcher gemeinhin angewendet wird, wenn man zu Jemandem über eine große Entfernung hin redet. Seine Augen, gänzlich ausdrucksleer, betrachteten einzig die Wand.

«Daß die streitenden Stimmen», sagte er, «die von der Gesellschaft auf der Treppe vernommen wurden, nicht die der Frauen selber waren, wurde durch die Zeugenaussagen völlig erwiesen. Dies benimmt uns jeglichen Zweifel hinsichtlich der Frage, ob die alte Dame gar zuerst die Tochter getötet haben könnte, um anschließend Selbstmord zu begehen. Ich spreche von diesem Punkt in Hauptsache um der Methodik willen; denn die Kraft von Madame L'Espanaye wäre der Aufgabe, den Leichnam ihrer Tochter in den Kamin hinaufzustoßen, so wie er gefunden wurde, ausgesprochen unangemessen gewesen; und die Natur der Wunden an ihrer eigenen Person schließt den Gedanken an Selbstvernichtung vollkommen aus. Der Mord ist demnach von irgend dritten Personen begangen worden; und die Stimmen dieser Dritten waren es, deren Hadern man vernahm. Nun gestatten Sie mir noch einen Hinweis – nicht auf die gesamte Zeugenaussage hinsichtlich dieser Stimmen – sondern auf das, was daran *besonders auffällig* war. Fiel Ihnen irgend Besonderes daran auf?»

Ich machte die Bemerkung, daß alle Zeugen, indes sie überein stimmten, in der barschen Stimme die eines Franzosen zu vermuten, doch im Betracht der schrillen oder, wie eines der Individuen sie bezeichnet hatte, der rauhen Stimme sehr uneins gewesen seien.

«Das war die Aussage selbst», sagte Dupin, «doch war es nicht das Besondere an der Aussage. Sie haben nichts Auffälliges bemerkt. Und doch *gab* es daran etwas, das man bemerken mußte. Die Zeugen stimmten, wie Sie richtig anmerken, hinsichtlich der barschen Stimme überein; hier war ihr Urteil einmütig. Jedoch im Betracht der schrillen Stimme ist das Besondere – nicht daß sie darin uneins waren – sondern daß, indem ein Italiener, ein Engländer, ein Spanier, ein Holländer und ein Franzose sie zu beschreiben suchten, ein Jeder von ihr als von der *eines Ausländers* sprach. Jeder ist sicher, es sei nicht die Stimme eines seiner Landsleute gewesen. Jeder vergleicht sie – aber nicht mit der Stimme irgend eines Individuums einer Nation, mit deren Sprache er vertraut ist, – sondern im Gegenteil: Der Franzose vermutet in ihr die Stimme eines Spaniers und ‹würde wohl einige Worte unterschieden haben, *hätte er Kenntnis des Spanischen besessen*›. Der Holländer behauptet, es sei die eines Franzosen gewesen; doch finden wir mitgeteilt, ‹ *da er kein Französisch spricht, wurde dieser Zeuge vermittels eines Dolmetschers befragt*›. Der Engländer meint, es ist die Stimme eines Deutschen, und ‹*versteht kein Deutsch*›. Der Spanier ‹ist sicher›, daß es die eines Engländers war, urteilt jedoch insgesamt ‹nach dem Tonfall, *da er die englische Sprache nicht versteht*›. Der Italiener glaubt, es war ein Russe, aber ‹*sprach noch nie mit einem Russen*›. Ein zweiter Franzose geht überdies mit dem ersten nicht einig und hält zuversichtlich dafür, die Stimme habe einem Italiener angehört; doch – ‹*mit der italienischen Sprache nicht vertraut*› – läßt auch er sich, wie der Spanier, bloß ‹vom Tonfall bewegen›. Nun also, wie fremdartig ungewöhnlich muß jene Stimme wirklich gewesen sein, wenn sie derartige Zeugenaussagen hervorbringen konnte! – wenn gar in ihrem *Ton* selbst Bürger der fünf größten Länderteile Europas nichts Vertrautes wiederzuerkennen vermochten! Sie werden sagen, es möchte ja die Stimme eines Asiaten gewesen sein – eines Afrikaners. Nun finden sich weder Asiaten noch Afrikaner eben reichlich in Paris; doch ohne diesen Einwand abzuweisen, will ich Ihre Aufmerksamkeit bloß auf drei Punkte lenken: Die Stimme wurde von einem Zeugen ‹eher rauh als schrill› genannt. Von zwei anderen wird sie als ‹rasch und *ungleichmäßige*› dargestellt. Keine Worte – keine wortähnlichen Laute – wurden von auch nur einem der Zeugen als unterscheidbar erwähnt.

«Ich weiß nicht», fuhr Dupin fort, «wie weit ich bis hierher Ihr eigenes Verständnis habe beeindrucken können; doch zögere ich nicht zu sagen, daß legitime Deduktionen von diesem – also dem auf die barsche und die schrille Stimme bezüglichen – Teil der Zeugenaussage an sich bereits hinreichen, einen Verdacht zu erzeugen, welcher für den ganzen weitern Fortgang in der Untersuchung des Geheimnisses richtungweisend sein sollte. Ich sagte ‹legitime Deduktionen›; doch damit ist noch nicht zur Gänze ausgedrückt, was ich meine. Ich gedachte anzudeuten, daß die Deduktionen hier das *einzig* Taugliche sind und daß der Verdacht sich platterdings einzig aus ihnen ergibt. Wie dieser Verdacht lautet, will ich jedoch für jetzt noch nicht aussprechen. Ich wünsche Ihnen lediglich vor Augen zu bringen, daß er, für mich selbst, hinreichend zwingend war, um meinen Nachforschungen im Zimmer eine bestimmte Form – eine entschiedene Ausrichtung – zu geben.

«Versetzen wir uns nunmehr, in Gedanken, selbst in jenes Zimmer. Was sollen wir hier zuerst suchen? Die Möglichkeiten zur Flucht, welche von den Mördern benützt wurden. Ich gehe wohl nicht zu weit, wenn ich sage, daß keiner von uns beiden an übernatürliche Ereignisse glaubt. Madame und Mademoiselle L'Espanaye wurden nicht von Geistern getötet. Kommen und Entkommen der Täter gingen im stofflichen Bereiche vor sich. Also wie? Glücklicherweise gibt es nur ein Verfahren, diesen Punkt zu durchdenken, und dies Verfahren *muß* uns zu einem gültigen Schlusse führen. – Lassen Sie uns die Fluchtmöglichkeiten Schritt für Schritt durchgehen. Es ist klar, daß die Mörder in dem Zimmer waren, in welchem Mademoiselle L'Espanaye gefunden wurde, oder zumindest im angrenzenden Raum, als die Gesellschaft die Treppe emporkam. Folglich sind es ausschließlich diese beiden Räumlichkeiten, deren Ausgänge wir zu untersuchen haben. Die Polizei hat Böden, Decke und Wandmauerwerk nach allen Seiten freigelegt. Keine *geheimen* Ausgänge könnten ihrer Wachsamkeit entgangen sein. Doch ich traute nicht *ihren* Augen und überprüfte mit meinen eigenen. Es gab tatsächlich *keinerlei* geheime Auswege. Beide Türen, die von den Zimmern auf den Gang hinausführen, waren fest verschlossen; die Schlüssel steckten innen. Wenden wir uns den Kaminen zu. Diese, obschon von üblicher Weite in einigen acht oder zehn Fuß Höhe über den Feuerstellen, lassen in ihrem weitern Verlauf nicht einmal den Körper einer großen Katze durch. Da die Unmöglichkeit einer Flucht mit den bereits besprochenen Mitteln somit absolut feststeht, sind wir nunmehr einzig auf die Fenster gewiesen. Durch die im Vorderzimmer konnte Niemand entkommen, ohne das Aufmerken der Menge auf der Straße zu erregen. Die Mörder *müssen* demnach durch die des Hinterzimmers entflohen sein. Nun, da wir zu diesem Schluß auf so unzweideutige Weise gelangt sind, stünde es uns nicht an, ihn – als Denker – etwa auf Grund seiner anscheinenden Unmöglichkeit abzuweisen. Es verbleibt uns einzig darzutun, daß diese anscheinende ‹Unmöglichkeit› in Wahrheit gar nicht so unmöglich ist.

«Zwei Fenster hat das Zimmer. Eines davon ist nicht von Mobiliar verstellt und gänzlich sichtbar. Der untere Teil des andern ist dem Blick durch das Kopfteil der plumpen Bettstatt entzogen, welche dicht daran gerückt steht. Das erstere wurde fest von innen verschlossen gefunden. Es widerstand der äußersten Kraft Jener, die es hochzuschieben sich anstrengten. In seinem Rahmen zeigte sich linker Hand ein weites Bohrloch, in das hineingetrieben – fast bis zum Kopf – man einen sehr starken Nagel fand. Bei der Untersuchung des anderen Fensters wurde ein ähnlicher Nagel festgestellt, ähnlich hineingetrieben; und ein kräftiger Versuch, den Flügelrahmen hochzuschieben, versagte auch hier. Die Polizei gab sich nun vollkommen damit zufrieden, daß eine Flucht nach dieser Seite nicht stattgefunden habe. Und eben darum erachtete man es für einen überflüssigen Aufwand, die Nägel zu entfernen und die Fenster zu öffnen.

«Meine eigene Untersuchung war nun doch einiges genauer, und zwar aus dem Grunde, den ich eben anführte – hier nämlich, so wußte ich, lag der Punkt, an welchem sich sämtliche scheinbaren Unmöglichkeiten widerlegen lassen *mußten*.

«Meine Erwägungen nahmen – *a posteriori* – folgenden Fortgang: Die Mörder entkamen durch eines dieser Fenster. Wenn dem so war, konnten sie die Schieberahmen nicht wieder von innen befestigt haben, wie sie vorgefunden wurden: – eine Überlegung, welche – da sehr naheliegend – dem Forschungsdrang der Polizei auf diesem Feld sogleich ein Ende setzte. Doch die Rahmen waren nun einmal verriegelt, sie *mußten* demnach die Kraft besessen haben, dies selber vorzunehmen. Diesem Schlusse war nicht zu entrinnen. Ich ging nun zu dem nicht verstellten Fenster, entfernte mit einiger Schwierigkeit den Nagel und versuchte den Schieberahmen zu heben. Er widerstand allen meinen Anstrengungen, wie ich im voraus erwartet hatte. Es mußte also, das war mir nunmehr klar, eine verborgene Feder geben;

und dies bekräftigte zwingend meine Überzeugung, daß meine Voraussetzungen immerhin zutreffend waren, wie geheimnisvoll auch die Umstände betreffs des Nagels noch schienen. Sorgfältige Nachsuche brachte alsbald die verborgene Feder ans Licht. Ich drückte darauf und verzichtete, befriedigt von meiner Entdeckung, den Rahmen emporzuschieben.

«Nun brachte ich den Nagel wieder an seinen Ort und betrachtete ihn aufmerksam. Eine Person, welche durch dieses Fenster entwich, mochte es wieder geschlossen haben, und die Feder wäre eingeschnappt – doch der Nagel hätte sich nicht wieder an seine Stelle bringen lassen. Der Schluß war klar, und wieder engte sich das Feld meiner Nachforschungen ein. Die Mörder *mußten* durch das andere Fenster entkommen sein. Nahm ich nun an, daß die Federn bei beiden die gleichen seien, wie es wahrscheinlich war, so *mußte* sich an den Nägeln ein Unterschied feststellen lassen – oder zumindest an der Weise ihrer Befestigung. Indem ich nun auf die Polster der Bettstatt stieg, nahm ich das zweite Fenster über das Kopfende weg sorgfältig in Augenschein. Kaum ließ ich meine Hand hinter der Bettstatt niedergleiten, so entdeckte ich auch schon die Feder – die, wie ich vermutet hatte, völlig artgleich mit ihrer Nachbarin war – und drückte sie. Nunmehr musterte ich den Nagel. Er war so stark wie der andere und anscheinend in gleicher Weise eingesetzt – bis fast zum Kopf hineingetrieben.

«Sie werden sagen wollen, daß mich dies doch wohl verblüffte; doch wenn Sie das meinen, müssen Sie die Natur meiner induktiven Schlüsse mißverstanden haben. Um einen Sportsausdruck zu gebrauchen: ich war noch nicht einmal ‹ins Aus› geraten. Nicht einen Augenblick lang war die Spur verlorengegangen. In keinem Glied der Kette gab es eine brüchige Stelle. Ich war dem Geheimnis bis zum letzten Endpunkt nachgegangen, – und dieser Endpunkt war *der Nagel.* Ich sagte bereits, daß er in jedem Betracht die Erscheinung seines Kameraden am anderen Fenster hatte; doch diese Tatsache war von absoluter Nichtigkeit (so schlüssig wichtig sie auch scheinen mochte), verglichen mit der Überlegung, daß hier, an diesem Punkt, der Faden endete. ‹Da *kann* etwas nicht stimmen›, sagte ich mir, ‹mit diesem Nagel.› Ich berührte ihn; – und der Kopf mit etwa einem Viertelzoll des Stiftes glitt mir in die Finger. Der Rest des Stiftes steckte in dem Bohrloch, wo er abgebrochen war. Der Bruch war alt (denn die Ränder zeigten sich von Rost überzogen) und anscheinend durch den Schlag eines Hammers verursacht worden, welcher die Kopfpartie des Nagels teilweise in den untern Schieberahmen eingegraben hatte. Ich setzte nun diese Kopfpartie sorgsam wieder in die Bohrung zurück, aus der ich sie genommen, und die Ähnlichkeit mit einem ganzen Nagel war vollkommen – der Bruch unsichtbar. Indem ich sodann die Feder drückte, schob ich sanft und allmählich das Fenster ein paar Zoll in die Höhe; der Nagelkopf ging mit und blieb dabei sicher in seiner Lage. Ich schloß das Fenster, und wieder war die Ähnlichkeit mit einem ganzen Nagel vollkommen.

«So weit nun hatte das Rätsel alles Rätselhafte verloren. Der Mörder war durch das Fenster über dem Bett entkommen. Nachdem es nach seinem Entweichen dann von selber niedergefallen (oder auch vielleicht mit Fleiß geschlossen worden), ward es von der Feder arretiert; und es war der Halt durch diese Feder, welchen die Polizei fälschlich für den des Nagels verstanden hatte, – um danach sogleich jede weitere Erforschung für überflüssig zu erachten.

«Die nächste Frage richtet sich auf die Art des Abstiegs. Hinsichtlich dieses Punktes hatte ich bereits bei unserem gemeinsamen Gang um das Haus befriedigende Gewißheit erhalten. Ungefähr fünfeinhalb Fuß von dem fraglichen Fenster entfernt geht eine Blitzableitung nieder. Von deren Gestänge aus das Fenster selbst zu erreichen, wäre nun freilich für Jedermann unmöglich gewesen, vom Einsteigen gar nicht zu reden. Ich bemerkte jedoch, daß die Läden des vierten Stockwerks von jener besondern Art waren, welche von Pariser Zimmerleuten *ferrades* genannt wird – sie wird heutzutage nur noch selten verwendet, findet sich aber häufig bei ältern Anwesen zu Lyon und Bordeaux. Diese *ferrades* haben die Gestalt einer gewöhnlichen Türe (einer einteiligen, nicht einer Flügeltüre), nur daß die obere Hälfte vergittert oder aus offenem Lattenwerk ist – und mithin einen hervorragenden Halt für die Hände bietet. Im vorliegenden Fall sind diese Läden volle dreieinhalb Fuß breit. Als wir sie vom Hinterhof des Hauses aus sahen, standen sie beide etwa halb offen – das heißt, sie standen im rechten Winkel von der Mauer ab. Es läßt sich denken, daß die Polizei, ebenso als ich selbst, die Rückseite des Gebäudes untersuchte; doch wenn dem so war, so hat sie zwar wohl einen Blick auf diese *ferrades* in Richtung ihrer Breite gewendet (das muß sie sogar getan haben), aber dabei gewiß nicht diese große Breite selbst erkannt – oder jedenfalls verabsäumt, sie gebührend in Betracht zu ziehen. In der Tat – nachdem sie sich einmal damit beschieden hatte, es könnte nach hier heraus kein Entkommen möglich gewesen sein, lag es nahe, daß sie hier nur eine sehr kursorische Nachforschung betreiben würde. Gleichwohl war es mir klar, daß der zu dem Fenster am Kopfende des Bettes gehörige Laden, wurde er nur voll gegen die Wand zurückgeschlagen, bis auf zwei Fuß an die Blitzableitung heranreichen müßte. Gleicherweise lag auf der Hand, daß – bei sehr ungewöhnlichem Aufwand von Tatkraft und Mut – ein Eindringen durch das Fenster von der Stange aus eben so hätte ins Werk gesetzt werden mögen. – War ein Räuber erst einmal bis auf eine Entfernung von zweieinhalb Fuß herangekommen (wir nehmen nun an, daß der Laden bis zur Wand umgeschlagen war), so mochte er mit einem sichern Griff das Gitterwerk erreicht haben. Wenn er sodann seinen Halt an der Stange fahren ließ, indem er seine Füße fest gegen die Wand stemmte und sich rüstig davon abstieß, so konnte er den Laden wie zum Schließen herumwerfen und, wenn wir uns das Fenster als zur Zeit offen denken, sich selber sogar in das Zimmer hineinschwingen.

«Ich möchte Sie besonders darauf hinweisen, daß ich einen *sehr* ungewöhnlichen Aufwand von Tatkraft als das Erfordernis zum Erfolg bei einem so gewagten und schwierigen Kunststück genannt habe. Mein Plan ist, Ihnen zuerst darzutun, daß die Sache durchaus hat bewerkstelligt werden können: – zweitens jedoch, und das vor allem, möchte ich Ihr Verständnis für den *ganz außerordentlichen* – ja, fast übernatürlichen Charakter jener Beweglichkeit wecken, mit welcher sie nur bewerkstelligt werden konnte.

«Zweifellos werden Sie, in Anwendung der Gerichtssprache, sagen, ich sollte, um ‹meinen Fall durchzubringen›, das in dieser Angelegenheit erforderliche Geschick eher niedriger ansetzen, als auf seiner vollen Würdigung bestehen. Das mag die Praxis von Rechtsverfahren sein, ist aber nicht Gepflogenheit der Vernunft. Mein letzter Zweck richtet sich einzig auf die Wahrheit. Meine unmittelbare Absicht ist, Sie dahin zu bringen, jenes *sehr ungewöhnliche* Geschick, von dem ich soeben sprach, jene Gewandtheit und Tatkraft mit jener *sehr sonderbaren* schrillen (oder rauhen) und *ungleichmäßigen* Stimme zu konfrontieren, über deren Nationalität sich keine zwei Personen einig werden konnten und in deren Äußerungen sich keine Silbengliederung entdecken ließ.»

Bei diesen Worten glitt mir ein undeutlicher und nurmehr halb gestalteter Begriff von dem durch den Sinn, was Dupin meinte. Es war, als stünde ich an der Schwelle des Begreifens, ohne jedoch die Kraft dazu zu haben, – wie sich ja Menschen zu Zeiten am Gestade der Erinnerung finden, ohne letztlich dieser Erinnerung fähig zu sein. Mein Freund fuhr in seinem Vortrage fort. «Wie Sie wohl sehen», sagte er, «habe ich die Frage von der Weise des Entkommens auf die des Eindringens verlagert. Ich gedachte damit einfach zu verstehen zu geben, daß beides auf die selbe Art bewerkstelligt worden sei, am selben Punkte. Kehren wir nunmehr zum Innern des Zimmers zurück. Verschaffen wir uns einen Überblick über die Erscheinungen hier. Die Schubladen der Kommode, so wurde gesagt, seien geplündert worden, obwohl noch viele Kleidungsstücke darin verblieben waren. Der Schluß ist hier absurd. Man hat einfach geraten – und das auch noch sehr töricht – nichts weiter. Wieso wollen wir wissen, daß die Artikel, welche in den Laden gefunden wurden, nicht alles waren, was diese Laden ursprünglich enthielten? Madame L'Espanaye und ihre Tochter führten ein überaus zurückgezogenes Leben – sahen keinerlei Gesellschaft – gingen selten aus – hatten also wenig Verwendung für besonders abwechslungsreiche Kleidung. Die gefundenen Stücke waren zumindest von ebenso guter Qualität wie jegliches Andere im Besitz der Damen; das darf man wohl annehmen. Wenn ein Dieb etwas genommen hat – warum nahm er dann nicht das Beste – warum nahm er nicht Alles? Kurz gesagt: warum ließ er viertausend Franken in Gold liegen, nur um sich mit einem Bündel Zeug zu belasten? Das Gold *blieb* liegen. Nahezu die gesamte, von Monsieur Mignaud, dem Bankier, erwähnte Summe wurde, in Beuteln, auf dem Fußboden entdeckt. Deshalb wünsche ich, daß Sie aus Ihren Gedanken die irrige Vorstellung vom Motiv entfernen, welche im Hirn der Polizei von eben jenem Teil der Zeugenaussage erweckt wurde, die von Geld spricht, abgeliefert an der Haustür. Koinzidenzen, zehnmal so merkwürdig wie diese (Ablieferung des Geldes – und nach drei Tagen prompter Mord an den Empfängern), begegnen uns allen zu jeder Stunde unseres Lebens, ohne uns auch nur augenblickliche Nachdenklichkeit abzugewinnen. Koinzidenzen allgemein sind große steinerne Hindernisse im Wege, über die grad jene Klasse Denker immer wieder begierig stolpert, die mit Fleiß nichts aus der Wahrscheinlichkeits-Theorie lernen will – jener Anschauung also, welcher die erhabensten Gegenstände menschlichen Forschens die erhabenste Aufklärung verdanken. Wäre im vorliegenden Fall das Gold verschwunden gewesen, so würde die Tatsache seiner Lieferung drei Tage zuvor sehr wohl einiges mehr als eine bloße Koinzidenz darstellen. Die vorgebrachte Deutung des Motives wäre dann bekräftigt. Doch bei den wirklichen Umständen des Falles, wollten wir Gold nun einmal als Motiv für dieses Verbrechen annehmen, müßten wir uns den Täter platterdings als einen Idioten vorstellen, wankelmütig und unentschlossen genug, uns sein Gold *und* sein Motiv zugleich preiszugeben.

«Fassen wir nun die Metzelei selbst ins Auge – wobei wir unbeirrt die Punkte im Sinn behalten wollen, auf die ich Ihre Aufmerksamkeit lenkte: jene eigenartige Stimme, jene ungewöhnliche Tatkraft und Geschicklichkeit, und jenes verblüffende Ermangeln eines Motives bei einem so einzigartig scheußlichen Mord wie diesem. Da haben wir eine Frau, die mit Fingerkraft erdrosselt und, den Kopf nach unten, in einen Kamin hinaufgestoßen wurde. Gewöhnliche Mörder bedienen sich keiner solchen Verfahrensweise. Schon gar nicht gehen Sie dann derart mit den Ermordeten um. In der Art, den Leichnam in den Kamin hinaufzustoßen, liegt etwas *überaus Outriertes*, das werden Sie mir zugeben, – etwas, das alles in allem mit unsern üblichen Begriffen von menschlicher Verhaltensweise nicht überein zu stimmen ist, selbst wenn wir uns unter den Tätern die verderbtesten Menschen vorstellen. Denken Sie weiter, wie groß die Kraft gewesen sein muß, welche den Körper so gewalttätig durch eine solche Öffnung *hinauf* treiben konnte, daß die vereinigte Anstrengung von mehreren Personen sich kaum als hinreichend erwies, ihn wieder *nieder*zubringen!

«Wenden wir uns nun noch anderen Anzeichen dafür zu, daß hier eine höchst wunderbare Körperkraft in Anwendung kam. Auf dem Kamin lagen dicke Strähnen – sehr dicke Strähnen – von grauem menschlichen Haar. Sie waren mit den Wurzeln ausgerissen. Es wird Ihnen kaum unbekannt sein, welch große Kraft notwendig wäre, auf solche Weise auch nur zwanzig oder dreißig Haare in eins vom Kopf zu reißen. Sie sahen die fraglichen Locken ebenso wie ich selbst. Ihre Wurzeln waren (ein scheußlicher Anblick!) mit kleinen Klümpchen vom Fleisch der Kopfhaut verklebt – ein gewisses Zeichen für die übel gewaltige Kraft, welche aufgewendet wurde, wohl eine halbe Million Haare auf einmal mit den Wurzeln auszureißen. Die Kehle der alten Dame war nicht einfach nur durchschnitten, sondern der Kopf absolut vom Rumpf getrennt: das Instrument dabei war bloß ein Barbiermesser. Beachten Sie doch bitte auch die *brutale* Wildheit dieser Taten. Von den Quetschungen am Körper von Madame L'Espanaye rede ich gar nicht. Monsieur Dumas und sein ehrenwerter Beistand Monsieur Etienne haben sich dahin geäußert, daß sie mit irgendeinem stumpfen Instrument beigebracht worden seien; und so weit haben diese Herren durchaus Recht. Das stumpfe Instrument war nämlich ganz offenbar das Steinpflaster im Hofe, auf welches das Opfer vom Fenster über der Bettstatt hinabstürzte. Diese Erklärung, so simpel sie jetzt auch scheinen mag, entging der Polizei aus dem selben Grunde, der sie auch die Breite der Fensterläden übersehen ließ – durch die Sache mit den Nägeln war nämlich ihr Wahrnehmungsvermögen hermetisch gegen die Möglichkeit blockiert, die Fenster könnten überhaupt geöffnet worden sein.

«Wenn Sie nun, zusätzlich zu all diesen Dingen, die wunderliche Unordnung im Zimmer noch gebührend durchdacht haben, so sind wir weit genug gekommen, um uns ein geschlossenes Bild zu machen: erstaunliche Gewandtheit, übermenschliche Stärke, brutale Wildheit, eine Metzelei ohne Motiv, eine *grotesquerie* in einer Greueltat, der aber auch alles Menschliche fremd ist, und eine Stimme, deren Tonfall die Ohren von Menschen vieler

Nationen fremdländisch anmutete und die aller bestimmten oder faßlichen Silbenbildung entbehrte. Was hat sich mithin daraus ergeben? Welchen Eindruck vermochte ich in Ihrer Phantasie zu wecken?» Ich spürte, wie es mich eiskalt überlief, als Dupin mir diese Frage stellte. «Ein Wahnsinniger», sagte ich, «hat diese Tat begangen – irgend ein rasender Irrer, welcher aus einer nahe gelegnen *Maison de Santé* entwich.»

«In gewisser Hinsicht», entgegnete er, «ist Ihr Gedanke nicht übel. Aber die Stimmen von Wahnsinnigen sind, und sei es bei ihren allerwildesten Anfällen, noch niemals jener sonderbaren Stimme ähnlich befunden worden, die auf der Treppe vernommen ward. Auch Irre gehören ja irgend einer Nation an, und ihre Sprache, mögen die Worte auch ohne Zusammenhang sein, weist doch stets zusammenhängende Silbengruppen auf. Überdies ist das Haar eines Wahnsinnigen nicht so beschaffen wie das, welches ich nun hier in meiner Hand halte. Ich entwand diesen kleinen Büschel den starr verkrampften Fingern von Madame L'Espanaye. Nun sagen Sie mir, was Sie daraus machen können.»

«Dupin!» rief ich aus, vollkommen entmutigt; «dies Haar ist höchst ungewöhnlich – das ist *kein menschliches* Haar!»

«Ich habe auch keineswegs behauptet, daß es das sei», sagte er; «doch ehe wir diesen Punkt entscheiden, wollen Sie bitte einen Blick auf die kleine Skizze wenden, welche ich hier auf dieses Papier gezeichnet habe. Es ist eine Faksimile-Wiedergabe dessen, was in einem Teile der Zeugenaussage als ‹dunkle Quetschungen und tiefe Eindrücke von Fingernägeln› an der Kehle von Mademoiselle L'Espanaye beschrieben wurde – und in einem andern (von Messrs. Dumas und Etienne) als ‹eine Reihe bleigrauer Flecken, welche mit Entschiedenheit auf Fingerabdrücke zurückgehen›.»

«Sie werden erkennen», fuhr mein Freund fort, indem er das Papier vor uns auf den Tisch breitete, «daß diese Zeichnung das Bild eines harten und festen Griffs vermittelt. Kein Entrinnen war da möglich. Jeder Finger hat – möglicherweise bis zum Tod des Opfers – die fürchterliche Würgekraft beibehalten, mit welcher er sich am Beginne eingrub. Versuchen Sie nun einmal, all Ihre Finger zu gleicher Zeit in die betreffenden Eindrücke zu legen, wie sie Ihnen vor Augen sind.»

Ich machte vergeblich den Versuch.

«Vielleicht verfahren wir bei unserer Probe nicht in rechter Weise», sagte er da. «Das Papier liegt auf einer glatten Fläche ausgebreitet; doch die menschliche Kehle hat zylindrische Gestalt. Hier ist ein Holzscheit, dessen Umfang etwa dem der Kehle entspricht. Wickeln Sie die Zeichnung einmal darum und wiederholen Sie das Experiment.»

Ich tat dies; doch die Schwierigkeit war nun gar noch augenfälliger als zuvor.

«Dies», sagte ich, «ist nicht der Abdruck einer menschlichen Hand.»

«So lesen Sie denn», erwiderte Dupin, «hier diesen Abschnitt bei Cuvier.»

Es handelte sich um einen sehr genauen anatomischen und allgemein beschreibenden Bericht über den großen, lohfarbenen Orang-Utan der Ostindischen Inseln. Die riesige Statur, die übel gewaltige Stärke und Gewandtheit, die wilde Grausamkeit und die nachahmenden Neigungen dieser Säugetiere sind hinreichend allgemein bekannt. Mit einem Mal begriff ich voll die Greuel dieser Mordtat.

«Die Beschreibung der Finger», sagte ich, nachdem ich zu Ende gelesen hatte, «stimmt exakt mit dieser Zeichnung überein. Ich sehe, daß kein anderes Tier als nur ein Orang-Utan der hier erwähnten Gattung die Vertiefungen hätte verursachen können, wie Sie sie aufgezeichnet haben. Insgleichen ist dieser Büschel braungelben Haars in der Art identisch mit dem der bei Cuvier beschriebenen Bestie. Doch vielleicht begreife ich die Einzelheiten dieses furchtbaren Geheimnisses immer noch nicht gänzlich. Es wurden übrigens doch *zwei* im Streit begriffene Stimmen vernommen, und eine davon war fraglos die eines Franzosen.»

«Gewiß; und Sie werden sich eines Ausdrucks entsinnen, welcher von allen Zeugen fast einmütig dieser Stimme zugeschrieben wurde, – des Ausdrucks ‹*mon Dieu!*› Und zwar ist er von einem der Zeugen (Montani, dem Konditor) unter diesen Umständen als ein Ausruf der Ermahnung oder des Vorwurfs völlig angemessen charakterisiert worden. Auf diese beiden Worte habe ich mithin in der Hauptsache meine Hoffnungen gegründet, das Rätsel voll zu lösen. Ein Franzose hatte Kenntnis von dem

Morde. Es ist möglich – ja, es ist tatsächlich weit mehr noch als bloß möglich –, daß er selber der Teilnahme an den blutigen Handlungen, welche sich zutrugen, nicht schuldig war. Der Orang-Utan mag ihm entsprungen sein. Darauf ist er ihm vielleicht bis zu dem Zimmer gefolgt; doch unter den erregenden Umständen, welche sich ergaben, konnte er ihn keinesfalls wieder einfangen. Das Tier läuft immer noch frei herum. Ich will diesen Vermutungen nicht weiter nachhängen – denn mehr als Vermutungen darf ich sie billigerweise nicht nennen –, da die Schatten der Gedanken, auf welche sie gegründet sind, kaum ausreichende Tiefe haben, um meinem eignen Intellekt annehmbar zu sein, und ich schon gar nicht Anspruch erheben könnte, sie dem Verständnis eines Andern begreiflich zu machen. Wir wollen sie demnach Vermutungen nennen und von ihnen als solchen reden. Wenn der fragliche Franzose wirklich, wie ich annehmen möchte, unschuldig an dieser Greueltat ist, so wird diese Anzeige, welche ich gestern abend auf unserem Heimweg beim Bureau von ‹Le Monde› einreichte (einem vorzüglich den Interessen der Seefahrt gewidmetem Blatte, welches auch viel bei Seeleuten gefragt ist) ihn veranlassen, uns hier in unserer Wohnung aufzusuchen.»

Er reichte mir ein Zeitungsblatt, und ich las das Folgende:

EINGEFANGEN. – *Im Bois de Boulogne, früh am Morgen des* *** (am Morgen des Mordes) *ein sehr großer, braungelber Orang-Utan der Gattung Borneo. Eigner (der als Seemann, zu einem Malteser Schiffe gehörig, ermittelt wurde) kann das Tier bei zufriedenstellender Identifizierung und gegen Ausgleich einiger weniger Auslagen zurückerhalten, welche aus Gefangennahme und Unterhalt desselben entstanden. Anfragen bei Nr.* *** *Rue - - -, Faubourg St. Germain, au troisième.*

«Wie war es Ihnen nur möglich», fragte ich, «zu wissen, daß der Mann Matrose ist und zu einem Malteser Schiffe gehört?»

«Ich *wußte* es keineswegs», sagte Dupin, «ich bin auch dessen durchaus nicht *sicher*. Hier jedoch ist ein kleines Ende Band, welches seiner Form und seinem schmierigen Aussehen nach ganz augenscheinlich dazu verwendet worden ist, das Haar zu einer jener langen *queues* zu binden, wie sie von Seeleuten so gern getragen werden. Mehr noch – dieser Knoten ist von der Art, wie ihn außer Matrosen nur wenige binden können, und für die Malteser eigentümlich. Ich las das Band am Fuße der Blitzableitung auf.

Einer der beiden Verstorbenen konnte es nicht gehört haben. Selbst wenn ich nun am Ende irrte, indem ich von diesem Bande ableitete, daß der Franzose Seemann auf einem Malteser Schiffe sei, so kann doch, was ich in meiner Anzeige sagte, keinen Schaden getan haben. Wenn ich im Irrtum bin, so wird er nur annehmen, ich sei durch irgend einen Umstand fehlgeleitet worden, den zu untersuchen ihm viel zu beschwerlich sein wird. Doch habe ich Recht, so ist ein bedeutsamer Punkt gewonnen. Als unmittelbarer, wenn auch unschuldiger, Zeuge des Mordes wird der Franzose natürlich zögern, auf die Anzeige zu antworten – den Orang-Utan zurückzuverlangen. Er wird folgende Erwägung anstellen: – ‹Ich bin unschuldig; ich bin arm; mein Orang-Utan ist von großem Werte – für Einen in meinen Umständen ein wahrer Reichtum – was soll ich ihn durch leeren Argwohn vor Gefahr verlieren? Hier habe ich ihn, ich muß nur zugreifen. Er ist im Bois de Boulogne gefunden worden – weit entfernt vom Schauplatz jener Metzelei. Wie sollte es zum Verdachte kommen, es könnte ein unvernünftiges Vieh die Tat begangen haben? Die Polizei sitzt fest – sie hat versagt, auch nur den leisesten Anhalt zu beschaffen. Sollte sie dem Tiere ja doch auf die Spur kommen, so würde es immer noch unmöglich zu beweisen sein, daß ich von dem Morde Kenntnis hatte, und kaum möchte es gelingen, mich gar aufgrund dieser Kenntnis in eine Schuld zu verwickeln. Und vor allem – ich *bin* ja erkannt worden. Der Verfasser der Anzeige bezeichnet mich als den Eigner des Tieres. Ich bin nicht sicher, bis zu welchem Maße seine Kenntnis über mich reicht. Sollte ich versäumen, ein Eigentum von so großem Werte geltend zu machen, von dem bekannt ist, daß ich es besitze, so werde ich zumindest das Tier einem Verdacht aussetzen. Es kann mir nicht gelegen sein, auf mich oder das Tier irgend Aufmerksamkeit zu lenken. Ich werde auf die Anzeige antworten, den Orang-Utan zurückerhalten und ihn sicher verwahren, bis der Wind in dieser Sache sich gelegt hat.›»

In diesem Augenblick vernahmen wir einen Schritt auf der Treppe. «Halten Sie Ihre Pistolen bereit», sagte Dupin, «doch wollen Sie weder Gebrauch davon machen noch sie überhaupt zeigen, ehe Sie einen Wink von mir empfangen.»

Die Vordertür des Hauses war offen gelassen worden; ohne zu läuten, war der Besucher eingetreten und rückte nun einige

Schritte auf der Treppe vor. Dann jedoch schien er zu zögern. Bald hörten wir ihn wieder hinabsteigen. Dupin bewegte sich rasch zur Tür, als wir ihn wieder heraufkommen hörten. Diesmal wandte er sich nicht wieder um, sondern näherte sich mit Entschiedenheit und pochte an die Tür unseres Zimmers.

«Treten Sie ein», sagte Dupin in frischem und herzlichem Tone. Ein Mann kam herein. Er war Matrose, ganz offenbar, – eine hochgewachsene, stämmige, muskulös wirkende Person mit ausgesprochen verwegnem Gesichtsausdruck, der insgesamt durchaus für ihn einnehmen konnte. Sein Gesicht, in starkem Maße von der Sonne verbrannt, war mehr als halb verdeckt von Backenbart und *mustachio.* Er hatte einen ungeheuern Eichenknüttel bei sich, schien aber ansonsten unbewaffnet. Unbeholfen verbeugte er sich und bot uns einen ‹guten Abend›, in einem Französisch, dessen Akzent zwar an Neufchatel denken ließ, das jedoch noch hinreichend erkennbar Pariser Ursprungs war.

«Nehmen Sie Platz, mein Freund», sagte Dupin. «Ich darf annehmen, Sie sind des Orang-Utans wegen gekommen. Auf mein Wort, fast möchte ich Sie um seinen Besitz beneiden; ein bemerkenswert schönes und fraglos sehr wertvolles Tier. Für wie alt halten Sie es?»

Der Matrose holte tief Atem, mit der Miene eines Menschen, dem eine unerträgliche Last von der Seele genommen ist, und erwiderte dann in zuversichtlichem Ton: «Das kann ich nicht sagen – aber mehr als vier oder fünf Jahre kann er nicht alt sein. Haben Sie ihn hier?»

«O nein; hier mangelte es uns an der notwendigen Einrichtung. Er befindet sich in einem Pflegestall in der Rue Dubourg, ganz in der Nähe. Sie können ihn morgen früh bekommen. Natürlich sind Sie vorbereitet, sich als Eigentümer auszuweisen?»

«Bestimmt bin ich das, mein Herr.»

«Es wird mir schwerfallen, mich von ihm zu trennen», sagte Dupin.

«Natürlich sollen Sie sich all den Beschwerlichkeiten nicht umsonst unterzogen haben, mein Herr», sagte der Mann. «Das konnte ich nicht erwarten. Zahle Ihnen bereitwillig eine Belohnung für das Auffinden des Tieres – das heißt natürlich, in vernünftigen Grenzen.»

«Nun», erwiderte mein Freund, «das läßt sich bestimmt hören. Lassen Sie mich nachdenken! – was sollte ich bekommen? Oh! Ich will es Ihnen sagen. Meine Belohnung soll in Folgendem bestehen. Sie werden mir, soweit in Ihrer Macht, alle Informationen über die Morde in der Rue Morgue geben.»

Dupin sprach diese letzten Worte in sehr gedämpftem Ton und sehr gemächlich. Ganz ebenso gemächlich begab er sich zur Türe, verschloß sie und steckte den Schlüssel in die Tasche. Dann zog er eine Pistole aus dem Rock und legte sie ohne die mindeste Erregung auf den Tisch.

Das Gesicht des Matrosen lief rot an, als kämpfe er mit dem Ersticken. Er sprang auf die Füße und packte seinen Knüttel; doch im nächsten Augenblicke fiel er in seinen Sitz zurück, heftig zitternd und im Gesichte bleich wie der leibhaftige Tod. Er sprach nicht ein Wort. Ich bedauerte ihn aus tiefstem Herzensgrunde.

«Mein Freund», sagte Dupin in freundlichem Ton, «Sie erregen sich ganz unnötigerweise, wirklich. Wir haben nichts im Sinn, das Ihr Schade sein sollte. Ich verpfände Ihnen das Wort eines Ehrenmannes und eines Franzosen, daß wir nichts Unrechtes mit Ihnen vorhaben. Ich weiß sehr wohl, daß Sie unschuldig sind an den Greueltaten in der Rue Morgue. Nur wäre es unnützlich zu leugnen, daß Sie in gewissem Maße darein verwickelt sind. Aus allem, was ich bereits sagte, müssen Sie erkannt haben, daß ich mich über diese Angelegenheit zu unterrichten verstanden habe – mit Mitteln, auf welche Sie nicht einmal im Traum verfallen wären. Nun steht die Sache so. Sie haben nichts getan, was Sie hätten vermeiden können, – gewiß nichts, was eine schuldhafte Handlung bilden würde. Sie machten sich nicht einmal des Raubes schuldig, wo Sie ungestraft hätten rauben können. Sie haben nichts zu verbergen. Sie haben keinerlei Grund zur Verschwiegenheit. Andererseits verpflichtet Sie Ihr ganzes Ehrgefühl zu bekennen, was Sie wissen. Ein unschuldiger Mensch sitzt gegenwärtig im Gefängnis, schwer beschuldigt des Verbrechens, dessen Frevler Sie angeben können.»

Der Matrose hatte seine Geistesgegenwart weitgehend wiedergewonnen, während Dupin diese Worte äußerte; doch die ursprüngliche Verwegenheit seines Betragens war ganz dahin.

«So helfe mir Gott», sagte er nach einer kurzen Pause, «ich

werde Ihnen alles erzählen, was ich über diese Angelegenheit weiß; – doch erwarte ich nicht, daß Sie mir auch nur die Hälfte davon glauben – tatsächlich wäre ich ein Narr, wenn ich das meinte. Doch ich *bin* unschuldig, und ich will meine Seele erleichtern, müßte ich auch dafür sterben.»

Was er nun berichtete, war im wesentlichen das Folgende. Er hatte kürzlich eine Fahrt nach dem Indischen Archipel gemacht. Eine Gesellschaft, welcher er angehörte, landete auf Borneo und begab sich auf eine Vergnügungsexkursion in das Innere. Er selber und ein Gefährte hatten den Orang-Utan gefangen. Da der Gefährte starb, fiel das Tier an ihn, als sein ausschließliches Eigentum. Nach großen Mühen, verursacht von der unbezähmlichen Wildheit seines Gefangenen während der Heimreise, gelang es ihm am Ende, das Tier sicher in seiner eignen Wohnung in Paris unterzubringen, wo er es, die unwillkommene Neugierde der Nachbarn nicht auf sich zu lenken, sorgfältig unter Verschluß hielt, bis zur Zeit, wo es sich von einer Fußwunde erholt haben würde, die es von einem Splitter an Bord des Schiffes empfangen.

Bei seiner Heimkehr von einer Seemannslustbarkeit in der Nacht oder vielmehr am Morgen des Mordes traf er das Tier in seinem eignen Schlafzimmer an, in das es von dem angrenzenden Gelasse, wo es nach allem Ermessen sicher eingesperrt gewesen, gedrungen war. Ein Barbiermesser in der Hand, und völlig eingeseift, saß es vor einem Spiegel und versuchte sich in der Tätigkeit des Rasierens, bei welcher es ohne Zweifel früher schon seinen Herrn durch das Schlüsselloch der Kammer beobachtet hatte. Entsetzt vom Anblick einer so gefährlichen Waffe im Besitz eines so grausam wilden Tieres, das zudem noch wohl damit umzugehen wußte, war der Mann für einige Augenblicke ratlos, was er tun sollte. Allerdings war er gewöhnt, die Kreatur, selbst bei ihrem grimmigsten Wüten, vermittels einer Peitsche zur Ruhe zu bringen, und hierzu nahm er nunmehr seine Zuflucht. Bei ihrem Anblick jedoch entsprang der Orang-Utan mit einemmal durch die Kammertür, die Treppe hinunter und von dort durch ein unglücklicherweise offenes Fenster auf die Straße.

Der Franzose folgte in Verzweiflung; während der Affe, das Messer immer noch in der Hand, zuweilen anhielt, um zurückzublicken und seinem Verfolger mit allerlei Gebärden zu winken, bis dieser ihn fast wieder erreicht hatte. Dann machte er sich erneut davon. In dieser Weise dauerte die Jagd eine längere Zeit fort. Die Straßen lagen gänzlich still, da es nahezu drei Uhr morgens war. Als nun der Flüchtling durch eine Gasse an der Rückseite der Rue Morgue rannte, wurde seine Aufmerksamkeit von einem Licht angezogen, welches von Madame L'Espanayes Zimmer, im vierten Stockwerk des Hauses, durch das offene Fenster herüberschimmerte. Auf das Gebäude zueilend, entdeckte das Tier die Blitzableitung, kletterte mit schier unfaßlicher Behendigkeit daran empor, packte den Laden, welcher vollends gegen die Mauer zurückgeschlagen war, und schwang sich mit seiner Hilfe direkt auf das Kopfteil des Bettes. Das ganze Kunststück brauchte nicht eine Minute. Den Laden stieß der Orang-Utan wieder auf, als er in den Raum eindrang.

Der Matrose hatte dies alles in der Zwischenzeit mit durchaus gemischten Empfindungen angesehen. Er hegte stark die Hoffnung, das unvernünftige Tier nun wieder einzufangen, denn kaum wohl konnte es aus der Falle, in welche es sich gewagt, anders wieder entweichen als an der Ableitung, wo man ihm in den Weg treten mochte, sobald es nur herniederkam. Auf der andern Seite bestand mancherlei Grund zu besorgen, was es in dem Hause anrichten mochte. Diese letztere Überlegung nötigte den Mann, dem Flüchtling noch weiter zu folgen. Ein Blitzableiter läßt sich ohne Schwierigkeit erklimmen, schon gar von einem Seemann; doch als er in Höhe des Fensters angelangt war, welches weit zu seiner Linken lag, war sein Weg auch schon zu Ende; eben noch vermochte er sich so weit hinüberzubeugen, daß er einen Blick ins Innere des Zimmers tun konnte. Bei diesem Anblick verlor er im Übermaß des Entsetzens fast den Halt. Denn eben jetzt geschah es, daß jene schauerlichen Schreie durch die Nacht gellten, welche die Anwohner der Rue Morgue aus dem Schlummer gerissen hatten. Madame L'Espanaye und ihre Tochter waren, in ihre Nachtgewänder gekleidet, offenbar im Begriff gestanden, einige Papiere in der bereits erwähnten eisernen Kassette zu ordnen, welche in die Mitte des Zimmers gerückt worden war. Sie stand offen, und ihr Inhalt lag daneben auf dem Boden. Die Opfer mußten mit dem Rücken zum Fenster gesessen haben; und nach der Zeit zu urteilen, die zwischen dem Eindringen des

Tieres und den Schreien verstrich, wurde es wohl nicht unmittelbar bemerkt. Das Anschlagen des Ladens war natürlicher Weise dem Winde zugeschrieben worden.

Als der Matrose hineinblickte, hatte das riesige Tier Madame L'Espanaye beim Haar ergriffen (welches aufgelöst war, da sie beschäftigt gewesen, es zu kämmen) und schwang das Barbiermesser über ihrem Gesicht, in Nachahmung der Bewegungen eines Barbiers. Die Tochter lag bewegungslos hingestreckt; sie war ohnmächtig geworden. Das Schreien und Sträuben der alten Dame (während dessen ihr das Haar vom Kopfe gerissen wurde) hatte die Wirkung, die mutmaßlich friedlichen Absichten des Orang-Utan in solche wilden Grimms zu verwandeln. Mit einem entschiedenen Schwunge seines muskulösen Arms trennte er ihr den Kopf fast vom Rumpfe. Der Anblick des Blutes nun entflammte seine Wut bis zur Raserei. Die Zähne fletschend und mit Blitze sprühenden Augen warf er sich auf den Körper des Mädchens und grub seine gräßlichen Krallen in ihren Hals; und diesen Griff lockerte er nicht, bis sie entseelt war. In diesem Augenblick fielen seine wild wandernden Blicke auf das Kopfende des Bettes, über welchem das Gesicht seines Herrn, starr vor Entsetzen, eben erschienen war. Das Rasen des Tieres, das zweifellos noch die furchtbare Peitsche im Sinn trug, verkehrte sich augenblicklich in Furcht. Im Bewußtsein, Strafe verdient zu haben, schien es begierig, seine blutigen Taten zu verbergen, und sprang in heftig furchtsamer Erregung im Raum umher, indem es die Einrichtung niederriß und dabei zerbrach und das Pfühl von der Bettstatt zerrte. Zum Schlusse packte es erst den Leichnam der Tochter und stieß ihn in der Weise, wie er vorgefunden worden, hinauf in den Kamin; dann den der alten Dame, welchen er mit dem Kopf voran unmittelbar aus dem Fenster schleuderte.

Als der Affe mit seiner verstümmelten Bürde dem Fenster nahte, schrak der Matrose entsetzt zu der Ableitung zurück, und eher gleitend als kletternd zu Boden gekommen, eilte er augenblicklich nach Hause – voller Furcht vor den Folgen der Metzelei und in seinem Entsetzen nur zu gern bereit, alle Sorge um das Geschick des Orang-Utan hinter sich zu lassen. Die von der Gesellschaft auf der Treppe vernommenen Worte waren des Franzosen entsetzte und furchtsame Ausrufe, vermischt mit dem boshaften Keifen des Untiers.

Ich habe kaum noch etwas anzufügen. Der Orang-Utan muß aus dem Zimmer über die Ableitung entkommen sein, kurz ehe die Tür erbrochen wurde. Das Fenster muß er, indem er sich hinausschwang, geschlossen haben. In der Folge ward er von dem Eigentümer selber wieder eingefangen, der beim *Jardin des Plantes* eine sehr hohe Summe für ihn erhielt. Le Bon wurde auf unsere Erzählung der Umstände (nebst einigen Erläuterungen durch Dupin) beim Bureau des Polizeipräfekten augenblicklich auf freien Fuß gelassen. Dieser Beamte, obschon meinem Freunde wohl gewogen, konnte seinen Verdruß über die Wendung, welche die Angelegenheit genommen, nicht gänzlich verbergen und fühlte sich bemüßigt, zu ein oder zwei Malen spöttische Bemerkungen zu machen, wie schicklich und angenehm es doch wäre, wollten gewisse Personen sich um ihre eigenen Geschäfte besorgen.

«Lassen wir ihn reden», sagte Dupin, der es nicht für nötig befunden hatte, eine Antwort zu geben. «Lassen wir ihn plaudern; es wird sein Gewissen erleichtern. Ich bin befriedigt, ihn in seinem eignen Reich besiegt zu haben. Gleichviel – daß er bei der Lösung dieses Geheimnisses versagte, ist mitnichten das Wunder, für welches er es hält; denn in Wahrheit ist unser Freund der Präfekt um einiges zu schlau, um tief und gründlich zu sein. Seiner Weisheit mangelt es an stützender *Ausdauer*. Sie ist ganz Kopf und nicht Körper – wie die Bilder der Göttin Laverna, – oder bestenfalls ganz Kopf und Schultern, wie ein Dorsch. Aber im ganzen ist er doch eine gute Kreatur. Ich mag ihn vorzüglich auf Grund einer schier meisterlichen rhetorischen Kunstfertigkeit, mit welcher er sich denn auch seinen Ruf als Geistesriese erworben hat. Ich meine die ihm eigentümliche Weise, *de nier ce qui est, et d'expliquer ce qui n'est pas*›.»

Aus dem Amerikanischen von Hans Wollschläger

Gustave Flaubert

DER SCHMERZ EINES VERDAMMTEN

Am Abend gab es einen Ball im Schloß und Lampions an allen Fenstern. Da waren lange Reihen von Equipagen, Pferden und Dienern.

Von Zeit zu Zeit sah man ein Licht durch die Ulmen hindurch auftauchen; es kam auf tausend Umwegen durch die gewundenen Alleen immer näher; endlich hielt es vor dem Perron mit einer Kalesche, die von schweißtriefenden Pferden gezogen wurde. Da öffnete sich der Schlag, und eine Frau stieg aus; sie war jung oder alt, häßlich oder schön, in Rosa oder in Weiß, wie ihr wollt, und dann, nachdem sie im Vestibül beim Licht der Öllampen und mitten in den grünen Bäumen und den Blumen und dem Rasen, die die Wände bedeckten, mit einigen schnellen Handgriffen die Frisur wieder in Ordnung gebracht hatte, überließ sie ihren Mantel und ihre Boa den Lakaien. Sie trat ein; beide Flügel der Türen werden geöffnet, sie wird angekündigt, ein allgemeines Geräusch von Stühlen und Füßen entsteht, man erhebt sich, man grüßt, und dann folgen jene tausendundeine Plaudereien, jene kleinen Nichtigkeiten, jene charmanten Unverbindlichkeiten, die in den Salons summen und von einer Seite zur anderen fliegen wie leichte Nebelschwaden in einem Treibhaus.

Der Tanz begann um zehn Uhr, und drinnen waren das Gleiten der Schuhe auf dem Parkett, das Rascheln der Kleider, das Geräusch der Musik, die Klänge des Tanzes zu hören; und draußen das Rauschen der Blätter, die Wagen, die in der Ferne über die feuchte Erde rollten, die Schwäne, die mit den Flügeln auf den Teich schlugen, das Gebell irgendeines Dorfhundes nach den Klängen, die vom Schloß her kamen, und dann irgendwelche naiven und spöttischen Plaudereien der Bauern, deren Köpfe durch die Scheiben des Salons auftauchten.

In einer Ecke war eine Gruppe junger Leute, Pauls Freunde, seine früheren Lustgefährten, in gelben oder azurenen Handschuhen, mit Lorgnons, Schwalbenschwanzfräcken, mittelalterlichen Köpfen und Bärten, wie sie Rembrandt und die ganze flämische Schule nicht sah und niemals erträumte.

»Sag mir doch, um Himmels willen«, sagte einer von ihnen,

Mitglied des Jockeyklubs, »was ist dieses runzlige und faltige Altweibergesicht da hinter dem Sofa, wo deine Frau sitzt?«

»Das? Das ist Djalioh.«

»Was ist das, Djalioh?«

»Oh, das ist eine ganze Geschichte.«

»Erzähl sie uns«, sagte einer der jungen Leute, der die Haare glatt über die beiden Ohren gekämmt hatte und kurzsichtig war, »weil wir nicht wissen, womit wir uns amüsieren sollen.«

»Wenigstens mit Punsch?« antwortete lebhaft ein großer, magerer, blasser Herr mit vorstehenden Backenknochen.

»Was mich angeht, ich nehme keinen, und zwar mit Absicht … er ist zu stark.«

»Zigarren?« sagte das Mitglied des Jockeyklubs.

»Pfui Zigarren! Wo denkst du hin, Ernest! In Gesellschaft von Frauen?«

»Im Gegenteil, sie sind verrückt danach, ich habe zehn Mätressen, die wie Dragoner qualmen, von denen zwei alleine alle meine Pfeifen angeraucht haben.«

»Ich habe eine, die hinreißend Kirsch trinkt.«

»Trinken wir!« sagte einer der Freunde, der weder Zigarren noch Punsch, noch Tanz, noch Musik mochte.

»Nein, Paul soll seine Geschichte erzählen.«

»Meine lieben Freunde, sie ist nicht lang – hier: Ich habe nämlich mit Monsieur Petterwell, einem meiner Freunde, einem Pflanzer in Brasilien, einen Ballen Virginia gegen Mirsa, eine seiner Sklavinnen, gewettet, daß Affen … ja, daß man einen Affen aufziehen kann, das heißt, er hat behauptet, ich könnte nicht einen Affen als einen Menschen ausgeben.«

»Und? Djalioh ist ein Affe?«

»Idiot! So einfach ist es nicht!«

»Was also …«

»Ich muß euch erklären, daß ich mich auf meiner Reise in Brasilien besonders amüsiert habe. Petterwell hatte eine schwarze Sklavin, die frisch vom alten Bahamakanal angekommen war – der Teufel soll mich holen, wenn ich mich noch an ihren Namen erinnere! – nun, diese Frau hatte keinen Mann, es konnte also niemand lächerlich gemacht werden, sie war sehr hübsch, ich kaufte sie Petterwell ab; aber die dumme Kuh wollte mich nicht, sie fand mich wahrscheinlich häßlicher als einen Wilden.«

Alle begannen zu lachen, Paul errötete.

»Nun, eines schönen Tages, als ich mich langweilte, kaufte ich einem Neger den schönsten Orang-Utan ab, den man jemals gesehen hat. Seit langem beschäftigte sich die Akademie der Wissenschaften mit der Lösung eines Problems: nämlich ob es einen Mischling aus einem Affen und einem Menschen geben könnte. Ich dagegen hatte mich an einer dummen Kuh von Negerin zu rächen, und so treffe ich eines Tages nach meiner Rückkehr von der Jagd meinen Affen, den ich mit der Sklavin in meinem Zimmer eingeschlossen hatte, auf und davon, die Sklavin in Tränen und ganz blutig von den Krallen Bells. Einige Wochen später litt sie unter Bauchschmerzen und Übelkeit. Gut! Nun, fünf Monate später kotzte sie mehrere Tage lang; ich war meiner Sache fast sicher. Einmal hatte sie einen so heftigen Nervenanfall, daß man sie an allen vier Gliedern zur Ader ließ, denn ich wäre untröstlich gewesen, wenn sie jetzt gestorben wäre; kurz, nach sieben Monaten kam sie eines schönen Tages auf dem Misthaufen nieder. Sie starb einige Stunden danach, aber der Balg geriet großartig, und ich war, wie ihr euch vorstellen könnt, sehr zufrieden, die Frage war gelöst. Ich habe sofort dem Institut das Protokoll geschickt, und der Minister schickte mir, auf seine Bitte hin, das Ehrenkreuz.«

»Das hast du nun davon, mein lieber Paul, jetzt bist du in der Bredouille.«

»Du hast keine Ahnung, das gefällt den Frauen, sie betrachten es und lächeln, während man mit ihnen spricht. Nun, ich zog das Kind auf, ich liebte es wie ein Vater.«

»Oh, oh«, machte ein Herr mit weißen Zähnen, der immer lachte, »warum habt Ihr es dann nicht bei Euren anderen Reisen nach Frankreich mitgebracht?«

»Ich wollte es lieber bis zu meiner endgültigen Abreise in seiner Heimat bleiben lassen, um so mehr, als die Wette sein Alter auf sechzehn Jahre festgesetzt hatte, denn sie wurde im ersten Jahr meiner Ankunft in Rio de Janeiro geschlossen; kurz, ich habe Mirsa gewonnen, ich habe mit zwanzig Jahren das Ehrenkreuz erhalten, und dann habe ich auf ungewöhnliche Weise ein Kind gemacht.«

»Infernalisch! Dantesk!« sagte ein bleicher Freund.

»Ulkig! Drollig!« sagte ein anderer, der dicke Backen und einen roten Teint hatte.

»Bravo!« sagte der Kavalier.

»Zum Totlachen!« sagte, sich vor Vergnügen auf einer elastischen Causeuse windend, ein Mann, der wie ein Karpfen hüpfte und zappelte, klein, kurz, mit niedriger Stirn, kleinen Augen, stumpfer Nase, schmalen Lippen, rund wie ein Apfel und pickelig wie eine Warzenmelone, »der Streich war famos und kam von einem Meister! Niemals hätte ein gewöhnlicher Mann so etwas gemacht.«

»Was macht er denn, Djalioh? Liebt er Zigarren?« sagt der Raucher, der mit beiden Händen welche hochhielt und dabei absichtlich welche auf die Knie einer Dame fallen ließ.

»Überhaupt nicht, mein Lieber, er verabscheut sie.«

»Jagt er?«

»Noch weniger, er hat Angst vor Gewehrschüssen.«

»Sicher arbeitet er, liest er, schreibt er den ganzen Tag?«

»Dazu müßte er erst einmal lesen und schreiben können.«

»Liebt er Pferde?« fragte der Konvaleszent.

»Ganz und gar nicht.«

»Es ist also ein träges Tier ohne Intelligenz. Liebt er das Geschlecht?«

»Einmal habe ich ihn zu Mädchen gebracht, und er ist weggelaufen und hat eine Rose und einen Spiegel mitgenommen.«

»Wirklich, dann ist er ein Idiot!« sagte die ganze Gesellschaft.

Und die Gruppe trennte sich, um Grimassen schneiden und Kratzfüße machen zu gehen vor den Damen, die ihrerseits in Abwesenheit der Tänzer gähnten und schöntaten.

Die Zeit schritt rasch voran beim Klang der Musik, die zwischen dem Tanz und den Frauen auf dem Teppich hüpfte; es schlug Mitternacht, als man galoppierte.

Djalioh saß seit Beginn des Balls auf einem Stuhl neben den Musikern; von Zeit zu Zeit verließ er seinen Platz und wechselte die Seite. Wenn irgend jemand vom Fest, fröhlich und sorglos, glücklich über den Lärm, zufrieden mit den Weinen, kurz, berauscht von dieser ganzen Kette von Frauen mit nackten Brüsten, lächelnden Lippen, süßen Blicken, ihn bemerkte, wurde er sofort blaß und traurig; deshalb störte seine Anwesenheit, und er wirkte da wie ein Gespenst oder wie ein Dämon.

Einmal setzten sich die Tänzer erschöpft hin, alles wurde stiller, man bot Orgeade an, und nur das Geräusch der Gläser auf den Tabletts unterbrach das allgemeine Stimmengewirr. Das Piano war offen, eine Violine lag darauf, ein Bogen daneben. Djalioh nahm das Instrument und drehte es mehrmals in seinen Händen, wie ein Kind es mit einem Spielzeug tut, er berührte den Bogen und spannte ihn so stark, daß er mehrmals beinahe zerbrochen wäre. Schließlich führte er die Violine zum Kinn; alles fing an zu lachen, so falsch, wunderlich und unzusammenhängend war die Musik; er sah alle diese Männer, alle diese Frauen, die krumm, gebeugt, ausgestreckt auf Bänken und Stühlen saßen, mit großen verdutzten Augen an; er begriff ihr ganzes Lachen nicht und diese plötzliche Heiterkeit; er spielte weiter.

Die Töne waren anfangs langsam und weich, der Bogen streifte die Saiten und strich vom Steg bis zu den Wirbeln über sie hin, fast ohne einen Ton hervorzubringen; dann belebte sich sein Kopf nach und nach, als er sich immer mehr auf das Holz der Violine senkte, er legte seine Stirn in Falten und schloß seine Augen, und der Bogen hüpfte in schnellen Sprüngen über die Saiten wie ein elastischer Ball; die Musik war abgehackt, voll gellender Noten, kreischender Schreie; man fühlte sich bei ihrem Klang wie unter der Last eines schrecklichen Drucks, als wenn alle diese Noten aus Blei gewesen wären und einem auf der Brust gelegen hätten. Und dann waren es kühne Arpeggios, aufsteigende Oktaven, Noten, die massenhaft dahinströmten und dann emporschnellten wie eine gotische Turmspitze, überstürzte Sprünge, wechselnde Akkorde; und alle diese Töne, dieser ganze Lärm von schrillenden Saiten und Noten ohne Takt, ohne Gesang, ohne Rhythmus, eine nichtssagende Melodie, vage und dahineilende Gedanken, die wie ein Dämonenreigen aufeinanderfolgten, Träume, die vorübergehen und entfliehen, von anderen verdrängt werden in einem ruhelosen Wirbel, in einem rastlosen Lauf.

Djalioh hielt verkrampft den Hals des Instruments, und immer wenn einer seiner Finger sich vom Griffbrett löste, ließ sein Nagel die Saite vibrieren, die ersterbend schrillte. Manchmal hielt er inne, erschreckt von dem Geräusch, lächelte blöde und nahm dann mit um so mehr Liebe den Lauf seiner Phantasien wieder auf; schließlich hielt er inne, horchte lange, um zu sehen, ob all das wiederkommen würde, aber nichts! Die letzte Vibration der letzten Note war vor Erschöpfung gestorben. Jeder sah sich an, erstaunt, daß er einen so merkwürdigen Lärm so lange hatte dauern lassen.

Der Tanz fing wieder an; da es fast drei Uhr war, tanzte man einen Kotillon, nur die jungen Frauen blieben, die alten waren aufgebrochen ebenso wie die verheirateten und schwindsüchtigen Männer.

Man öffnete also, um für den Walzer Platz zu haben, die Türen des Salons, des Billardzimmers und des Speisesaals, die unmittelbar aufeinanderfolgten; jeder nahm seine Tänzerin, man hörte den scheppernden Klang des Bogens, der auf das Pult schlug, und setzte sich in Bewegung.

Djalioh stand da, gegen einen Flügel der Tür gelehnt, der Walzer bewegte sich an ihm vorbei, kreisend, lärmend, mit Lachen und Freude, jedesmal sah er Adèle vor sich kreisen und dann verschwinden, wiederkommen und abermals verschwinden; jedesmal sah er sie sich auf einen Arm stützen, der ihre Taille hielt, müde wie sie war vom Tanz und von den Vergnügungen, und jedesmal spürte er einen Dämon in sich, der zappelte, und einen wilden Instinkt, der in seiner Seele aufbrüllte wie ein Löwe in seinem Käfig; jedesmal, beim selben wiederholten Takt, beim selben Bogenstrich, bei derselben Note, am Ende derselben Zeit, sah er den Saum eines weißen Kleides mit rosanen Blumen an sich vorbeiziehen und zwei Seidenschuhe, die klafften, und das dauerte lange, ungefähr zwanzig Minuten. Der Tanz hörte auf. Atemlos wischte sie sich die Stirn ab, und dann fing sie wieder an, noch leichter, noch schwingender und noch hübscher und noch rosiger als je.

Das war eine Höllenqual, der Schmerz eines Verdammten. Was! In seiner Brust alle Kräfte spüren, die man braucht, um zu lieben, und die Seele von einem lodernden Feuer verbrennen lassen, und dann den Vulkan, der einen verzehrt, nicht auslöschen, noch jenes Band, das einen fesselt, zerreißen können! Da sein, gefesselt an einen kalten Felsen, mit durstiger Kehle, wie

Prometheus, einen Geier auf seinem Bauch sehen, der an einem nagt, und in seiner Wut ihn nicht mit seinen beiden Händen zerdrücken und erwürgen können! ›Ach! Warum‹, fragte sich Djalioh in seinem bitteren Schmerz und ließ den Kopf hängen, während der Walzer dahineilte und wirbelte, toll vor Lust, während die Frauen tanzten und die Musik singend vibrierte, ›warum bin ich denn nicht wie all das, glücklich, tanzend? Warum bin ich so häßlich, und warum sind es diese Frauen nicht? Warum fliehen sie, wenn ich lächle? Warum leide ich denn so und sehne mich so und hasse ich mich selbst? Ach! Wenn ich sie nehmen könnte, sie, und dann alle ihre Kleider, die sie bedecken, zerreißen, in Stücke zerfetzen die Schleier, die sie verbergen, und sie dann in meine beiden Arme nehmen, mit ihr weit weg fliehen, durch die Wälder, die Wiesen, die Weiden, die Meere überqueren und endlich im Schatten einer Palme ankommen und sie dann dort so lange ansehen und erreichen, daß auch sie mich ansieht, daß sie mich mit ihren beiden nackten Armen ergreift und dann … ach …‹, und er weinte vor Wut.

Die Lampen gingen aus, die Pendeluhr schlug fünf, man hörte einige Wagen, die anhielten, und dann nahmen Tänzer und Tänzerinnen ihre Kleidung und brachen auf, die Diener schlossen die Läden und gingen hinaus.

Djalioh war an seinem Platz geblieben, und als er den Kopf wieder hob, war alles verschwunden; die Frauen, der Tanz und die Klänge, alles war verflogen – und die letzte Lampe knisterte noch mit einigen Öltropfen, die ihr zu leben blieben.

In diesem Moment erschien die Morgenröte am Horizont hinter den Linden.

*

Er nahm ein Kerze und stieg in seine Kammer. Nachdem er seinen Rock und seine Schuhe ausgezogen hatte, sprang er auf sein Bett, legte seinen Kopf auf sein Kissen und wollte schlafen, aber unmöglich!

Er hörte in seinem Kopf ein fortgesetztes Dröhnen, einen seltsamen Krach, eine wunderliche Musik, das Fieber schlug in seinen Venen, und die Adern seiner Stirn waren grün und geschwollen, sein Blut kochte in seinen Adern, stieg ihm ins Gehirn und erstickte ihn. Er stand auf und öffnete sein Fenster; die frische Morgenluft beruhigte seine Sinne. Der Tag begann, und die Wolken flohen mit dem Mond bei den ersten Strahlen der Helle; die Nacht, er betrachtete lange die tausend phantastischen Formen, die die Wolken zeichnen, dann wandte er den Blick zu seiner Kerze, deren Lichtscheibe seine grünen Seidenvorhänge beleuchtete; endlich, nach einer Stunde, ging er hinaus.

Die Nacht dauerte fast noch an, und Tau hing an jedem Blatt der Bäume; es hatte lange geregnet, die von den Rädern der Wagen aufgewühlten Alleen waren fett und schlammig; Djalioh begab sich in die gewundenste und dunkelste. Er ging lange im Park umher, trat mit seinen Füßen auf das erste Herbstlaub, das gelb war und vom Wind davongetragen wurde. Über das feuchte Gras laufend, durch die Hagebuchenhecke, hörte er beim Geräusch der Brise, die die Bäume bewegte, in der Ferne die ersten Töne der Natur, die erwacht.

Wie süß ist es, so zu träumen, voll Wonne auf das Geräusch seiner eigenen Schritte auf dem trockenen Laub und dem toten Holz zu lauschen, das der Fuß zerbricht, sich auf Wegen ohne Grenze gehenzulassen wie der Strom der Träumerei, der die Seele davonträgt! Und dann packt einen oft lange ein trauriger und stechender Gedanke beim Anblick jenes fallenden Laubs, jener ächzenden Bäume und jener ganzen Natur, die bei ihrem Erwachen traurig singt wie beim Verlassen des Grabes. Dann erscheint einem irgendein geliebtes Haupt im Schatten, eine Mutter, eine Freundin, und die Gespenster, die die schwarze Wand entlangschleichen, ganz ernst und in weißen Hemden; und dann kehrt auch die Vergangenheit wie ein anderes Gespenst zurück, die Vergangenheit mit ihren Nöten, ihren Schmerzen, ihren Tränen und ihrem wenigen Lachen; schließlich zeigt sich die Zukunft ihrerseits, bunter, unbestimmter, von einer leichten Gaze umhüllt wie jene Sylphiden, die sich aus einem Busch erheben und mit den Vögeln davonfliegen. Man hört gern den Wind, der durch die Bäume geht und ihre Wipfel beugt und der wie ein Leichenzug singt und dessen Hauch einem durch die Haare fährt und die brennende Stirn erfrischt.

Es waren schrecklichere Gedanken, in die Djalioh versunken

war. Eine träumerische Melancholie voller Launen und Grillen kommt von einem lauen und langen Schmerz; aber die Verzweiflung ist materiell und greifbar; es war im Gegenteil die Wirklichkeit, die ihn erdrückte.

Ach! Die Wirklichkeit! Ein Gespenst, schwer wie ein Albdruck, und das doch nur eine Dauer ist, wie der Geist!

Für ihn, was bedeutete für ihn die Vergangenheit, die verloren war, und die Zukunft, die sich in einem bedeutungslosen Wort zusammenfaßte: der Tod? Aber die Gegenwart hatte er, die Minute, den Augenblick, von dem er besessen war; eben diese Gegenwart wollte er vernichten, mit dem Fuß zertreten, mit seinen Händen erwürgen. Wenn er an sich dachte, arm und verzweifelt, mit leeren Händen, der Ball und seine Blumen und die Frauen, Adèle und ihre nackten Brüste und ihre Schulter und ihre weiße Hand, wenn er an all das dachte, brach ein wildes Lachen aus seinem Mund hervor und hallte zwischen seinen Zähnen wider, wie ein Tiger, der Hunger hat und stirbt; er sah in seinem Geist das Lächeln Pauls, die Küsse seiner Frau; er sah sie alle beide ausgestreckt auf einem seidigen Lager, mit ihren Armen einander umschlingend in Seufzern und Wollustschreien; er sah sogar das Laken, das sie mit ihren Umarmungen zerwühlten, die Blumen, die auf den Tischen standen, und die Teppiche und die Möbel, kurz, alles, was da war; und wenn er seinen Blick zu sich selbst zurückwandte, wie er zwischen Bäumen allein über das Gras und die zerbrochenen Äste ging, zitterte er; er begriff auch den unermeßlichen Abstand, der ihn davon trennte, und als er sich schließlich fragte, warum das alles so wäre, stellte sich ihm eine unüberschreitbare Barriere in den Weg, und ein schwarzer Schleier verfinsterte sein Denken.

Warum gehörte Adèle nicht ihm? Ach! Wenn er sie hätte, wie glücklich wäre er, sie in seinen Armen zu halten, seinen Kopf auf ihre Brust zu betten und sie mit seinen brennenden Küssen zu bedecken! Und er weinte schluchzend.

Ach! Wenn er wie wir Menschen gewußt hätte, wie das Leben, wenn es uns zum Alptraum wird, mit dem Abzug einer Pistole vergeht und schnell entschwindet, wenn er gewußt hätte, daß für sechs Sous ein Mensch glücklich ist und daß der Fluß die Toten ganz verschlingt! Aber nein! Das Unglück liegt in der Ordnung der Natur, sie hat uns das Gefühl der Existenz gegeben, damit wir es länger behalten.

Er kam bald ans Ufer des Teichs, die Schwäne tummelten sich darin mit ihren Jungen, sie glitten über das Kristall, die Flügel ausgebreitet und den Hals über den Rücken gebogen; die dicksten, das Männchen und das Weibchen, schwammen gemeinsam im schnellen Strom des kleinen Flusses, der den Teich durchquerte; von Zeit zu Zeit drehten sie einander ihren langen weißen Hals zu und sahen sich schwimmend an, dann kamen sie hinter ihnen zurück, tauchten ins Wasser und schlugen mit dem Flügel auf die Oberfläche des Wassers, das von ihren Spielen bewegt wurde, wenn ihre Brust wie der Bug eines Nachens voranstrebte.

Djalioh betrachtete die Anmut ihrer Bewegungen und die Schönheit ihrer Formen; er fragte sich, warum er kein Schwan wäre und schön wie diese Tiere; wenn er sich jemandem näherte, floh man, man verachtete ihn unter den Menschen; warum war er denn nicht so schön wie sie? Warum hatte der Himmel ihn nicht zum Schwan, zum Vogel, zu etwas Leichtem gemacht, das singt und das man liebt? Oder vielmehr, warum war er nicht das Nichts? »Warum«, sagte er, während er mit der Spitze seines Fußes einen Stein vor sich herstieß, »warum bin ich nicht so? Ich trete ihn, er fliegt und leidet nicht!« Dann sprang er in das Boot, löste die Ketten, nahm die Ruder und fuhr auf die andere Seite, auf die Wiese, die sich langsam mit Vieh bevölkerte.

Nach einigen Augenblicken kam er zum Schloß zurück; die Diener hatten schon die Fenster geöffnet und den Salon aufgeräumt, der Tisch war gedeckt, denn es war fast neun Uhr, so langsam und lange war Djaliohs Spaziergang gewesen.

Die Zeit vergeht schnell in der Freude, schnell auch in den Tränen, und dieser Greis rennt immer, ohne den Atem zu verlieren.

Renne schnell, lauf ohne Pause, sichle und schlage erbarmungslos nieder, altes Ding mit weißen Haaren; lauf und renne immer weiter, schleppe dein Elend, du, der du verurteilt bist zu leben, und führe uns rasch in die gemeinsame Grube, wo du ja alles hineinwirfst, was deinen Weg versperrt!

*

Nach dem Frühstück die Promenade, denn die Sonne drang durch die Wolken und begann sich zu zeigen.

Die Damen wollten eine Bootsfahrt machen, die Frische des Wassers würde sie nach den Ermüdungen der Nacht erquicken.

Die Gesellschaft teilte sich in drei Gruppen. In einer waren Paul, Djalioh und Adèle. Sie sah müde aus und war blaß, sie trug ein Kleid aus blauem Musselin mit weißen Blumen, sie war schöner als je. Adèle begleitete ihren Gatten aus Schicklichkeit. Djalioh verstand das nicht; so sehr seine Seele alles erfaßte, was Sympathie und Liebe betraf, so sehr widerstand sein Geist allem, was wir Feingefühl, Sitte, Ehre, Scham und Schicklichkeit nennen. Er setzte sich nach vorn und ruderte.

Mitten im Teich war eine kleine künstlich angelegte Insel, die den Schwänen als Zuflucht dienen sollte; sie war mit Rosen bepflanzt, deren geknickte Zweige sich im Wasser spiegelten und einige verwelkte Blüten darin zurückließen. Die junge Frau zerkrümelte ein Stück Brot, warf es dann aufs Wasser, und sofort kamen die Schwäne herbei, streckten ihren Hals, um die Krümel zu schnappen, die vom Fluß davongetragen wurden. Jedesmal, wenn sie sich vorbeugte und die weiße Hand sich streckte, spürte Djalioh ihren Atem durch seine Haare gehen und ihre Wangen seinen Kopf streifen, der glühte. Das Wasser des Sees war durchsichtig und ruhig, aber der Sturm war in seinem Herzen; mehrmals glaubte er irre zu werden, er führte die Hände an seine Stirn wie jemand im Wahn, der zu träumen glaubt.

Er ruderte schnell, und dennoch kam das Boot langsamer voran als die anderen, alle seine Bewegungen waren abgehackt und verkrampft. Von Zeit zu Zeit wandte sich sein trübes und graues Auge langsam zu Adèle und richtete sich dann auf Paul; er schien ruhig, aber wie die Ruhe der Asche, die eine Glut bedeckt; und dann hörte man nur das Ruder, das ins Wasser fiel, das Wasser, das langsam gegen die Wände des Nachens klatschte, und einige Worte, die die Gatten miteinander wechselten – und dann sahen sie sich lächelnd an, und die Schwäne fuhren schwimmend über den Teich; der Wind ließ einige Blätter auf die Spazierfahrer fallen, und die Sonne schien in der Ferne auf die grünen Weiden, wo sich der Fluß entlangschlängelte, und das Boot glitt zwischen alldem hindurch, schnell und geräuschlos.

Djalioh machte einmal eine Pause, führte seine Hand an seine Augen und nahm sie einige Augenblicke danach ganz heiß und ganz feucht wieder herunter; er griff wieder in seine Ruder, und die Tränen, die über seine Hände flossen, verloren sich im Bach. Als Monsieur Paul sah, daß er von der Gesellschaft entfernt war, nahm er Adèles Hand und drückte auf ihren Satinhandschuh einen langen glücklichen Kuß, der in Djaliohs Ohren widerhallte.

*

Madame de Lansac hatte eine Menge Affen – das ist eine Altweiberleidenschaft –, die einzigen Geschöpfe, die neben den Hunden ihre Liebe nicht verschmähten.

Das ist ohne böse Absicht gesagt, und wenn es eine gäbe, so wäre es vielmehr, um den jungen Leuten zu gefallen, die sie tödlich hassen. Lord Byron sagte, daß er nicht ohne Widerwillen eine hübsche Frau essen sehen könne; er hat vielleicht niemals an die Gesellschaft dieser Frau vierzig Jahre später gedacht, die sich auf ihren Mops und auf ihre Äffin beschränken wird. Alle Frauen, die ihr so jung und so frisch seht, werden ja, wenn sie nicht vor dem sechzigsten Lebensjahr sterben, eines Tages eine Manie für Hunde statt der Manie für Männer haben und mit einem Affen statt mit einem Geliebten leben.

Hélas! Das ist traurig, aber wahr; und dann, nachdem sie so ein Dutzend Jahre lang vergilbt ist und vertrocknet wie ein altes Pergament in der Ofenecke, in Gesellschaft einer Katze, eines Romans, ihres Abendessens und ihres Mädchens, wird dieser Schönheitsengel sterben und eine Leiche werden, das heißt ein Aas, das stinkt – und dann etwas Staub, das Nichts, widerliche Luft, gefangen in einem Grab.

Es gibt Leute, die ich immer im Zustand eines Skeletts sehe und deren gelber Teint mir aus der Erde geknetet zu sein scheint, die sie enthalten wird.

Ich mag Affen nicht besonders, und doch habe ich unrecht, denn sie scheinen mir eine vollendete Imitation der Menschennatur. Wenn ich eines dieser Tiere sehe – ich spreche hier nicht von den Menschen –, so komme ich mir vor, als sähe ich mich in vergrößernden Spiegeln: dieselben Gefühle, dieselben brutalen Gelüste, etwas weniger Hochmut – das ist alles.

Djalioh fühlte sich in merkwürdiger Sympathie zu ihnen hingezogen, er betrachtete sie oft ganze Stunden lang, versunken in tiefes Grübeln oder in allergenaueste Beobachtung.

Adèle näherte sich ihren gemeinsamen Käfigen – denn junge Frauen mögen manchmal Affen, wahrscheinlich als Symbole ihrer Gatten – und warf ihnen Nüsse und Kuchen hin; sofort stürzten sie sich darauf, zankten sich, rissen sich die Stücke weg wie Abgeordnete die Krümel, die vom Ministersessel fallen, und sie stießen Schreie aus wie Advokaten. Einer vor allem schnappte sich den größten Kuchen, fraß ihn schnell auf, nahm die schönste Nuß, knackte sie mit seinen Nägeln, puhlte sie aus und warf die Schalen seinen Gefährten hin mit einer Miene von Freigebigkeit; er hatte um den Kopf herum einen Kranz von spärlichem Haar auf seinem gedrungenen Schädel, der ihn ungefähr einem König ähnlich sehen ließ. Ein anderer saß demütig in einer Ecke, die Augen mit bescheidener Miene gesenkt wie ein Priester, und nahm sich hinterrücks alles, was er nicht offen stehlen konnte. Ein dritter schließlich, es war ein Weibchen, hatte lasches Fleisch, langes Fell, buschige Augen; er kam und ging nach allen Seiten mit lüsternen Gesten, die die Fräulein erröten ließen, biß die Männchen, kniff sie und pfiff ihnen in die Ohren; jener ähnelte manchem Freudenmädchen meiner Bekanntschaft.

Alle Welt lachte über ihre Artigkeiten und ihre Manieren, das war so drollig! Nur Djalioh lachte nicht, saß auf der Erde, die Knie zum Kopf hochgezogen, die Arme auf den Beinen und die Augen halbtot auf einen einzigen Punkt gerichtet.

Am Nachmittag brach man nach Paris auf; Djalioh wurde wieder Adèle gegenübergesetzt, als wenn es dem Schicksal ständig Spaß machte, über seine Qualen zu lachen. Jeder schlief müde ein beim sanften Geschaukel der Hängeriemen und beim Geräusch der Räder, die sich langsam drehten in den vom Regen ausgewaschenen Wagenspuren, und die Hufe der Pferde versanken ausgleitend im Dreck; eine Scheibe, die hinter Djalioh offen war, brachte Luft in den Wagen, und der Wind blies über seine Schultern und in seinen Hals. Alle überließen ihre schlummernden Köpfe der Bewegung der Kalesche; nur Djalioh schlief nicht und hielt ihn über seiner Brust gesenkt.

*

Man war in den ersten Tagen des Monats Mai, es war gerade, glaube ich, sieben Uhr vormittags, die Sonne ging auf und beleuchtete mit ihrem Glanz ganz Paris, das an einem schönen Frühlingstag erwachte.

Madame Paul de Monville war frühzeitig aufgestanden und hatte sich in einen Salon zurückgezogen, um dort rasch vor der Stunde des Bades, des Frühstücks und der Promenade einen Roman von Balzac auszulesen.

Die Straße, in der die Vermählten wohnten, war im Faubourg Saint-Germain, verlassen, breit und ganz von dem Schatten bedeckt, den die großen Mauern, die hohen und erhabenen Paläste und die Gärten warfen, die sich dahinzogen mit ihren Akazien, ihren Linden, deren dichte und rauschende Gipfel über die Mauern hingen, wo Grashalme zwischen den Steinen durchdrangen. Selten hörte man ein Geräusch außer dem einer Equipage, die mit ihren zwei weißen Pferden über das Pflaster rollte, oder aber nachts das der Jugend, die von einer Orgie oder einem Schauspiel heimkehrte in Begleitung einiger Huren mit nackten Brüsten, geröteten Augen, zerfetzten Kleidern.

Das war einer jener Paläste, wo Djalioh mit Monsieur Paul und seiner Frau wohnte, und seit bald zwei Jahren war vieles in seiner Seele vorgegangen, und die zurückgehaltenen Tränen hatten einen tiefen Graben darin ausgehöhlt.

Eines Morgens – es war jener Tag, von dem ich euch spreche – stand er auf und ging in den Garten hinaus, wo ein ungefähr einjähriges Kind, eingewickelt in Musselin, Gaze, Broderien, farbige Bänder, in einer Nachenwiege schlief, deren Schwengel von den Strahlen der Sonne vergoldet wurde.

Sein Kindermädchen war nicht da; er sah nach allen Seiten, ging nahe, ganz nahe an die Wiege heran, hob rasch die Decke hoch, dann blieb er einige Zeit stehen und betrachtete diese schlummernde und eingeschlafene arme Kreatur mit ihren fleischigen Händen, ihren rundlichen Formen, ihrem weißen Hals, ihren kleinen Nägeln; schließlich nahm er es in seine beiden Hände, ließ es über seinen Kopf in der Luft kreisen und schleuderte es mit all seiner Kraft auf den Rasen, der von dem Aufschlag dröhnte. Das Kind stieß einen Schrei aus, und sein Hirn spritzte zehn Schritt weit in die Nähe einer Levkoje.

Djalioh öffnete seine bleichen Lippen und stieß ein krampfhaftes Gelächter aus, das kalt und schrecklich war wie das der Toten. Sofort ging er auf das Haus zu, stieg die Treppe hinauf, öffnete die Tür zum Speisesaal, schloß sie wieder zu, nahm den Schlüssel, den des Korridors ebenso, und warf sie, im Vestibül des Salons angekommen, durch das Fenster auf die Straße. Schließlich trat er in den Salon, ganz leise, auf Zehenspitzen, und sobald er eingetreten war, schloß er den Riegel zweimal zu. Ein Halbdunkel erleuchtete ihn spärlich, so wenig Licht ließen die sorgfältig geschlossenen Jalousien eindringen.

Djalioh blieb stehen, und er hörte nur das Geräusch der Blätter, die die weiße Hand Adèles wendete, die lässig auf einem rotsamtenen Sofa ausgestreckt war, und das Gezwitscher der Vögel der Voliere auf der Terrasse, deren Flügelschläge gegen das Eisengitter man durch die grünen Jalousien hörte. In einer Ecke des Salons neben dem Kamin war eine Jardiniere aus Mahagoni, ganz angefüllt von duftenden, rosanen, weißen, blauen hohen oder buschigen Blumen mit grünem Blattwerk, einem blanken Stiel, die sich hinten in einem großen Spiegel spiegelten.

Endlich näherte er sich der jungen Frau und setzte sich neben sie. Sie zitterte plötzlich und richtete ihre verstörten blauen Augen auf ihn; ihr Morgenrock aus weißem Musselin war weit und vorne offen, und ihre übereinandergeschlagenen Beine zeichneten trotz ihrer Kleidung die Form ihrer Schenkel ab. Um sie herum war ein berauschendes Parfum; ihre auf den Stuhl geworfenen weißen Handschuhe mit ihrem Gürtel, ihrem Taschentuch, ihrem Halstuch, all das hatte ein so delikates und so berauschendes Odeur, daß Djaliohs große Nüstern sich weiteten, um dessen Aroma einzusaugen.

Ach! Neben der Frau, die man liebt, ist eine duftige Atmosphäre, die einen berauscht.

»Was wollt Ihr von mir?« sagte sie entsetzt, sobald sie ihn erkannt hatte.

Und es folgte ein langes Schweigen; er antwortete nicht und heftete einen verzehrenden Blick auf sie, dann nahm er, sich mehr und mehr nähernd, ihre Taille mit seinen beiden Händen und drückte auf ihren Hals einen glühenden Kuß, der Adèle wie der Biß einer Schlange zu kneifen schien; er sah ihr Fleisch erröten und zittern.

»Oh! Ich werde um Hilfe schreien«, rief sie erschrocken. »Zu Hilfe! Zu Hilfe! Oh! Die Mißgeburt!« fügte sie hinzu und sah ihn an.

Djalioh antwortete nicht; er lallte nur und schlug voll Wut auf seinen Kopf. Was! Ihr nicht ein Wort sagen können! Nicht seine Martern und seine Schmerzen aufzählen können und ihr nur die Tränen eines Tieres und die Seufzer einer Mißgeburt zu bieten haben! Und dann wie ein Reptil zurückgestoßen werden! Gehaßt werden von dem, was man liebt, und vor sich die Unmöglichkeit fühlen, etwas zu sagen! Verflucht sein und nicht lästern können!

»Laßt mich, Gnade! Laßt mich! Seht Ihr denn nicht, daß Ihr mir Entsetzen und Widerwillen einflößt? Ich werde Paul rufen, er wird Euch töten.«

Djalioh zeigte ihr den Schlüssel, den er in seiner Hand hatte, und er hielt inne. Die Pendeluhr schlug acht, und die Vögel zwitscherten in der Voliere; man hörte das Rollen eines Karrens, der vorbeifuhr und sich dann entfernte.

»Also, geht Ihr wohl raus? Laßt mich, um Himmels willen!«

Und sie wollte aufstehen, aber Djalioh hielt sie am Zipfel ihres Kleides fest, das unter seinen Nägeln zerriß.

»Ich will hinausgehen, ich muß hinausgehen ... Ich muß mein Kind sehen, Ihr werdet mich doch mein Kind sehen lassen!«

Ein grauenhafter Gedanke ließ sie an allen ihren Gliedern zittern, sie erblich und fügte hinzu:

»Ja, mein Kind! Ich muß es sehen ... und zwar sofort, augenblicklich!«

Und sie drehte sich um und sah vor sich ein Dämonengesicht Fratzen schneiden; er begann so lange, so stark zu lachen und all das in einem einzigen Ausbruch, daß Adèle vor Entsetzen versteinert ihm vor die Füße, auf die Knie fiel.

Auch Djalioh kniete nieder, dann nahm er sie, setzte sie mit

Gewalt auf seine Knie, und mit seinen beiden Händen zerfetzte er alle ihre Kleider, zerriß die Schleier, die sie bedeckten; und als er sie, zitternd wie Espenlaub, in ihrem Hemd sah und ihre beiden Arme über ihre nackten Brüste kreuzen, weinen, mit roten Backen und bläulichen Lippen, fühlte er sich unter der Last eines merkwürdigen Drucks; dann nahm er die Blumen, streute sie auf den Boden, zog die rosaseidenen Vorhänge zu und legte seinerseits seine Kleider ab.

Adèle sah ihn nackt, sie zitterte vor Entsetzen und wandte den Kopf ab; Djalioh näherte sich und hielt sie lange gegen seine Brust gepreßt; da spürte sie auf ihrer warmen und seidigen Haut das kalte und behaarte Fleisch der Mißgeburt; er sprang auf das Kanapee, warf die Kissen herunter und wiegte sich lange auf der Lehne mit einer mechanischen und regelmäßigen Bewegung seiner flexiblen Wirbel; er stieß von Zeit zu Zeit einen gutturalen Schrei aus, und er lächelte zwischen seinen Zähnen.

Was begehrte er mehr! Eine Frau vor sich, Blumen zu seinen Füßen, ein rosiges Licht, das sie beleuchtete, das Geräusch einer Voliere zur Musik und irgendeinen bleichen Sonnenstrahl zu ihrer Beleuchtung!

Er brach seine Gymnastik bald ab, rannte auf Adèle zu, grub ihr seine Krallen ins Fleisch und zerrte sie zu sich hin; er zog ihr das Hemd aus.

Als sie sich im Spiegel ganz nackt sah in den Armen Djaliohs, stieß sie einen Entsetzensschrei aus und betete zu Gott; sie wollte um Hilfe rufen, aber unmöglich, ein einziges Wort hervorzubringen.

Als Djalioh sie so sah, nackt und mit aufgelösten Haaren auf ihren Schultern, stand er reglos vor Benommenheit still wie der erste Mann, der eine Frau sah; er berührte sie einige Zeit lang nicht, riß ihr ihre blonden Haare aus, steckte sie in seinen Mund, biß sie, küßte sie; dann wälzte er sich auf der Erde über die Blumen, zwischen den Kissen, über die Kleider von Adèle, zufrieden, irre, trunken vor Liebe.

Adèle weinte; eine Blutspur rann über ihre Alabasterbrüste.

Schließlich kannte seine wilde Brutalität keine Grenzen mehr; er sprang mit einem Satz auf sie, zog ihre beiden Hände auseinander, legte sie auf die Erde und wälzte sie wie von Sinnen hin und her. Oft stieß er wilde Schreie hervor und breitete die beiden Arme aus, stumpfsinnig und reglos, dann röchelte er vor Wollust wie ein Mann, der sich …

Plötzlich spürte er die Krämpfe Adèles unter sich, ihre Muskeln verhärteten sich wie Eisen, sie stieß einen klagenden Schrei und einen klagenden Seufzer aus, die durch Küsse erstickt wurden. Dann fühlte er sie kalt, ihre Augen schlossen sich, sie rollte um sich selbst, und ihr Mund stand offen.

Als er sie sehr lange reglos und vereist gespürt hatte, stand er auf, drehte sie nach allen Seiten, küßte ihre Füße, ihre Hände, ihren Mund und rannte hüpfend gegen die Wände. Mehrmals wiederholte er seinen Lauf; einmal jedoch schlug er mit dem Kopf voran gegen den Marmorkamin – und fiel, reglos und blutüberströmt auf Adèles Körper.

*

Als man Adèle fand, hatte sie breite und tiefe Krallenspuren auf dem Körper; Djalioh dagegen hatte einen entsetzlich gebrochenen Schädel. Man glaubte, die junge Frau habe ihn bei der Verteidigung ihrer Ehre mit einem Messer getötet. All das stand in den Zeitungen, und ihr könnt euch vorstellen, daß es acht Tage lang zu vielen So und Ach Anlaß gab.

Am nächsten Tag beerdigte man die Toten. Der Leichenzug war prächtig; zwei Särge, der der Mutter und des Kindes, und all das mit schwarzen Federbüschen, Kerzen, singenden Priestern, einer drängelnden Menge und schwarzen Männern in weißen Handschuhen.

*

»Das ist ja entsetzlich!« rief einige Tage danach eine ganze Krämerfamilie, die patriarchalisch um eine enorme Hammelkeule versammelt war, deren Duft in die Nase stach.

»Armes Kind!« sagte die Frau des Krämers, »ein Kind töten! Was hatte es ihm denn getan?«

»Wie!« sagte der Krämer, entrüstet in seiner Tugend, ein eminent moralischer Mann, ausgezeichnet mit dem Ehrenkreuz für gute Führung in der Nationalgarde und Abonnent des *Constitutionnel.* »Wie! Dies arme Frauchen töten! Das ist eine Schande!«

»Aber ich glaube auch, daß es die Wirkung der Leidenschaft ist«, sagte ein dicker pausbäckiger Junge, der Sohn des Hauses, der gerade mit siebzehn seine Quarta abgeschlossen hatte, weil sein Vater der Meinung war, daß man der Jugend eine *Indukation* geben müsse.

»Ach! Müssen die Leute wenig Beherrschung haben«, sagte der Krämerjunge, wobei er zum drittenmal Bohnen verlangte.

Es klingelte im Laden, und er ging für zwei Sous Kerzen verkaufen.

*

Ihr wollt mit aller Gewalt ein Ende, nicht wahr? Und ihr findet, daß ich sehr saumselig bin, es zu geben; nun gut!

Was Adèle angeht, so wurde sie beerdigt, aber nach zwei Jahren hatte sie viel von ihrer Schönheit verloren, denn man exhumierte sie, um sie auf den Père-Lachaise zu bringen, und sie stank so sehr, daß einem Totengräber schlecht wurde.

Und Djalioh?

Oh! Er ist prächtig, lackiert, poliert, gepflegt, großartig, denn ihr müßt wissen, daß das Zoologische Kabinett sich seiner bemächtigt und ein prächtiges Skelett daraus gemacht hat.

Und Monsieur Paul?

Richtig, ich vergaß ihn! Er hat wieder geheiratet; manchmal habe ich ihn im Bois de Boulogne gesehen, und heute abend könnt ihr ihn im Théâtre des Italiens treffen.

Aus dem Französischen von Traugott König

Joseph Sheridan Le Fanu

GRÜNER TEE

Der Reverend Mr. Jennings ist groß und hager. Er steht in mittleren Jahren und kleidet sich adrett, altmodisch und akkurat. Natürlich gebärdet er sich ein wenig feierlich, jedoch durchaus nicht etwa steif. Sein Gesicht ist nicht hübsch, aber gut geschnitten, und der Ausdruck ist äußerst gütig, aber auch scheu.

Ich lernte ihn eines Abends bei Lady Mary Heyduke kennen. Die Ehrbarkeit und Güte seiner Züge sind ungemein einnehmend. Wir waren nur eine kleine Gesellschaft, und er schloß sich der Unterhaltung aufs liebenswerteste an. Anscheinend zieht er es bei weitem vor, den Gesprächen zuzuhören, anstatt sich selbst einzuschalten; doch was er zu sagen hat, ist immer gut formuliert und treffend. Er steht in besonderer Gunst bei Lady Mary, die ihn vermutlich in vielen Dingen um Rat fragt und ihn für den glücklichsten und begnadetsten aller Menschen hält. Wie wenig sie doch über ihn weiß!

Der Reverend ist Junggeselle und hat, wie es heißt, sechzigtausend Pfund Kapital. Er ist eifrig bedacht, seinen heiligen Beruf aktiv auszuüben, und doch – obgleich er sich andernorts immer einigermaßen wohl fühlt –, sowie er auf seine Pfarre in Warwickshire zurückkehrt, um seinen Seelsorgerpflichten nachzukommen, läßt ihn alsbald seine Gesundheit im Stich, und zwar auf höchst seltsame Art. So behauptet es jedenfalls Lady Mary.

Die Sonne war schon untergegangen, und die rote Glut, die der Abendhimmel noch widerstrahlte, hüllte den Schauplatz in jene eigentümliche Stimmung, die uns allen wohlbekannt ist. Die Halle war sehr düster; doch als ich dann in das rückwärtige Wohnzimmer trat, dessen Fenster nach Westen blickten, stand ich wieder im gleichen rötlichen Dämmerlicht.

Ich setzte mich und sah auf die baumbestandene Landschaft, die in jenem großartigen, schwermütigen Licht glomm, das von Sekunde zu Sekunde bleicher wurde. Die Ecken des Zimmers waren schon dunkel; alle Umrisse verschwammen, und das Düster beeinflußte unwillkürlich auch mein Gemüt, das auf Unheilvolles vorbereitet war. Ich saß allein und erwartete sein Kommen. Dann öffnete sich die Verbindungstür zum Vorderzimmer, und die hohe Gestalt Mr. Jennings', die im Zwielicht nur schwach zu erkennen war, trat mit leisen, unhörbaren Schritten ins Zimmer.

Wir reichten uns die Hand, und, nachdem er einen Stuhl am Fenster gewählt hatte, wo noch so viel Licht war, daß wir unsre Gesichter erblicken konnten, setzte er sich neben mich, legte mir die Hand auf den Arm und begann ohne längere Einleitung mit seinem Bericht.

Wie Mr. Jennings zu seinem Gefährten kam

Das matte Glühen des westlichen Himmels und die Pracht der einsamen Waldungen von Richmond befanden sich uns gegenüber, während hinter und um uns das dunkler werdende Zimmer lag. Über dem fast versteinerten Antlitz des Leidenden – sein Gesichtsausdruck, obwohl immer noch sanft und gütig, war nämlich verändert –, hing jener trübe, seltsame Schimmer, der, wo er auch hinfällt, überraschende, wenn auch matte Lichter hervorruft, die fast ohne Übergang plötzlich im Dunkel erlöschen. Es herrschte äußerste Stille; kein fernes Räderknarren oder Bellen, kein Pfeifen drang von draußen an unser Ohr, und drinnen hing das niederdrückende Schweigen eines Hauses, das nur von einem kranken Junggesellen bewohnt wurde.

Ich erriet sehr wohl die Natur, obwohl nicht einmal annäherungsweise die Einzelheiten der Enthüllung, die er mir machen sollte, und las manches von dieser starren Leidensmaske ab, die sich, merkwürdig überglüht und fast wie ein Porträt Schalkens, vom dunklen Hintergrund abhob.

»Es begann«, sagte er, »am fünfzehnten Oktober, vor drei Jahren, elf Wochen und zwei Tagen – ja, ich verbuche die Zeit genauestens, denn jeder Tag ist eine Folterqual. – Wenn sich im Verlauf meiner Schilderung eine Lücke ergeben sollte, so fragen Sie nur.

Vor etwa vier Jahren fing ich eine Arbeit an, die viel Nachdenken und Lesen erforderte. Sie handelte von der religiösen Metaphysik der Alten.«

»Ich verstehe«, sagte ich. » Die eigentliche Religion des denkenden Heidentums, fern aller symbolischen Götterverehrung? Ein sehr weites und interessantes Gebiet!«

»Ja, aber nicht gut fürs Gemüt, für das christliche Gemüt, meine ich. Das Heidentum stellt eine wesentliche Einheit dar, und seine Religion umfaßt in falsch angebrachter Sympathie die Künste und die Sitten; ein solches Thema ist von einer Faszination, die erniedrigt, und die Rache ist gewiß. Gott möge mir vergeben!

Ich schrieb sehr viel. Ich schrieb bis tief in die Nacht hinein. Ich dachte dauernd an mein Thema, wo ich ging und stand, überall. Es hatte mich bereits völlig infiziert. Sie müssen bedenken, daß alle damit verknüpften Ideen mehr oder weniger das Schöne betreffen, daß dieser Gegenstand hinreißend interessant ist und daß ich selber unbesorgt war.«

Er seufzte tief.

»Ich glaube, daß jedermann, der sich ernstlich ans Schreiben begibt, seine Arbeit, wie einer meiner Freunde es ausdrückt, *kraft* irgendeines Reizmittels, des Tees oder des Kaffees oder Tabaks, vollbringt. Ich vermute, daß bei dieser Beschäftigung ein materieller Verlust stattfindet, der stündlich ersetzt werden muß, sonst würden wir zu abstrakt, und der Geist würde gewissermaßen den Körper verlassen, wenn er nicht des öfteren durch eine wirkliche Empfindung an den Zusammenhang mit dem Körper erinnert würde. Ich jedenfalls spürte diesen Verlust und trug ihm Sorge. Der Tee wurde mir zu einem Bedürfnis. Zuerst der gewöhnliche schwarze Tee, auf die übliche Art zubereitet, und nicht zu stark. Doch trank ich große Mengen und machte ihn allmählich immer stärker. Ich beobachtete nie nachteilige Symptome. Dann begann ich, etwas grünen Tee zu mir zu nehmen. Ich fand ihn in der Wirkung angenehmer, da er die Denkkraft klärt und vertieft. Ich hatte mir angewöhnt, ihn häufig zu trinken, jedoch nicht stärker, als man es um des Genusses willen tun mag. Einen großen Teil meiner Arbeit schrieb ich hier draußen; es war so still, und in eben diesem Zimmer. Ich pflegte lange aufzubleiben, und es wurde mir zur Gewohnheit, während des Arbeitens immer wieder ein wenig Tee – grünen Tee – zu nippen. Auf meinem Tisch befand sich ein kleiner Kessel, der über einem Flämmchen hing, und zwischen elf Uhr und drei Uhr nachts, meiner üblichen Zubettgehstunde, machte ich mir zwei- bis dreimal Tee. Damals pflegte ich täglich in die Stadt zu fahren. Ich lebte nicht wie ein Einsiedler, und wenn ich auch ein bis zwei Stunden des Tages in einer Bibliothek zubrachte, Quellenmaterial aufstöberte und klärende Stellen nachlas, war mein Zustand doch, soweit ich es beurteilen kann, keineswegs morbid. Ich war fast genau so häufig wie sonst mit meinen Freunden zusammen und genoß ihre Gesellschaft; ja, im großen und ganzen, scheint es mir, war mein Leben noch nie so angenehm gewesen.

Ich lernte damals einen Mann kennen, der ein paar merkwürdige alte Bücher besaß, deutsche Ausgaben eines mittelalterlichen Lateins, und war nur zu glücklich, daß sie mir zugänglich gemacht werden sollten. Die Bücher dieses hilfsbereiten Mannes befanden sich in der City in einem sehr abgelegenen Stadtteil. Ich hatte an jenem Abend meine ursprünglich beabsichtigte Aufbruchszeit beträchtlich überschritten, und als ich aus dem Hause trat und keine Droschke in der Nähe sah, trieb es mich, in den Omnibus zu steigen, der dort vorüberfuhr. Es war dunkler als eben jetzt. Der Omnibus hatte mittlerweile ein altes Haus erreicht, das Ihnen vielleicht schon aufgefallen ist; mit vier Pappeln auf jeder Seite der Haustür. Dort verließ der letzte Fahrgast den Wagen, und wir fuhren nun bedeutend schneller weiter. Es war Dämmerlicht. Ich lehnte mich in eine Wagenecke zunächst der Tür und hing angenehmen Gedanken nach.

Das Innere des Wagens war fast völlig dunkel. Ich hatte in der Ecke mir gegenüber, gleich am Eingang, zwei kleine kreisrunde Lichter bemerkt, die mir etwas rötlich vorkamen. Sie standen etwa zwei Zoll voneinander entfernt und waren von der Größe jener Messingknöpfe, die manche Jachtbesitzer auf ihren Jacken zu tragen pflegen. Wie es sorglosen Menschen geht, begann ich über diese, wie mir schien, unbedeutende Tatsache nachzusinnen. Von welcher Lichtquelle mochte das schwache, aber tiefrote Licht kommen, und von was für Knöpfen, Glasperlen oder Spielzeugkram wurde es aufgefangen? Wir rumpelten weiter und hatten noch etwa eine Meile vor uns. Ich konnte dem Rätsel nicht auf den Grund kommen, und bald wurde es noch seltsamer; denn mit jähem Schwung sprangen die beiden leuchtenden Punkte näher auf den Fußboden zu, behielten ihre Entfernung und die horizontale Lage bei, und dann plötzlich stiegen sie bis zur Höhe des Sitzes, auf dem ich mich befand, und ich konnte sie nicht mehr sehen.

Nun war meine Neugierde wirklich geweckt, und ehe ich Zeit hatte, darüber nachzudenken, erblickte ich die beiden matten Lämpchen wieder, diesmal dem Fußboden noch näher. Dann entschwanden sie wieder, und schließlich sah ich sie auf ihrem alten Eckplatz.

Es war nur sehr wenig Licht im Omnibus, fast war es völlig dunkel. Ich neigte mich vor, um zu entdecken, was die kleinen roten Scheiben eigentlich zu bedeuten hatten. Während ich es tat, wechselten sie ihre Stellung ein wenig. Ich begann nun, schwarze Umrisse zu erkennen, und bald sah ich ziemlich deutlich, daß es ein kleiner schwarzer Affe war, der sein Gesicht, mich nachäffend, vorwärtsneigte, mir entgegen. Seine Augen waren es also gewesen, und jetzt bemerkte ich undeutlich, daß er die Zähne nach mir bleckte.

Ich wich zurück, da ich nicht wußte, ob er nicht etwa im Sinn hatte, mich anzuspringen. Ich nahm an, daß einer der Fahrgäste sein scheußliches Schoßtierchen vergessen hatte, und da ich mich seiner Gemütsart vergewissern, jedoch lieber nicht meine Finger dazu benutzen wollte, stieß ich sanft mit meiner Schirmspitze nach ihm. Das Tier blieb unbeweglich sitzen, angesichts des Schirms, der es – *durchbohrte!* Ja, er durchbohrte es, hin und her, ohne den geringsten Widerstand.

Ich kann Ihnen auch nicht im entferntesten das Grauen beschreiben, das ich empfand. Als ich mich überzeugt hatte, daß das Ding da vor mir eine Sinnestäuschung war (wie ich damals annahm), überfielen mich Zweifel an mir selbst und ein so lähmendes Entsetzen, daß ich meinen Blick ein paar Sekunden lang nicht von den Augen der Bestie abwenden konnte. Während ich noch hinsah, hüpfte sie ein klein wenig nach rückwärts, ganz in die Ecke hinein, und plötzlich stand ich, von einer Panik ergriffen, an der Tür, steckte den Kopf ins Freie und sog die frische Luft ein, während ich auf die Lichter und Bäume blickte, an denen wir vorüberfuhren, und nur zu froh war, ihrer Wirklichkeit gewiß sein zu können.

Ich ließ halten und stieg aus. Es fiel mir auf, daß der Mann mich seltsam ansah, als ich bezahlte. Sicher muß etwas Ungewöhnliches in meiner Miene und meinen Gebärden gelegen haben; denn noch nie vorher war mir so zumute gewesen.«

»Als der Omnibus weiterfuhr und ich allein auf der Landstraße stand, blickte ich mich aufmerksam nach allen Seiten, um mich zu vergewissern, daß das Ding mir nicht gefolgt war. Zu meiner unbeschreiblichen Erleichterung sah ich es nirgends. Ich kann Ihnen kaum schildern, was für einen Schreck ich gehabt hatte und welch Dankgefühl ich nun empfand, weil ich, wie ich annahm, die Bestie losgeworden war.

Ich war etwas frühzeitig ausgestiegen und hatte bis zu meinem Hause hier noch etwa zweihundert bis dreihundert Schritte zurückzulegen. Eine Backsteinmauer begleitet den Fußweg, und jenseits der Mauer verläuft eine Hecke aus Taxus oder sonst einem dunklen Immergrün und dahinter die Reihe schöner Bäume, die Sie wohl bei ihrer Ankunft bemerkt haben.

Diese Backsteinmauer ist ungefähr so hoch wie meine Schulter, und als ich zufällig den Blick aufhob, sah ich den Affen, der in vornübergeneigter Haltung auf allen vieren oben auf der Mauer entlanglief oder -klomm. Ich blieb stehen und starrte ihn mit einem Gefühl unsäglichen Widerwillens und Grauens an. Als ich stehenblieb, wartete auch er. Er saß auf der Mauer, die langen Hände auf den Knien, und blickte mich an. Es war nicht hell genug, um mehr als die bloßen Umrisse zu erkennen, und es war wiederum nicht dunkel genug, das seltsame Licht seiner Augen stark hervortreten zu lassen. Doch sah ich das rötlich-nebelhafte Glimmen hinreichend deutlich. Das Tier fletschte weder die Zähne, noch zeigte es sonst irgendwelche Erregung; doch schien es erschöpft und verdrießlich und starrte mich ständig an.

Ich zog mich auf die Mitte der Fahrstraße zurück. Es war ein instinktives Zurückweichen, und da stand ich nun und blickte es an: Es rührte sich nicht.

In der unbewußten Absicht, etwas zu unternehmen, nur irgend etwas, kehrte ich um und ging schnell auf die Stadt zu, wobei ich die ganze Zeit über mit Seitenblicken die Bewegungen des Tieres im Auge behielt. Es kroch flink die Mauerkrönung entlang, genau in meinem Tempo.

Wo die Mauer endet, nahe der Straßenbiegung, schoß es hinunter und gelangte mit zwei kräftigen Sprüngen mir dicht vor die

Füße und hielt mit mir Schritt, als ich schneller ausholte. Es blieb mir zur Linken, so dicht neben mir, daß ich ständig glaubte, ich müsse es treten.

Die Landstraße war ganz verlassen und still, und mit jedem Augenblick wurde es dunkler. Ich blieb bestürzt und ratlos stehen und wandte mich dabei um, in die entgegengesetzte Richtung, das heißt, wieder meinem Hause zu. Als ich stehenblieb, wich der Affe auf eine Entfernung von etwa fünf Metern zurück, blieb dort und starrte mich an.

Ich hatte mich stärker aufgeregt, als es jetzt klingen mag. Natürlich hatte ich, wie jedermann, von Halluzinationen gelesen, wie die Ärzte derartige Phänomene bezeichnen. Ich bedachte meine Situation und nahm mein Unglück auf mich.

Ich entschloß mich, den Abend zu Hause zu verbringen. Das Vieh hielt sich dicht neben mir. Ich hatte Angst, in die Stadt zu gehen; ich hatte Angst, jemanden zu sehen oder von jemand erkannt zu werden. Ich fühlte eine unbezwingliche Erregung bei allem, was ich tat. Ich fürchtete mich auch vor einem jähen Abweichen von meinen sonstigen Gewohnheiten, etwa, mich irgendwo zu amüsieren oder spazierenzugehen, um mich müde zu machen. An der Haustür wartete das Vieh, bis ich die Stufen hinaufgestiegen war, und als die Tür sich öffnete, trat es gleichzeitig mit mir ein.

An jenem Abend trank ich keinen Tee. Ich holte mir Zigarren und Kognak. Der Beweggrund hierzu war die Idee, meinen Körper irgendwie zu beeinflussen und eine Weile in der Welt der Empfindungen und nicht der Gedanken zu leben, mich gewissermaßen mit Gewalt in ein neues Geleise zu werfen. Ich kam hier in das Wohnzimmer. Dort saß ich. Der Affe sprang auf ein Tischchen, das damals da drüben stand. Er sah betäubt und müde aus. Eine Unruhe zwang mich, seine Bewegungen ständig im Auge zu behalten. Seine Augen waren halb geschlossen; doch sah ich sie glimmen. Er starrte mich dauernd an. In jeder Lage, zu jeder Stunde ist er wach und starrt mich an. Das ändert sich niemals.

Ich will nicht im einzelnen mit meinem Bericht über jenen ersten Abend fortfahren. Vielmehr möchte ich die Erscheinungen des ersten Jahres schildern, die sich nie wesentlich änderten. Ich möchte den Affen beschreiben, wie er bei Tage aussieht. Es ist ein kleiner, vollkommen schwarzer Affe. Er hat einen einzigen Charakterzug: den unergründlicher Bosheit. Im ersten Jahr sah er nur mürrisch und kränklich aus. Doch während der ganzen Zeit ließ er nie die Augen von mir. Und ich habe ihn nie aus den Augen verloren, ausgenommen, wenn ich schlief, doch sonst weder im Hellen noch im Dunkeln, weder bei Tage noch bei Nacht, und nur dann, wenn er ausnahmsweise einmal für einige Wochen sehr überraschend verschwindet.

In völliger Finsternis ist er genau so sichtbar wie bei Tage. Ich meine nicht nur seine Augen. Er ist ganz und gar zu sehen und von einer Aura umgeben, die dem Glimmen glühender Asche gleicht. Sie begleitet all seine Bewegungen.

Wenn er mich eine Zeitlang verläßt, so immer bei Nacht, im Dunkeln und auf die gleiche Art. Zuerst wird er unruhig, dann geht er auf mich los, grinst und schüttelt die geballten Fäuste, und gleichzeitig erscheint in meinem Kamin ein Feuer. Ich brenne nie ein Feuer im Kamin. Ich kann nicht schlafen, wenn ein Feuer in meinem Kamin brennt. Der Affe rutscht näher und auf den Kamin zu, zittert, wie es scheint, vor Wut, und wenn sein Zorn aufs höchste gestiegen ist, springt er auf den Kaminrost und in den Schlot hinauf, und ich sehe ihn nicht mehr.

Als ich dies zum erstenmal sah, dachte ich, nun sei ich von ihm befreit. Ich war wie neugeboren. Ein Tag ging vorüber, eine Nacht – und er kam nicht wieder. Dann eine gesegnete Woche, noch eine Woche – und noch eine Woche. Ich war immer auf den Knien, Doktor Hesselius, und dankte Gott und betete. Einen vollen Monat währte meine Freiheit – und dann war er ganz unvermittelt wieder um mich.

Zweites Stadium

Ich reiste in einer Kutsche. Ich war guter Laune. Mehr als das, ich war glücklich und dankbar. Ich kehrte zurück, befreit von einer scheußlichen Halluzination, zurück zu meinen Pflichten, denen ich so gern wieder nachkommen wollte. Es war ein schöner, sonniger Abend; alles sah so friedlich und heiter aus, und ich war begeistert. Ich erinnere mich, wie ich aus dem Fenster blickte, um den Kirchturm von Kenlis zu suchen, dort, wo man ihn zum erstenmal erblickt. Es ist an der Stelle, wo der kleine Bach, der die Pfarre begrenzt, unter der Landstraße durch eine Röhre fließt. Wo er wieder zutage tritt, steht eine Steintafel mit einer alten Inschrift. Als wir diese Stelle passiert hatten, zog ich den Kopf wieder ins Innere und setzte mich. In der Ecke der Kutsche saß der Affe.

Einen Augenblick lang war ich einer Ohnmacht nahe und dann vor Entsetzen und Verzweiflung ganz rasend. Ich befahl dem Kutscher, zu halten, und stieg aus, setzte mich am Wegrande nieder und betete stumm zu Gott um Barmherzigkeit. Eine verzweifelte Resignation überkam mich. Mein Gefährte war um mich, als ich die Pfarre betrat. Das gleiche Verfolgungsspiel begann. Nach kurzem Kampf gab ich nach und verließ meine Gemeinde.

Ich berichtete Ihnen, daß das Ding auf gewisse Weise angreiferisch geworden war. Das möchte ich näher erklären. Es schien sich in eine ungeheure, zunehmende Raserei zu steigern, sobald ich meine Gebete sprach oder auch nur an Beten dachte. Schließlich wurde es zu einer furchtbaren Störung. Sie werden fragen, wie konnte eine stumme, nichtkörperliche Erscheinung so etwas erreichen? Aber so war es eben, sobald ich ans Beten dachte. Immer war es vor mir, und immer rückte es nah und näher.

Es pflegte auf einen Tisch zu springen, auf eine Stuhllehne, auf den Kaminsims, um sich langsam hin- und herzuschwingen, und die ganze Zeit starrte es mich an. In seiner Bewegung lag eine undefinierbare Macht, alles Denken zu vereiteln, so daß man seine Aufmerksamkeit nur auf diese monotone Bewegung konzentriert, bis alles Denken gewissermaßen auf einen Punkt zusammenschrumpft und schließlich nichts mehr bleibt – falls ich nicht vorher hochfahre und die Lähmung abschüttele.« Er seufzte tief. »Noch anderes geschieht. Wenn ich zum Beispiel mit geschlossenen Augen bete, kommt es näher und näher, bis ich es sehe. Ich weiß, daß es körperlos ist, und doch sehe ich es bei geschlossenen Lidern, und so schaukelt es vor meinem geistigen Auge und überwältigt mich, bis ich gezwungen bin, mich von den Knien zu erheben. Wenn Sie je etwas Ähnliches erlebt hätten, würden Sie wissen, was Verzweiflung ist.«

»Wie ich sehe, Doktor Hesselius, entgeht Ihnen kein Wort meines Berichts. Deshalb brauche ich Sie nicht erst zu bitten, mir jetzt besonders aufmerksam zuzuhören. Man spricht von optischen Täuschungen und Halluzinationen, als ob das Gesichtsorgan der einzige Angriffspunkt der bösen Einflüsse wäre, die mich bedrängen. Ich weiß es besser. Zwei Jahre lang blieb mein gräßliches Leiden auf dieses Sinnesorgan beschränkt. Wie jedoch die Nahrung sanft mit den Lippen empfangen und dann unter die Zähne gebracht wird, wie die im Mahlgang gefangene Fingerspitze die ganze Hand nach sich zieht und dann den Arm und den ganzen Körper, so wird der arme Sterbliche, der erst einmal bei der feinsten Faser eines Nervs erwischt wurde, allmählich von der ungeheuren Höllenmaschinerie eingesogen, bis er so ist, wie ich's bin. Ja, Herr Doktor, wie *ich*; denn während ich Ihnen hier berichte und um Errettung flehe, fühle ich doch, daß mein Gebet Unmögliches verlangt und daß mein Flehen unerhört bleibt.«

Ich bemühte mich, seine sichtlich wachsende Erregung zu dämpfen, und sagte ihm, er dürfe nicht verzweifeln.

Während des Gespräches war die Nacht hereingebrochen. Ein verschleiertes Mondlicht hing über dem Bild, das wir von unserm Fenster aus sahen, und ich sagte: »Vielleicht wäre es besser, wir zündeten die Kerzen an. Diese Beleuchtung ist nämlich eigenartig. Ich möchte gern, daß Sie weitestgehend in Ihrer gewohnten Umgebung sind, während ich meine Diagnose stelle – sonst aber wäre es mir einerlei.«

»Für mich ist jedes Licht gleich«, erwiderte er; »ausgenommen, wenn ich lese oder schreibe, könnte ebensogut ewige Nacht um mich sein. Ich werde Ihnen nun berichten, was vor einem Jahr geschah. Das Ding begann zu sprechen!«

»Sprechen? Wie meinen Sie das? So wie Menschen sprechen?«

»Ja, in Worten und folgerichtigen Sätzen, tadellos zusammenhängend und genau artikuliert. Doch eine Besonderheit ist da: Es klingt nicht wie eine menschliche Stimme. Es erreicht mich nämlich nicht über mein äußeres Ohr, sondern es geht mir wie ein Singen durch den Kopf.

Diese Fähigkeit, zu mir zu sprechen, wird mein Verderben sein. Es läßt mich nicht beten; es unterbricht mich mit scheußlichen Lästerungen. Ich wage nicht, im Gebet fortzufahren – ich darf es nicht! O Herr Doktor, können menschliche Geschicklichkeit und Gebete und Gedanken mir nicht helfen?«

»Sie müssen mir versprechen, mein Lieber, daß Sie sich nicht durch unnötig erregende Gedanken krankmachen! Beschränken Sie sich strengstens auf den *Tatsachen*-Bericht! Und vor allem erinnern Sie sich daran, daß das Ding, welches Sie plagt, selbst wenn es, wie Sie zu glauben scheinen, Wirklichkeit und von wirklichem, unabhängigem Leben wäre, doch nicht die Macht hat, Sie zu verletzen, falls es von Gott nicht so bestimmt ist. Wenn es Zutritt zu Ihren Sinnen hat, dann vor allem, weil es von Ihrem körperlichem Zustand abhängig ist. Das ist Ihr Trost und Ihre Zuflucht: Wir sind alle gleichermaßen gefährdet. Nur ist in Ihrem Falle die *paries*, die Fleischeshülle, der Schleier, etwas aus der Ordnung geraten, und deshalb werden Vision und Töne transmittiert. Wir müssen einen neuen Weg einschlagen. Haben Sie Mut! Ich will mich heute nacht aufs sorgfältigste mit Ihrem Fall beschäftigen.«

»Sie sind sehr gütig. Sie halten es für der Mühe wert, Sie geben mich nicht ganz auf. Aber, verehrter Herr, Sie wissen nicht, welchen Einfluß es über mich gewinnt: es kommandiert mich umher; es ist so ein Tyrann, und ich werde immer hilfloser. Möge Gott mich erretten!«

»Es kommandiert Sie umher? Meinen Sie durch Worte?«

»Ja, ja! Es stiftet mich immerfort zu Verbrechen an, anderen oder mir selbst Verletzungen beizufügen. Wie Sie sehen, Herr Doktor, ist die Sache wirklich dringend. Als ich vor einer Woche in Shropshire war« (Mr. Jennings sprach jetzt schneller und zitterte, packte mit einer Hand meinen Arm und sah mir ins Gesicht), »da ging ich eines Tages mit einer Gruppe von Freunden spazieren. Mein Verfolger war um mich. Ich blieb hinter den andern zurück. Sie wissen, wie schön die Landschaft am Dee-Fluß ist. Unser Pfad führte an einer verlassenen Kohlengrube vorüber, und am Waldrand ist ein senkrechter Schacht, der hundertfünfzig Fuß tief sein soll. Meine Nichte war neben mir – sie ahnt natürlich nichts von der Art meines Leidens. Doch wußte sie, daß ich krank gewesen und daß ich deprimiert war, und sie war mit mir zurückgeblieben, um mich nicht ganz allein zu lassen. Während wir langsam weiterschlenderten, forderte mich die Bestie, die immer um mich ist, mit Worten auf, mich in den Schacht zu stürzen. Die einzige Erwägung, bedenken Sie das, mein Herr, die mich vor diesem scheußlichen Tod bewahrte, war die Befürchtung, daß der Schreck, Augenzeuge des Geschehens zu sein, dem armen Mädchen schaden könne. Ich bat sie, vorauszugehen und sich den Freunden wieder anzuschließen, indem ich sagte, ich wolle nicht weitergehen. Sie machte Ausflüchte, und je mehr ich sie bat, um so fester wurde sie. Sie sah ratlos und ängstlich aus. Es muß wohl etwas in meiner Miene oder in meinem Verhalten gewesen sein, das sie beunruhigte, daher ging sie nicht, und das war meine Rettung. Sie können sich nicht vorstellen, wie sehr ein Mensch zum Sklaven Satans werden kann«, sagte er, ächzte grausig und schauderte.

Eine Pause entstand, und dann sagte ich: »Trotzdem wurden Sie errettet! Es war Gottes Wille. Sie stehen in seiner Hand und nicht unter der Gewalt eines anderen Wesens. Vertrauen Sie deshalb auf die Zukunft!«

Daheim

Ich bat ihn, die Kerzen anzünden zu lassen, und achtete darauf, daß das Zimmer heiter und wohnlich aussah, ehe ich ihn verließ. Ich erklärte ihm, er müsse sein Leiden durchaus als ein körperlich bedingtes ansehen, wenn auch auf feinster Basis. Ich sagte ihm, er habe Beweise von Gottes Fürsorge und Liebe in der Errettung, die er mir soeben geschildert hatte, und ich hätte voller Kummer bemerkt, er schiene zu glauben, daß die besonderen Eigenheiten seines Leidens darauf hindeuteten, er sei der ewigen Verdammnis ausgeliefert. Ich bestand auf meiner Ansicht, daß nichts falscher sein könne als eine solche Schlußfolgerung; und nicht nur das, sondern es widerspräche ja direkt den Tatsachen, nämlich der wunderbaren Errettung vor dem mörderischen Einfluß während seines Shropshire-Ausfluges. Erstens sei seine Nichte mit ihm zurückgeblieben, ohne daß er es gewollt habe, und zweitens sei in seiner Seele ein unwiderstehlicher Abscheu entstanden, in der Gegenwart des armen Mädchens den scheußlichen Suggestionen Folge zu leisten.

Als ich diesen Punkt mit ihm erörtert hatte, weinte Mr. Jennings. Er schien getröstet. Auf *einem* Versprechen beharrte ich sehr ausdrücklich: daß er sofort nach mir schicken solle, sobald sich das Ding wieder zeigen würde. Nachdem ich meine Versicherung wiederholt hatte, daß ich mich mit keinem andern Krankheitsfall befassen würde, ehe ich nicht den seinen eingehend untersucht hätte, und daß er morgen das Resultat meiner Überlegungen hören würde, verabschiedete ich mich.

Bevor ich in den Wagen stieg, sagte ich dem Diener, daß sein Herr alles andere als gesund sei und daß er sich's zur Pflicht machen müsse, sooft als möglich nach ihm zu sehen.

Danach traf ich Vorkehrungen, um vor jeder Störung sicher zu sein. Ich hielt mich nur kurz zu Hause auf und fuhr, mit Reisepult und Plaidrolle versehen, in einer Droschke zu einem Gasthof etwa zwei Meilen außerhalb der Stadt, einem sehr ruhigen und angenehmen Haus mit soliden Wänden. Dort wollte ich, ohne abgelenkt und unterbrochen zu werden, dem Leiden Mr. Jennings' einige Stunden der Nacht und, wenn es nötig sein sollte, auch noch des Vormittags widmen.

(Hier folgt eine ausführliche Notiz über die Diagnose Doktor Hesselius' und die Medizinen, die er verschreiben wollte. Offensichtlich wurde der Brief bis zu dieser Notiz in dem Gasthof geschrieben, in den er sich zurückgezogen hatte. Die Fortsetzung stammt aus seiner Stadtwohnung. *Der Herausgeber.*)

Ich kehrte erst gegen ein Uhr mittags in meine Wohnung zurück und fand einen Brief in Mr. Jennings' Handschrift auf dem Tisch. Er war nicht mit der Post gekommen, und auf mein Fragen hin erfuhr ich, daß Mr. Jennings' Diener ihn gebracht hätte. Als er gehört hatte, daß ich erst heute wiederkäme und daß niemand ihm meine Adresse geben könne, sei er sehr niedergeschlagen gewesen und habe erzählt, sein Herr habe ihm befohlen, nicht ohne Antwort zurückzukehren.

Ich öffnete den Brief und las:

»Lieber Herr Doktor Hesselius!

Er ist da. Sie waren noch keine Stunde gegangen, als er zurückkehrte. Er spricht. Er weiß alles, was geschehen ist. Er weiß alles; er kennt Sie und ist rasend und gräßlich. Er ergeht sich in Schmähreden. Ich sende Ihnen diese Zeilen. Er weiß um jedes Wort, das ich geschrieben habe und noch schreibe. Ich versprach es Ihnen; daher schreibe ich, doch leider nur sehr verworren und, fürchte ich, unzusammenhängend. Ich bin fassungslos, so verstört.

Immer der Ihrige. *Ergebenst*

Robert Lynder Jennings.«

»Wann kam dieser Brief?« fragte ich.

»Gestern nacht gegen zwölf Uhr. Der Mann kam noch einmal wieder, und heute vormittag war er dreimal hier. Das letztemal vor etwa einer Stunde.«

Mit diesem Bescheid und meinen Notizen machte ich mich in wenigen Minuten auf den Weg nach Richmond, um Mr. Jennings aufzusuchen.

Wie Sie bemerkt haben werden, mein lieber van Loo, betrachtete ich Mr. Jennings' Fall durchaus nicht als aussichtslos. Er hatte sich an einen Grundsatz erinnert, den ich in meiner Metaphysischen Medizin bespreche, wenn er ihn auch ganz irrtürmlich gedeutet hat. Ich wollte ihn nun richtig handhaben. Ich war äußerst interessiert und sehr begierig, Mr. Jennings zu sehen und ihn zu untersuchen, während der »Feind« wirklich anwesend war.

Ich fuhr auf das düstere Haus zu und sprang aus dem Wagen und die Stufen hinan und läutete. Kurz darauf öffnete mir eine große Frau in schwarzer Seide. Sie sah schlecht aus und als ob sie geweint habe. Sie knickste und hörte sich meine Frage an, antwortete aber nicht. Sie wandte das Gesicht ab und deutete mit der Hand auf zwei Männer, die die Treppe herunterkamen. Nachdem sie mich solchermaßen an diese überwiesen hatte, verschwand sie hastig durch eine Seitentür, die sie hinter sich schloß.

Den Mann, der mir am nächsten stand, sprach ich sofort an, war aber entsetzt, als ich sah, daß seine beiden Hände mit Blut bedeckt waren.

Ich fuhr zurück, und der Mann sagte leise: »Dort ist sein Diener, Sir!«

Der Diener war, als er mich sah, stumm und verwirrt auf der Treppe stehengeblieben. Er wischte sich die Hände am Taschentuch ab; es war blutgetränkt.

»Jones, was gibt's, was ist geschehen?« fragte ich, während mich ein lähmender Verdacht überfiel.

Der Mann bat mich, ihm ins Vorzimmer zu folgen. Ich war sofort neben ihm. Bleich und mit zusammengezogenen Augenbrauen berichtete er mir von der Schreckenstat, die ich schon halb erriet.

Sein Herr hatte sich umgebracht.

Ich folgte ihm nach oben in das Zimmer, und was ich dort sah, möchte ich Ihnen nicht beschreiben. Er hatte sich mit dem Rasiermesser die Kehle durchgeschnitten. Es war eine entsetzliche, klaffende Wunde. Die beiden Männer hatten ihn aufs Bett getragen und zurechtgelegt. Wie die riesige Blutlache anzeigte, war die Tat zwischen Bett und Fenster geschehen. Ein Teppich lag rings um sein Bett, ein andrer unter dem Ankleidetisch; doch sonst war der Fußboden unbedeckt, und der Diener erklärte, sein Herr habe im Schlafzimmer keine Teppiche leiden mögen. In diesen düsteren und jetzt grauenhaften Raum ließ eine der großen Ulmen, die das Haus verdunkelten, den Schatten eines dicken Astes über den furchtbaren Fußboden fallen.

Ich winkte dem Diener, und wir gingen zusammen nach unten. Aus der Halle trat ich in ein altmodisches, getäfeltes Zimmer, und dort blieb ich stehen und hörte mir an, was der Diener zu berichten hatte. Es war nicht viel.

»Aus Ihren Worten, Sir, und aus Ihrer Miene, als Sie gestern abend fortgingen, schloß ich, daß Sie meinen Herrn für sehr krank hielten. Ich glaubte, Sie befürchteten vielleicht einen Schlaganfall oder etwas Ähnliches. Deshalb hielt ich mich streng an Ihre Anweisungen. Er blieb lange auf, bis nach drei Uhr nachts. Er schrieb aber nicht und las auch nicht. Er führte lange Selbstgespräche; doch das war nichts Ungewöhnliches. Um drei Uhr half ich ihm dann, sich zu entkleiden und Hausschuhe und Schlafrock anzulegen. Nach einer halben Stunde kehrte ich leise zurück. Er war im Bett, völlig unbekleidet, und auf dem Tisch neben seinem Bett brannten zwei Kerzen. Als ich ins Zimmer trat, hatte er sich auf den Ellbogen gestützt und blickte auf die andre Seite. Ich fragte ihn, ob er etwas wünsche, und er sagte nein.

Ich weiß nicht, Sir, ob es deshalb war, weil Sie etwas angedeutet hatten, oder ob auch ich fand, daß er anders war; jedenfalls war ich unruhig, außerordentlich unruhig seinetwegen.

Nach wiederum einer halben Stunde oder vielleicht etwas später ging ich nochmals nach oben. Diesmal hörte ich ihn nicht sprechen. Ich hatte einen Leuchter bei mir und ließ ein wenig von dessen Licht ins Zimmer fallen und blickte mich behutsam um. Ich sah, daß er im Stuhl neben dem Ankleidetisch saß, aber wieder völlig angezogen. Er drehte sich um und sah mich an. Ich fand es seltsam, daß er aufgestanden war und sich angezogen hatte und dann die Kerzen auslöschte und nun so im Dunkeln saß. Doch fragte ich ihn nur wieder, ob ich etwas für ihn tun könne. Er erwiderte: ›Nein!‹, ziemlich scharf, schien mir. Ich fragte, ob ich die Kerze anzünden solle, und er sagte: ›Wie Sie wollen, Jones.‹ Also zündete ich sie an und säumte noch etwas im Zimmer, und dann fragte er: ›Jones, weshalb kamen Sie noch einmal? Sagen Sie mir die Wahrheit! Hörten Sie jemand fluchen?‹ – ›Nein, Sir!‹ erwiderte ich und wunderte mich, was er wohl meinen könne.

›Nein, nein, natürlich nicht‹, wiederholte er. Und ich fragte: ›Wäre es nicht gut, Sir, wenn Sie jetzt zu Bette gingen? Es ist schon fünf Uhr.‹ Doch er sagte nichts als: ›Sehr wahrscheinlich. Gute Nacht, Jones!‹ Also ging ich, kam aber nach einer knappen Stunde wieder zurück. Die Tür war verschlossen; aber er hörte mich und rief, wie mir schien, von seinem Bett aus, was ich denn wolle, und verlangte, ich solle ihn nicht stören. Ich legte mich nieder und schlief ein wenig. Es muß zwischen sechs und sieben Uhr gewesen sein, als ich wieder nach oben ging. Die Tür war noch verschlossen, und er antwortete nicht, also wollte ich ihn nicht stören, und da ich glaubte, er schlafe, ließ ich ihn bis neun Uhr in Ruhe. Er hatte die Gewohnheit, nach mir zu klingeln, wenn ich kommen sollte, und es war keine bestimmte Stunde festgesetzt, ihn zu wecken. Ich klopfte sehr leise, und da ich keine Antwort erhielt, blieb ich lange weg und dachte bei mir, er habe endlich etwas Schlaf gefunden. Erst gegen elf Uhr wurde es mir ängstlich zumute; denn wenn er einmal sehr spät war, so doch nie später als halb elf. Ich erhielt keine Antwort. Ich klopfte und rief und erhielt noch immer keine Antwort. Da ich die Tür nicht öffnen konnte, holte ich Thomas aus dem Stall, und gemeinsam brachen wir die Tür auf und fanden ihn in dem entsetzlichen Zustand, in dem Sie ihn gesehen haben.«

Jones hatte nichts weiter zu sagen. Der arme Mr. Jennings war sehr milde und gütig gewesen. Seine Leute liebten ihn. Ich sah, daß sein Diener tief bewegt war.

Und so, erregt und niedergeschmettert, verließ ich das schreckliche Haus unter seinem dunklen Ulmenbaldachin und hoffte, es nie wiederzusehen. Während ich dies schreibe, komme ich mir wie ein Mensch vor, der erst halb aus einem furchtbaren und monotonen Traum erwacht ist. Mein Gedächtnis weist das Bild voller Unglauben und Abscheu von sich. Und doch weiß ich, daß es wahr ist. Es ist die Geschichte von der Wirkung eines Giftes; eines Giftes, das die wechselseitige Tätigkeit von Geist und Nerven anregt und das Gewebe lähmt, welches jene verwandten Sinnesfunktionen, die äußeren und die inneren, voneinander scheiden sollte. Solchermaßen schließen Sterbliches und Unsterbliches vorzeitig miteinander Bekanntschaft.

Schluß
Ein Wort an die Leidenden

Mein lieber van Loo, Sie waren an einem Leiden erkrankt, sehr ähnlich dem, das ich soeben beschrieb. Zweimal beschwerten Sie sich über dessen Wiederkehr. Wer, bei Gott, heilte Sie? Ihr ergebener Diener Martin Hesselius. Doch will ich mich lieber der ausdrücklichen Frömmigkeit eines biedern alten französischen Arztes anschließen, der vor dreihundert Jahren lebte und zu sagen pflegte: »Ich behandelte, und Gott heilte.«

Nein, mein guter Freund, lassen Sie den Kopf nicht hängen! Halten Sie sich eine Tatsache vor Augen:

Ich habe, wie es mein Buch beweist, fünfundsiebzig Fälle dieser Art von Vision angetroffen und behandelt, und ich habe sie je nachdem als »sublimiert«, »vorzeitig« oder »innerlich« bezeichnet.

Es gibt eine andere Gruppe von Leiden, die man zu Recht Halluzination nennen kann, obgleich sie gemeinhin mit den von mir beschriebenen verwechselt werden. Letztere erachte ich als für genau so einfach zu behandeln wie einen Schnupfen oder eine unbedeutende Verdauungsstörung.

Die von mir beschriebenen Fälle dagegen erfordern all unsre Gedankenschärfe. Fünfundsiebzig solcher Fälle sind mir begegnet, nicht mehr und nicht weniger. Und bei wie vielen versagte meine Kunst? Bei keinem einzigen!

Sie müssen bedenken, daß ich noch nicht einmal begonnen hatte, Mr. Jennings zu behandeln. Ich hege nicht den geringsten Zweifel, daß ich ihn in achtzehn Monaten völlig hätte heilen können oder schlimmstenfalls in zwei Jahren. Einige Fälle sind sehr schnell heilbar, andere außerordentlich hartnäckig. Jeder intelligente Arzt, der mit Nachdenken und Sorgfalt an die Aufgabe herangeht, kann eine Heilung erzielen.

Sie kennen meine Abhandlung über die Kardinalfunktionen des Gehirns. Ich beweise darin an Hand unzähliger Tatsachen die hohe Wahrscheinlichkeit eines Kreislaufs in den Nerven, der in seinem Mechanismus dem der Arterien und Venen entspricht. In diesem System entspräche das Gehirn dem Herzen. Die Flüssigkeit, die sich durch die eine Nervengruppe weiterbreitet, kehrt in verändertem Zustand durch die andere zurück, und die Natur dieser Flüssigkeit ist spirituell, wenn auch nicht stofflos, genau so wenig wie das Licht oder die Elektrizität.

Auf Grund von mancherlei Schädigungen, wozu auch der gewohnheitsmäßige Genuß von Reizmitteln wie grüner Tee gehört, kann diese Flüssigkeit in bezug auf ihre Beschaffenheit verändert werden, häufiger jedoch ist es eine Störung des Gleichgewichts. Zwischen der Zirkulation von Herz und Hirn besteht ein inniger Zusammenhang. Der Sitz oder vielmehr das Instrument der äußeren Vision ist das Auge. Der Sitz der inneren Vision ist das Nervengewebe und Gehirn unmittelbar über den Brauen. Sie erinnern sich, wie wirkungsvoll ich Ihre Bildvorstellungen durch die einfache Anwendung von eisgekühltem Eau de Cologne beseitigte. Die Kälte wirkt auf die nervliche Flüssigkeit wie eine mächtige Repulsionskraft. Wird sie lange genug angewandt, so führt sie sogar jene anhaltende Unempfindlichkeit herbei, die wir Starre nennen, und, bei noch längerer Anwendung, eine Lähmung der Muskeln und Empfindungen.

Ich wiederhole es, ich habe nicht den leisesten Zweifel, daß es mir gelungen wäre, jenes innere Auge, das Mr. Jennings unvorsichtigerweise geöffnet hatte, wieder zu trüben und schließlich ganz zu versiegeln. Die gleichen Sinne werden im *Delirium tremens* geöffnet; wenn durch eine ausgesprochene Veränderung im Körperbefinden die übersteigerte Tätigkeit des Zerebralherzens beendigt wird, schließen sie sich wieder. Durch einen einfachen Prozeß, den man gleichmäßig auf den Körper einwirken läßt, wird dieses Resultat erzielt – ganz unvermeidlich erzielt. Ich habe noch nie einen Mißerfolg gehabt.

Der arme Mr. Jennings brachte sich um. Dieses Unglück war jedoch die Folge einer durchaus anderen Krankheit, die gewissermaßen auf das schon bestehende Leiden reflektiert wurde. Die Krankheit, an der er tatsächlich zugrunde ging, war erbliche Selbstmordmanie. Ich kann den armen Mr. Jennings nicht als meinen Patienten bezeichnen; denn ich hatte noch nicht einmal begonnen, seinen Fall zu behandeln, und er hatte mir, dessen bin ich sicher, noch nicht sein volles, rückhaltloses Vertrauen geschenkt. Wenn der Patient sich nicht auf die Seite der Krankheit schlägt, ist die Heilung gewiß.

Aus dem Englischen von Elisabeth Schnack

Patricia Highsmith

RÄUBER-AFFE EDDIE

Eddies Aufgabe war es, Türen zu öffnen. Früher, als er noch bei Hank wohnte, war das anders: Hank spielte die Flöte, und Eddie reichte die Sammelbüchse herum; aber Hank hatte mit dem Spiel nicht genügend verdient, um davon und von seinen Gedichten leben zu können, außerdem kamen immer wieder Klagen vom Hauswirt wegen Eddie. Deshalb nahm Hank eine feste Arbeit an und gab Eddie weiter an seine Freundin Rose, von der er sich gerade getrennt hatte. Rose wiederum hatte eine Bekannte, Jane, die schon mal im Gefängnis gesessen hatte, und so kam es, daß Eddie jetzt in fremden Häusern die Türen öffnete.

Eddie war ein Rollschwanzäffchen, jung und intelligent; er hatte schnell begriffen, was man von ihm wollte. Oft kam er drinnen im Haus fröhlich tanzend an die Tür und schwang sich lustig vom Treppengeländer oder von einer Stuhllehne auf sein Ziel zu: den Knauf eines Yaleschlosses, den Griff, der einen Riegel vorschob, vielleicht auch Riegel und Kette zusammen. Die geschickten Finger flogen und brachten alles schnell auf, oder sie hantierten so lange, bis es gelang. Dann ließ er die große blonde Jane herein; sie hatte schon geklopft oder geklingelt, und meistens hatte er das gehört. Manchmal war die Tür bereits offen, wenn Jane noch vorne die Treppe hinaufstieg oder den Eingangsweg heraufkam, den Beutel in der Hand. Eddie war dann schon durch ein Fenster eingestiegen. Jane blieb stets einen Augenblick auf der Schwelle stehen und murmelte ein paar Worte, als spräche sie zu jemandem im Hause. Erst dann trat sie ein und schloß die Tür.

Buuumm – dieses Haus hier war groß und solide gebaut. Eddie gefiel auch der Geruch, denn unten in der Diele stand ein großer Strauß gelber Rosen.

Aus der Tasche ihres weiten Mantels fischte Jane eine Banane, die Schale halb geöffnet, weich und schon etwas schwärzlich. Eddie quiekte dankbar, riß die Schale ab und reichte sie Jane. Sie steckte sie ein und ging jetzt auf die hinteren Räume – Küche und Speisezimmer – zu. Im Speisezimmer zog sie erst eine und darauf eine zweite Schublade auf, dann hatte sie gefunden, was sie suchte. Eilig wurde der Beutel mit Messern, Gabeln und Löffeln gefüllt. Vom Eßtisch nahm sie eine silberne Pfeffer-und-Salz-Garnitur, ging dann ins Wohnzimmer hinüber und trat sofort an das Telefontischchen, wo ein Foto in silbernem Rahmen stand; das steckte sie in die Tasche, ebenso ein Papiermesser, denn der Griff sah aus wie Jade. Bis jetzt waren kaum drei Minuten vergangen, Eddie hatte seine Banane verzehrt, Jane flüsterte seinen Namen, öffnete ihren Mantel, und Eddie sprang hinein. Mit Fingern und Zehen klammerte er sich an ihrem Pullover fest, der lange Schwanz half mit. So hatte er sich, als er ganz klein war, auch an seiner Mutter festgehalten.

Sie waren draußen. Eddie hörte das Brummen des Motors lauter werden, dann hatten sie den Wagen erreicht. Jane ließ sich auf den Sitz fallen, und der Wagen fuhr ab. Die Frauen redeten.

»Diesmal war's leicht«, sagte Jane tief aufatmend. »Aber die Schlafzimmer habe ich nicht mehr untersucht.«

»Silber?«

»Und wie! Mensch – ein Whisky wird mir jetzt guttun.«

Rose fuhr vorsichtig. Dies war in diesem Sommer ihr siebenter oder achter Raubzug. Sie war einundzwanzig, jünger als Jane, geschieden, und von ihrem Freund hatte sie sich vor zwei Monaten getrennt. Damals war ihr jemand wie Jane, und dazu noch ein bißchen prickelnde Verrücktheit, gerade recht gewesen. Aber sie hatte nicht die Absicht, es so weit kommen zu lassen wie Jane und sich womöglich eine Gefängnisstrafe einzuhandeln. »Also was jetzt? Ponsonbys?« fragte sie.

»Ja.« Jane nahm einen tiefen Zug aus ihrer Zigarette. Zwei Wochen lang hatten sie immer wieder bei den Ponsonbys angerufen, und nie hatte sich jemand gemeldet. Letzte Woche waren sie auch ein paarmal langsam an dem großen Haus vorbeigefahren und hatten kein Lebenszeichen entdeckt. Tommy – das war ihr Hehler – hatte das Haus nicht beobachtet; er habe keine Zeit, hatte er gesagt. Jane nahm an, daß die Leute verreist waren, auf Urlaub. Es war Juli, viele Leute waren verreist, und nur ein Nachbar oder manchmal auch die Putzfrau kam gelegentlich, um die Pflanzen zu begießen. Aber hatten die Ponsonbys nicht vielleicht eine Alarmanlage? Es war ein teures Viertel, in dem sie wohnten. »Ich finde, wir sollten lieber noch einmal anrufen. Hast du die Nummer bei dir?«

Ja, die Nummer hatte Rose. Sie fuhr den Wagen auf den Parkplatz neben einem Steakhouse und hielt an.

»Du bleibst hier, Eddie«, sagte Jane und schob das Äffchen unter einen Wust von Plastiktüten und Regenmänteln, die auf dem Rücksitz lagen. Mit schwerberingten Fingern gab sie ihm einen Klaps, damit er begriff, daß sie nicht scherzte.

Der Klaps landete oben auf Eddies Kopf, er tat nicht sehr weh. Beide Frauen kamen bald zurück, bevor es im Wagen unangenehm heiß geworden war; sie fuhren noch eine Weile und hielten dann wieder an. Eddie saß immer noch hinten, er fiel gar nicht auf in dem Durcheinander von Zeug, man sah nur den weißen Fellstreifen oben auf seinem Kopf. Er schaute zu, wie Rose ausstieg. So fing es immer an, wenn er etwas zu tun bekam: Rose stieg zuerst aus, kam zurück, und dann schob ihn Jane unter ihren Mantel und stieg mit ihm aus dem Wagen.

Jane summte eine Melodie vor sich hin und rauchte eine Zigarette. Dann kam Rose zurück.

»Kein Fenster offen, und hinten sind sie verriegelt. Kein Mensch im Hause – ich hab geklingelt und auch noch vorne und hinten geklopft. Ein Haus ist das!« Sie wollte damit sagen, es sei ein reiches Haus. »Wäre vielleicht am besten, hinten ein Fenster einzuschlagen. Da könnte Eddie dann rein.«

Es war eine elegante Villengegend mit weiten Rasenflächen und großen Bäumen. Wie immer waren sie ein paar Häuser weiter gefahren und kurz um die Ecke gebogen.

»Auch in der Garage niemand?« fragte Jane. Einer der Hausangestellten hätte da wohnen können, ohne Nebenanschluß vom Hause oder mit eigenem Telefon; das hatten sie alles erörtert.

»Nein, sonst hätte ich's dir ja gesagt«, gab Rose zurück. »Hast du den Beutel leer gemacht?«

Sie leerten den Beutel auf den alten grauen Regenmantel aus, in den sie das Silber und die anderen Sachen einpackten. Sie saßen dabei vorn und verstauten den Mantel auf dem Rücksitz.

»Eddie könnte doch durch den Schornstein rutschen«, meinte Jane. »Es ist hier überall so still – ich weiß nicht, das mit dem Fenstereinschlagen gefällt mir nicht.«

»Eddie mag aber keine Schornsteine – und dann noch so hohe!« wandte Rose ein. »Das Haus hat immerhin drei Stockwerke.«

Jane dachte einen Augenblick nach und zuckte dann die Achseln. »Na und? Wenn er nicht ganz runterkommen will, kann er ja wieder raufklettern.«

»Und wenn er dann einfach da oben sitzen bleibt, auf dem Dach?«

»Na schön – dann haben wir ihn gehabt«, sagte Jane.

Vor zwei Wochen hatte sie mit Eddie im Hause eines Freundes in Long Island geübt. Es war ein einstöckiges Haus gewesen, und der obere Schornstein dort war vom Boden aus nur vier Meter hoch gewesen; aber Eddie war nur sehr ungern innen die Kaminwand heruntergestiegen. Er hatte es dann zwei- oder dreimal getan; Rose hatte auf einer Leiter gestanden und ihm gut zugeredet, und Jane hatte unten gewartet und ihm jedesmal Rosinen und Erdnüsse gegeben, wenn er die Haustür aufgemacht hatte. Eddie hatte eine ganze Weile gehustet und sich die Augen gerieben und halblaut vor sich hin geschnattert. Am nächsten Tag wurde der Versuch wiederholt; sie setzten ihn aufs Dach und zeigten auf den Schornstein und redeten ihm zu, und dann war es auch glatt gegangen, er war heruntergekommen und hatte die Tür aufgemacht. Aber Rose hatte nicht die Sorgenfältchen auf der kleinen Stirn vergessen, die ihn so greisenhaft winzig aussehen ließen, und auch nicht seine Freude, als sie ihn dann badete und mit der weichen Bürste glättete. Er hatte sie so zärtlich lächelnd angeschaut und ihre Hände festgehalten. Deshalb zögerte sie jetzt. Sollte sie ihn noch einmal hinaufschicken? Und würden sie und Jane es auch diesmal schaffen –?

»Also?« sagte Jane fragend.

»Chi-chi«, bemerkte Eddie. Er wußte, irgend etwas kam jetzt. Er kratzte sich am Ohr und blickte aufmerksam von einer zur anderen. Er lebte bei Jane, aber Rose hatte er lieber, ihre Stimme war viel sanfter.

Langsam kam die Sache in Gang. Jane und Rose blieben äußerlich ganz ruhig. Es war vereinbart, daß Rose, falls etwa jemand an die Tür kam und fragte, was sie wollte, sich als Putzhilfe vorstellen sollte. Vier Dollar pro Stunde. Sollte jemand darauf eingehen, so gab sie einen falschen Namen an und traf eine Verabredung, die niemals eingehalten wurde. Das war erst einmal vorgekommen. Rose führte auch Buch über die Häuser, die sie ausgeraubt hatten, und über das eine Haus, wo jemand auf ihr Klopfen geöffnet hatte, obwohl niemand, als sie fünf Minuten vorher anriefen, den Hörer abgenommen hatte. Wenn sie eine bestimmte Gegend – manchmal drei Häuser in einer Stunde – abgegrast hatten, kehrten sie nie wieder dorthin zurück. Sie waren in Roses Wagen schon 150 Meilen weit gefahren; ihr Ausgangspunkt war stets Janes Wohnung in Red Cliff, New Jersey. Mußten sie sich aus irgendeinem Grunde trennen, so vereinbarten sie einen Treffpunkt, ein Café oder Drugstore; wer dann ohne Auto war (Jane), mußte per Bus oder Taxi oder zu Fuß hinkommen. Auch das war in ihrer zweimonatigen Zusammenarbeit erst einmal passiert, als Rose überängstlich geworden und weggefahren war. Heute hatten sie als Treffpunkt das Lokal vereinbart, von dem aus sie eben noch einmal im Hause Ponsonby angerufen hatten.

Jetzt schritt Jane, das Äffchen unter dem weiten Wollmantel, ruhig den breiten Eingangsweg des Hauses hinauf. Fabelhafte Sachen mußten da drinnen sein. Und bestimmt mehr, als sie in ihrem Beutel – Gobelintasche nannte sie ihn – tragen konnte. Sie läutete, wartete eine Weile und klopfte dann mit dem Messingklopfer an die Tür. Sie rechnete gar nicht damit, daß jemand öffnete, aber das Ritual war notwendig für den Fall, daß ein Nachbar sie beobachtete. Schließlich ging sie am Haus entlang zur hinteren Tür, während Eddie noch immer an ihr festhing. Sie klopfte auch hier, und auch hier war alles still, ebenso in der Garage mit dem Fenster über der geschlossenen Tür.

»Eddie, du mußt rauf in den Schornstein«, flüsterte Jane. »Hörst du – Schornstein! Geh schön rauf, da oben!« Sie zeigte auf das Dach; die großen Ulmen ringsum schützten sie davor, gesehen zu werden. Auf dem Dach waren vier Schornsteine zu sehen. »Also Eddie, erst der Schornstein – dann die Tür, hörst du? Braver Eddie!« Sie nahm das Äffchen und hielt es an die Regenrinne, die an einer Hausecke entlanglief.

Eddie hatte schnell begriffen. Er kletterte nach oben, rutschte ein paarmal etwas ab, faßte aber gleich wieder Fuß, denn die Hauswand war aus rauhem Klinkerstein. Dann war er oben, hob sich eine Sekunde lang deutlich vom hellen Himmel ab, tat einen Sprung und verschwand.

Jane sah, wie er auf eine Kaminöffnung zusprang, hinunterspähte, zögerte und zur nächsten lief. Sie wagte nicht, ihm ermutigende Worte zuzurufen. Ob die Schornsteine verschlossen waren? Abwarten. Keine vorzeitige Panik. Sie trat etwas zurück, um besser sehen zu können, aber sie sah das Äffchen nicht und ging wieder nach vorn an die Haustür. Eddie müßte jetzt den Riegel zurückschieben, aber sie hörte nichts. Zögernd, falls jemand sie sah, läutete sie.

Schweigen. Ob Eddie im Schornstein steckengeblieben war? Auf der Straße ging ein Mann vorüber, etwa dreißig, er trug ein Paket und warf einen Blick auf Jane. Ein Wagen fuhr vorbei. Rose saß in ihrem Wagen, den sie in der Nebenstraße geparkt hatte, außer Sicht. Vielleicht saß Eddie fest, konnte nicht weiter, durch dichten Ruß oder sonst was behindert. Minuten vergingen, und Janes Unruhe stieg. Ob sie lieber aufgeben und fortgehen sollte? Andererseits – Eddie war verdammt nützlich, und sie hatten noch gut zwei Monate Urlaubszeit vor sich, in denen viel zu machen wäre.

Wieder trabte Jane um das Haus herum nach hinten. Sie blickte aufs Dach, aber von Eddie war nichts zu sehen. Sie hörte Vögel singen, und in der Ferne wurde ein Gang im Auto eingeschaltet. Jane trat ans Küchenfenster, und im gleichen Augenblick sprang das Äffchen auf das metallene Ablaufbrett am Spülstein. Eddie war schwarz vor Ruß, selbst der kleine Kopf war oben dunkelgrau, und er rieb sich die Augen mit den Fingerknöcheln. Er sprang auf die Fensterbank und hüpfte von einem Fuß auf den andern in der Erwartung, daß jetzt ein Fenster geöffnet werde.

Warum bloß hatten sie ihm die Fenster nicht beigebracht? Na, das mußte noch kommen. Man brauchte bloß den Griff herumzudrehen – selbst von außen konnte Jane den Mechanismus erkennen. »Tür!« sagte sie laut und zeigte auf die Küchentür. Jede Tür hätte jetzt genügt, obwohl Eddie meistens die Haustür in Angriff nahm.

Eddie sprang hinunter, und Jane hörte, wie er versuchte, einen Riegel zurückzuschieben. Die Tür gab nicht nach. Jane rüttelte daran, aber vergebens. Sie hörte das schrille »Chi-chi-chi!« und wußte, Eddie war enttäuscht oder gereizt. Sicher waren die Riegel zu schwierig, oder die Tür hatte ein Steckschloß, das man nur von innen mit einem Schlüssel öffnen konnte. Für manche Riegel war auch einfach mehr Kraft erforderlich. Jane wurde plötzlich von Panik erfaßt. Sicher waren schon zehn oder zwölf Minuten vergangen; Rose mußte unruhig werden, vielleicht war sie gar nicht mehr da, war schon zu dem vereinbarten Lokal gefahren. Jane wollte zurück zu Rose und dem Wagen. Die einzige Alternative war, ein Fenster einzuschlagen, und davor hatte sie Angst wegen des Lärms. Wer weiß, ob sie sich dann noch zu Fuß mit Eddie in Sicherheit bringen konnte.

Wieder schritt Jane, krampfhaft um äußere Ruhe bemüht, den Eingang hinunter auf die Straße und bis zur Ecke, wo sie zu ihrer Erleichterung Rose im Wagen sitzen sah.

»Du, er kriegt die Tür nicht auf, und ich habe jetzt Angst. Laß uns losfahren.«

»Ja, und – wo ist er? Ist er noch im Haus drinnen?«

»Ja, hinten in der Küche.« Jane flüsterte durch das offene Wagenfenster. Sie öffnete die Tür auf ihrer Seite.

»Wir können ihn doch nicht einfach hierlassen!« protestierte Rose. »Hast du jemand gesehen – bist du gesehen worden?«

Jane stieg ein und schloß die Tür. »Nein, aber laß uns jetzt fahren.«

Rose überlegte. Die Polizei konnte einen Affen durchaus in Verbindung bringen mit ihren bisherigen Raubzügen. Ein Affe in einem leeren Haus – wie erklärt man das? Natürlich war es auch möglich, daß jemand, der Eddie fand, nicht gleich die Polizei rief, sondern das Äffchen einfach dem Tierschutz oder einem Zoo übergab. Und wenn Eddie nun ein Fenster einschlug und entwischte – was dann? Rose wußte, sie dachte nicht logisch, aber sie mußten Eddie da herauskriegen. »Können wir nicht ein Fenster einschlagen?« Ihre Hand lag schon auf dem Wagentürgriff.

»Nein – nicht!« Jane machte eine abwehrende Bewegung, aber Rose war schon aus dem Wagen. Jane blieb starr sitzen. Ihr würde man die Schuld geben, wenn jemand Rose da einbrechen sah. Rose würde alles aussagen. Und Jane war der Polizei nicht unbekannt.

Rose zwang sich, ruhig an einem jungen Mann und einem Mädchen vorüberzugehen, die ihr Arm in Arm lachend und redend entgegenkamen. Da war das Haus, groß und imposant, es hatte sogar einen Namen: Fünfeulen. Rose ging über die Einfahrt, immer noch gelassen, aber sie wollte jetzt, um Zeit zu sparen, nicht erst wie sonst üblich an der Haustür läuten.

Jetzt kam sie an ein seitliches Küchenfenster und erblickte Eddie; er hockte auf einem Tisch und schüttelte etwas, das wie eine umgekehrte Zuckerschale aussah. Flüchtig sah sie auf dem gelben Linoleumboden ein paar Scherben liegen, vielleicht von einem Teller. Eddie mußte der Verzweiflung nahe sein. Als Rose um die Hausecke bog, saß er auf dem Ablaufbrett gleich hinter dem Fenster. Sie versuchte, ein Fenster hochzuschieben, gab es aber auf. Sie war mit dem Aufschlag ihrer weißen Hose an einem Rosenbusch hängen geblieben, und als sie sich bückte, sah sie neben sich einen faustgroßen Stein liegen. Damit schlug sie einmal fest in eine kleine rechteckige Fensterscheibe, und dann noch einmal auf die zackigen Glasreste am Rande, aber da war Eddie schon durchgeschlüpft und schnatterte selig.

Rose schob ihn schnell unter ihre Jacke und ging den Weg zurück. Sie fühlte, wie Eddie zitterte, vielleicht vor Erleichterung. Als sie die Straßenecke erreichte, sah sie, daß der Wagen verschwunden war. Ihr Wagen, immerhin. Nun mußte sie ein Taxi auftreiben oder zu Fuß gehen. Nein, das war zu weit. Also ein Taxi. Großer Gott – und ihre Handtasche mit dem Geld lag im Wagen! Sie drückte Eddie beruhigend an sich und ging weiter; an irgendeiner größeren Straßenkreuzung fand sie vielleicht ein Taxi. Wo mochte Jane sein – in dem Lokal oder wieder in ihrer Wohnung? Was würde der Taxifahrer sagen, wenn sie kein Geld hatte? Sie konnte sich auch nicht gut zu Bekannten fahren lassen, denn von Eddie und Jane und von dem, was sie in den letzten Wochen getrieben hatten, sollte niemand etwas erfahren.

Kein Taxi weit und breit. Aber sie kam endlich zu einem Einkaufszentrum mit Supermarkt, Reinigungsanstalt und Drugstore. Einige Münzen hatte sie in der Tasche, sie konnte also im Drugstore telefonieren. Mit Eddie festgeklammert unter ihrer Jacke, so suchte sie die Nummer einer Taxizentrale und bestellte einen Wagen zum Einkaufszentrum ›Miracle Buy‹.

Nach knapp fünf Minuten war der Wagen da. Rose hatte sich auf die kleine Verkehrsinsel des Parkplatzes gestellt und dort dem Wagen entgegengesehen, denn in einer Gegend wie dieser waren die Taxis nicht immer so buntgestrichen wie anderswo.

»Ich möchte nach Red Cliff, bitte, Ecke Jefferson und Mulhouse Avenue.«

Der Fahrer nickte und fuhr los. Mindestens siebzehn Meilen, dachte Rose. Zu dem Steakhouse war Jane sicher nicht gefahren, vermutlich hätte sie es gar nicht gefunden, sie war keine gute Autofahrerin. Aber nach Hause fand sie schon, und dort war sie wahrscheinlich auch. Rose hatte einen Schlüssel zu Janes Wohnung, aber der steckte ebenfalls in ihrer Handtasche.

Der Wagen war angelangt.

»Würden Sie bitte einen Augenblick warten? Ich muß nur einem Bekannten etwas bestellen, dann komme ich sofort zurück.«

»Wie bald?« fragte der Fahrer und drehte sich zu Rose um. Er blickte sie prüfend an, und Rose wußte, er sah, daß sie keine Handtasche bei sich hatte, also auch kein Geld. »Was haben Sie denn da, 'n Affen?«

Eddie hatte erst einen Arm und dann den Kopf aus der Jacke hervorgestreckt, bevor Rose ihn zurückschieben konnte. »Ja, er gehört meinem Bekannten, ich bringe ihn nur hin«, sagte sie. »Dann komme ich runter und gebe Ihnen das Geld.« Sie stieg aus.

Ihr eigener Wagen war nirgends zu sehen. Am Bordstein waren viele Wagen geparkt. Eine von den vier Klingeln in dem kleinen Apartmenthaus gehörte zu Janes Wohnung. Rose läutete und wartete, dann läutete sie nochmals, dreimal kurz, einmal lang, das war das verabredete Zeichen, und zu ihrer großen Erleichterung ertönte der Summer, und die Tür öffnete sich. Sie stieg die Treppe hinauf zum dritten Stock und klopfte an eine Wohnungstür. »Ich bin's, Rose«, sagte sie.

Jane öffnete. Sie sah etwas erschreckt aus, und Rose trat ein.

»Hier ist Eddie – nimm ihn mal. Ich brauche Geld fürs Taxi, zwanzig oder dreißig Dollar. Oder gib mir meine Handtasche.«

»Ist was passiert? War einer hinter dir her?«

»Nein. Wo hast du das Geld? Hast du meine Handtasche mit raufgeholt?«

Eddie hatte sich mit einem Sprung auf der Couch niedergelassen, wo er jetzt hockte und sich den rußigen Kopf kratzte.

Rose ging nach unten und bezahlte den Fahrer. Es machte 27 Dollar, sagte er, obgleich er keine Zähluhr im Wagen hatte, und Rose gab ihm drei Zehner und sagte: »Vielen Dank auch!« mit freundlichem Lächeln.

»Schon recht.« Er ließ den Wagen an und fuhr ab.

Rose hatte nicht viel Lust, zu Jane zurückzukehren, aber so wortlos gehen wollte sie auch nicht. Also mußte sie noch ein paar Worte sagen, und dann war Schluß, und keinen Tag zu früh. Gott sei Dank hatte der Taxifahrer nichts mehr von Eddie gesagt. Noch einmal gab Rose das verabredete Klingelzeichen.

»Was ist mit dem Silber?« fragte sie, als sie oben war.

»Tommy war eben hier und hat es mitgenommen. Ich hatte ihn gleich angerufen. Du, Rose – es tut mir leid, aber ich hatte wirklich Angst, das kannst du mir glauben. Ein Fenster einzuschlagen, das ist doch irre!«

Rose war froh, daß Tommy bereits dagewesen war. Er war ein knochiger rothaariger Mann, er stotterte und wirkte eher linkisch, aber bisher hatte er, soviel Rose wußte, nie etwas verpatzt. »Vergiß nicht, Eddie zu baden, hörst du?« sagte sie.

»Das tust du doch immer. Mach nur. Willst du Kaffee? Ist schnell fertig.«

»Nein, ich gehe jetzt.« Rose hatte sich nicht gesetzt. »Tut mir leid, Jane, aber ich denke, ich steige aus. Du sagst ja selber, ich hab's heute falsch gemacht mit dem Fenster.«

Jane hatte die Hände auf die Hüften gelegt und blickte von Rose zu Eddie auf der Couch. »Wenn was passiert ist, sag es mir lieber gleich«, sagte sie. »Ich muß es ja doch ausbaden.«

»Passiert ist gar nichts. Ich will bloß raus. Und auf meinen Anteil von heute möcht ich auch verzichten. Ich werd mir – hast du die Schlüssel im Wagen gelassen? Wo steht der Wagen überhaupt?«

»Was war mit dem Taxifahrer?«

»Gar nichts. Ich hab ihn bezahlt, das war alles.«

»Hat er Eddie gesehen?«

»Ja, das schon. Ich hab gesagt, ich brächte ihn zu Bekannten. Ich will jetzt gehen, Jane. Bye, Eddie.« Rose trat an die Couch und berührte leicht Eddies kleinen Kopf.

Eddie sah traurig zu ihr auf, als habe er alles verstanden, und begann an seinen Nägeln zu kauen.

Rose ging zur Tür. »Vergiß nicht, ihn zu baden, nein? Dann fühlt er sich wohler.«

»Ach, der Teufel soll ihn holen«, gab Jane zurück.

Langsam ging Rose die Treppe hinunter. Ihr war beklommen und unsicher zumute, genauso wie jedesmal, wenn sie an einer Haustür geläutet hatte oder im Wagen saß und wartete, während Jane eine Wohnung vornahm. Hank – ja, den mußte sie anrufen.

Hank White, so hieß er, und er wohnte in Greenwich Village. Hoffentlich fand sie die Nummer noch irgendwo; sie meinte sich zu erinnern, daß sie nicht unter seinem Namen im Telefonbuch stand; vielleicht mußte sie noch jemand anders anrufen und sie erfragen. Hank würde sicher kommen, wenn es um Eddie ging. Es war ihr klar, daß sie Angst hatte um das Äffchen; und Hank war der einzige, dem sie das sagen konnte, weil Jane das kleine Tier vor ihren Freunden versteckt hielt. Wenn jemand (auch Tommy) kam, wurde Eddie in einen Schrank gesperrt, den Jane abschloß, und wenn Eddie rief oder schnatterte, wurde er geschlagen.

Endlich hatte Rose ihren Wagen gefunden. Die Schlüssel steckten am Armaturenbrett. Sie fuhr nach Hause, ihre Wohnung lag in der Stadt, etwa acht Meilen entfernt.

Jane hatte inzwischen, um sich zu beruhigen, ihr Gesicht mit kaltem Wasser gewaschen und das wellige blondierte Haar gekämmt. Genützt hatte es nichts. Sie nahm ein Taschenbuch und warf damit nach Eddie, es traf ihn an der Seite.

»Ik-ik!« gellte Eddie und machte einen kleinen Luftsprung. Das ratlose Gesicht war Jane zugewandt, er wartete auf ihren nächsten Schritt, um entweder nach links oder nach rechts auszuweichen, wenn sie versuchen sollte, ihn zu schlagen.

»Du bleibst mir heute abend im Schrank!« sagte Jane böse und ging auf ihn zu. »Und zwar sofort.«

Eddie befreite sich ohne Mühe aus ihrer Hand und saß mit einem Satz auf dem Rahmen eines Bildes über der Couch. Das Bild fiel herunter, Eddie landete erneut auf der Couch und ergriff einen Eisbeutel, der dort liegengeblieben war. Er schleuderte ihn auf Jane, traf sie aber nicht. »Chi-chi-chi-chii«, das Schnattern hörte nicht auf. Eddies runde Augen wurden weit und röteten sich am Rand. Verbissen setzte Jane die Jagd fort. Eddie mußte gefangen und eingeschlossen werden. Womöglich erschienen aus irgendeinem Grunde die Cops an der Tür, klopften oder brachen gleich die Tür auf. Wer weiß, wie viele Spuren die blöde Rose hinterlassen hatte. Sie taugte überhaupt nicht viel; alles, was sie zu bieten hatte, war ihr nettes Gesicht und der schnelle Wagen. Jane faßte den Rand der Leinendecke, die über der Couch lag, und wollte sie Eddie überwerfen und ihn so einfangen, aber er tat einen Sprung mitten ins Zimmer. Jane riß die Decke von der Couch herunter und ging auf das Äffchen zu.

Eddie ergriff einen Aschenbecher, warf ihn aus kurzer Entfernung und traf Jane seitlich am Kopf. Der Aschenbecher fiel zu Boden und zerbrach. Janes Wut stieg.

Eddie saß jetzt auf dem Ablaufbrett in der Kochnische und fuchtelte mit einem Schälmesser, wobei er unaufhörlich schnatterte und kleine schrille Schreie ausstieß. Er nahm eine halbe Zitrone vom Brett und warf sie Jane an den Kopf.

»Du verdammtes kleines Luder«, zischte Jane, als sie mit der Decke auf ihn zuging. Jetzt –

Eddie sprang gerade auf sie zu, landete auf ihrem linken Arm und biß sie in den Daumen. Das Messer hatte er fallen lassen.

Jane schrie auf. Der Daumen begann zu bluten, das Blut sickerte aus der Wunde und tropfte. Sie packte einen Stuhl. Umbringen wollte sie den kleinen Satan –

Eddie wich aus und griff Jane von hinten an. Er biß sie in die Wade und sprang zur Seite.

»Au!« Jane heulte auf. Der Schrecken war größer als der Schmerz – sie hatte nicht mal gemerkt, daß er hinter ihr war. Sie betrachtete die Wunde und sah, daß sie ebenfalls blutete. Dem wollte sie's zeigen, dem Biest! Sie schloß das eine noch offene Fenster, so daß er nicht entwischen konnte, bückte sich und suchte auf dem Fußboden nach dem Messer. In den Hals rammen wollte sie es ihm –

Eddie sprang ihr zuerst auf den gebeugten Rücken, dann auf den Hinterkopf, und Jane fiel hin und stieß sich leicht den Ellbogen. Bevor sie aufstehen konnte, hatte Eddie sie kräftig in die Nase gebissen. Jane tastete mit der Hand über das Gesicht, um zu sehen, ob die Nase noch ganz da war.

Eddie tat einen Satz auf den Knauf der Wohnungstür zu. Er stützte sich auf ein Bein und rüttelte an dem oberen Riegel, wobei er den kleineren Knauf umdrehte. Wenn es ihm gelang, gleichzeitig den großen umzudrehen, dann öffnete sich die Tür. Aber er mußte den Versuch aufgeben, als er Janes Schritte dicht hinter sich hörte. Er sprang in dem Augenblick herunter, als die Spitze des Messers über das Metallschloß schrammte.

»Chi-chi-chi! Chi-chii –«

Jane ließ das Messer fallen. Eddie nahm es blitzschnell auf, lief an Janes Hüfte hinauf bis zur Schulter und stieß ihr die Spitze des Messers in die Wange. Er benutzte das Messer, wie er es bei den Menschen beobachtet hatte, mit kleinen stoßenden oder sägenden Bewegungen; dann warf er es plötzlich weg und sprang von Janes Schulter hinüber auf das Bücherbord, wo er keuchend und schnatternd sitzen blieb. Eddie roch Blut, und das erschreckte ihn. Hastig nahm er ein Buch und warf es nach Jane, aber er traf sie nicht.

Jane merkte, daß ihr etwas Blut die Wange hinunterfloß. Absurd, daß sie das Vieh nicht einfangen konnte! Einen Augenblick hatte sie das Gefühl, nicht atmen zu können, ohnmächtig zu werden, dann holte sie tief Luft und kam wieder zu sich.

Plock! Ein Buch traf sie an der Brust.

Ein Schlag mit dem Stuhl, das sollte genügen. Jane griff nach dem Stuhl, der umgefallen war. Als sie ihn hochgehoben hatte, saß Eddie nicht mehr auf dem Bücherbord, und jetzt fühlte Jane, wie die behenden kleinen Füße ihr den Rücken hochliefen; sie drehte sich um und sah aus dem Augenwinkel Eddie mit der Couchdecke in den Händen, wie er ihr auf den Kopf kletterte. Jane verlor das Gleichgewicht, fiel um und stieß gegen den Stuhl, den sie gerade hinsetzen wollte.

Eddie hüpfte von einer Seite des höckrigen Gebildes auf dem Fußboden zur andern und zerrte die dünne Decke über seine Feindin. Dann nahm er den nächstbesten Gegenstand – eine Muschelschale, die neben der Wohnungstür auf dem Boden stand – fest in beide Hände und schlug damit auf den Kopf ein, der sich unter der Decke noch unsicher bewegte. Eddie rutschte aus und rollte auf die Seite, aber die Finger ließen die Einkerbung der Muschel nicht los, und er schlug weiter zu. Krack! Gut hörte sich das an. Krack – Krack! Von dem unförmigen Haufen kam ein stöhnender Seufzer.

Und dann ließ Eddie ohne Übergang, so wie er grundlos das Messer hatte fallen lassen, auch die Muschelschale auf den Teppich fallen und gab ihr einen leichten anmutigen Tritt mit dem Fuß. Ein kurzes Schnattern folgte. Er sah sich um, als wollte er feststellen, ob noch jemand im Zimmer war. Doch es war nichts zu hören als das Tick-tick-tick der Uhr im Schlafzimmer auf der anderen Seite der Diele. Wieder drang ihm der Blutgeruch in die Nase, er rückte ein wenig ab von der Couchdecke und seufzte erschöpft. Dann sprang er zum Fenster, rüttelte einen Augenblick am Griff und gab es auf. Man mußte es hochschieben, dazu reichten seine Kräfte nicht.

Langsam wurde es dunkel.

Das Telefon schrillte. Durch Eddies Kopf fuhr ein vertrautes Bild: Jane oder sonst jemand nahm den Hörer auf und sprach hinein. Einmal hatte er selbst es tun dürfen oder sollen, er hatte den Hörer fallen lassen, und alle Leute hatten gelacht. Jetzt hatte er Angst, er mochte das Telefon nicht, und er mochte auch den Haufen da auf dem Fußboden nicht. Immer wieder blickte er hin, um zu sehen, ob sich der Haufen bewegte. Er rührte sich nicht. Eddie hatte Durst. Er sprang auf das Spülbrett, sah sich um und suchte nach einem Glas Wasser oder sonst einem Gefäß, das Flüssiges enthielt, an dem er vor dem Trinken stets roch. Er sah nichts. Mit beiden Händen packte er den Wasserhahn, drehte, hielt eine Hand darunter und trank. Nachlässig versuchte er, den Hahn zuzudrehen; es gelang nicht ganz, und er ließ es tropfen.

Das Telefon klingelte nicht mehr.

Jetzt öffnete Eddie den Kühlschrank – ganz wohl war ihm nicht dabei, denn dafür war er schon gescholten und geschlagen worden – und nahm, als er in dem beleuchteten Innern kein Obst fand, eine Handvoll gekochter Bohnen aus einer Schüssel und begann sie zu verzehren. Die Kühlschranktür schlug er mit einem Fuß wieder zu und hoppelte auf drei Beinen ins Zimmer. Er war müde, warf die Bohnen weg und sprang auf einen Schaukelstuhl, um zu schlafen.

Als es klingelte, lag Eddie zusammengerollt auf dem Sitz. Er hob den Kopf. Es war jetzt ganz dunkel im Zimmer.

Plötzlich hatte Eddie Angst, er wollte fort. Der Blutgeruch war noch übler geworden. Er konnte die Wohnungstür aufmachen und hinausgehen, das wußte er, außer wenn die Frau das Spezialschloß vorgeschoben hatte, das sich nur mit dem rasselnden Schlüsselbund öffnen ließ. Die Schlüssel hielt sie versteckt. Nur einmal war es Eddie irgendwo gelungen, mit einem Schlüssel ein Schloß zu öffnen, zusammen mit Jane und Rose, und mehr aus Spaß. Die meisten Schlüssel waren zu schwierig für ihn, er konnte sie nicht umdrehen.

Buzz-buzz. Das war die Klingel unten, sie klang anders als die an der Wohnungstür, die nur ›Ting‹ machte. Aber die Klingel war Eddie jetzt egal, er wollte nur weg. Er sprang noch einmal auf den Türknauf und packte den kleineren oberen Knopf mit der linken Hand. Er drehte sich, aber die Tür ging nicht auf. Wieder versuchte er es, er packte den Knauf auch noch mit dem Fuß und stieß sich gegen den Türpfosten, und jetzt öffnete sich die Tür. Eddie war draußen und sprang schweigend die Treppen hinunter, wobei er sich in den Kurven um das Geländer herumschwang. Die Tür unten war sicher leichter, außerdem konnte er einfach hinausschlüpfen, wenn einer hereinkam. Er sprang auf den runden weißen Türgriff, rutschte ab und versuchte, aufrecht stehend den Griff zu drehen. Die Tür ging auf.

»Eddie! Eddie – was zum Teufel –«

Die Stimme kannte Eddie. »Chi-chi!« Er sprang Hank auf den Arm, warf sich an seine Brust und schnatterte schrill – er hatte eine lange und böse Geschichte zu erzählen. »Ai-aiiii!« Er erfand sogar neue Worte.

»Na, was ist denn los?« sagte Hank behutsam und trat ein. »Wo ist Jane?« Nach einem Blick nach oben schloß er die Haustür, setzte Eddie fester in seine Lederjacke und stieg, zwei Stufen auf einmal nehmend, die Treppe hinauf.

Janes Wohnungstür war angelehnt, und nirgends brannte Licht.

»Jane –?« rief er und klopfte, dann trat er ein. »Jane –? Wo ist denn hier das Licht, Eddie-boy?« Hank suchte, und nach wenigen Sekunden fand er den Lichtschalter. Von oben kamen Schritte die Treppe hinunter; instinktiv schloß er die Tür. Hier war etwas nicht in Ordnung. Erstaunt sah er sich im Zimmer um. Er war schon hier gewesen, aber nur einmal. »Was ist hier passiert?« flüsterte er. Der Raum war ein Chaos. Einbruch – die haben das Zeug da mitten ins Zimmer geschmissen und wollen es später abholen.

Hank ging auf das unförmige Gebilde zu, das auf dem Fußboden lag. Langsam zog er die Decke weg.

»Allmächtiger Petrus! Allmächtiger –«

Eddie preßte sich flach an Hanks Pullover und schloß angstvoll die Augen. Er wollte hier weg – niemand sollte ihn sehen.

»Jane?« Hank berührte die Schulter: Vielleicht war sie ohnmächtig, oder man hatte sie niedergeschlagen. Er versuchte sie umzudrehen und stellte fest, daß der Körper etwas steif und nicht mehr warm war. Gesicht und Hals hatten dunkelrote Blutflecken. Hank blinzelte und richtete sich auf. »Ist noch jemand da?« rief er mutig ins andere Zimmer hinüber – mutiger, als er sich fühlte.

Er wußte, es war niemand da. Langsam dämmerte es ihm, daß Eddie Jane umgebracht hatte, mit den kleinen Zähnen und vielleicht auch – er starrte auf das Küchenmesser, das da ein paar Fuß entfernt auf dem Boden lag. Dann sah er die gelbrosa Muschelschale. »Los, geh runter, Eddie«, flüsterte er. Aber Eddie klammerte sich furchtsam fest an seinen Pullover.

Hank nahm erst das Messer auf und dann die Schale, beides spülte er in der Kochnische unter dem Wasserhahn ab. Von der Schale lief etwas schwachrosa Wasser ins Spülbecken. Er kehrte sie um und schüttelte alles Wasser heraus, dann trocknete er sie gründlich mit dem Geschirrtuch ab. Mit dem Messer verfuhr er ebenso. Jane mußte Eddie angegriffen haben, Rose hatte ja schon so etwas angedeutet. »Wir wollen machen, daß wir hier rauskommen, Eddie. Ganz schnell.«

Das nächste, was Eddie begriff, war das tröstliche Geräusch des Reißverschlusses, mit dem Hank seine Jacke bis obenhin zuzog. Dann gingen sie die Treppe hinunter.

Hank hatte nicht vergessen, die Türgriffe abzuwischen, bevor er die Wohnung verließ; er hatte sich auch vergewissert, daß die Tür hinter ihm normal ins Schloß fiel. Er hatte erst vorgehabt, die Polizei noch von Janes Wohnung aus anzurufen; dann nahm er sich vor, von zu Hause zu telefonieren, wenn er erst mal Eddie in Sicherheit gebracht hatte. Aber er tat es nicht. Nicht mal Rose gedachte er anzurufen. Rose wollte damit bestimmt nichts zu tun haben, und Hank wußte auch, sie konnte den Mund halten, aber die Leiche würde bald genug gefunden werden, davon war er überzeugt, und er wollte nicht, daß mit Eddie etwas geschah. Wenn er anrief, fragte die Polizei ihn aus und stellte ganz sicher auch fest, welche Rolle Eddie dabei gespielt hatte, selbst wenn Hank versuchte, ihn zu verstecken.

Hank verhielt sich daher zunächst abwartend und blieb in seiner Wohnung in Greenwich Village, die er mit zwei anderen jungen Leuten teilte. Zwei Tage später las er die Meldung in der Zeitung: Jane Garrity, zweiundvierzig, stellungslose Sekretärin, war tot in ihrer Wohnung in Red Cliff aufgefunden worden; augenscheinlich war sie von einem oder mehreren Unbekannten – möglicherweise sogar von Kindern – überfallen, aber nicht schwer verletzt worden. Als Todesursache hatte man Herzversagen festgestellt.

Die Polizei hatte Janes Akte und kannte auch ihren Umgang, dachte Hank; sie mochte sich also weiter um den Fall kümmern. Aber er hätte Rose das Äffchen nicht überlassen sollen. Nur: Sie hatte es so gern gehabt, und er hatte es ihr geschenkt, weil er ein etwas schlechtes Gewissen hatte, als sie sich trennten. Jetzt hatte er Eddie zurück und würde sich nicht wieder von ihm trennen.

Auch Eddie hatte jegliches Interesse am Öffnen fremder Türen verloren, er war glücklich dort, wo er jetzt zu Hause war. Er hatte ein kleines Zimmer für sich mit Seilen zum Aufundabschwingen, ein Körbchen zum Schlafen und keinerlei Tür; und ein Freund von Hank, ein Bildhauer, bastelte ein baumähnliches Gebilde für ihn im Wohnzimmer. Hank machte sich daran, ein langes Epos über Eddie zu schreiben, mit getarnter Darstellung seiner Lebensgeschichte, sozusagen eine allegorische Metamorphose. *Der siegreiche Affe* oder so ähnlich. Und niemand kannte die Wahrheit – niemand außer Hank und Eddie.

Aus dem Amerikanischen von Anne Uhde

LIEBE

Johann Gottfried Schnabel
AFFENLIEBE

Es meldete mir nehmlich mein getreuer Christian, daß meine 3. noch übrigen Lands-Leute seit etlichen Monathen 3. Äffinnen an sich gewöhnet hätten, mit welchen sie sehr öfters, so wohl bey Tage als Nacht eine solche schändliche Wollust zu treiben pflegten, die auch diesen ehemaligen Heyden recht eckelhafft und wider die Natur lauffend vorkam.

Mittlerzeit aber, da ich diese Straf-Predigt gehalten, hatten die zwey frommen Indianer Christianus und Petrus, auf meinen Befehl die drey verfluchten Affen-Huren glücklich erwürget, so bald nun die bestialischen Liebhaber dieses Spectacul ersahen, schienen sie gantz rasend zu werden, hätten auch meine Indianer ohnfehlbar erschossen, allein zu allem Glücke hatten sie zwar Gewehr, jedoch weder Pulver noch Bley, weiln der wenige Rest desselben in meiner Hütte verwahret lag.

Eines Tages in aller Frühe, da ich den dritten Theil der Nacht-Wache hielt, hörete ich etliche mahl nach einander meinen Namen Don Valaro von ferne laut ausruffen, nahm derowegen mein Gewehr gieng vor die Hütte heraus, und erblickte auf dem gemachten Damme des Nord-Flusses, einen von den dreyen Bösewichten stehen, der mit der rechten Hand ein großes Messer in die Höhe reckte. So bald er mich ersahe, kam er eilends herzu gelauffen, da aber ich mein aufgezogenes Gewehr ihm entgegen hielt, blieb er etwa 20. Schritt vor mir stehen und schrye mit lauter Stimme: Mein Herr! mit diesem Messer habe ich in vergangener Nacht meine Cameraden ermordet, weil sie mit mir um ein junges Affen-Weib Streit anfiengen. Der Weinbeer und Palmen-Safft hatte uns rasend voll gemacht, sie sind beyde gestorben, ich aber rase noch, sie sind ihrer grausamen Sünden wegen abgestrafft, ich aber, der ich noch mehr als sie gesündiget habe, erwarte von euch einen tödtlichen Schuß, damit ich meiner Gewissens-Angst auf einmal loskomme. Ich erstaunete über dergleichen entsetzliche Mord-Geschicht, hieß ihm das Messer hinweg werffen und näher kommen, allein nachdem er gefragt: Ob ich ihn erschiessen wolle? und ich ihm zur Antwort gegeben: Daß ich meine Hände nicht mit seinem Blute besudeln, sondern ihn GOttes zeitlichen und ewigen Gerichten überlassen wolle; fassete er das lange Messer in seine beyden Fäuste, und stieß sich selbiges mit solcher Gewalt in die Brust hinein, daß der verzweifelte Cörper sogleich zur Erden stürzten und seine schandbare Seele ausblasen mußte. Meine verschiedenen Gemüths-Bewegungen presseten mir viele Thränen aus den Augen, ohngeacht ich wohl wuste, daß solche lasterhaffte Personen derselben nicht werth waren, doch machte ich, mit Hülffe meiner beyden Getreuen, sogleich auf der Stelle ein Loch, und scharrete das Aaß hinein. Hierauff durchstreifften wir die Ostliche Gegend, und fanden endlich nach langem Suchen die Hütte, worinnen die beyden Entleibten beysammen lagen, das teufflische Affen-Weib saß zwischen beyden inne, und wolte durchaus nicht von dannen weichen, weßwegen ich das schändliche Thier gleich auf der Stelle erschoß, und selbiges in eine Stein-Klufft werffen ließ, die beyden Viehisch-Menschlichen Cörper aber begrub ich vor der Hütte, zerstörete dieselbe, und nahm die nützlichsten Sachen daraus mit zurück in unsere Haußhaltung. Dieses geschahe in der Weinlese-Zeit im Jahre 1527.

Von nun an führete ich mit meinen beyden Getreuen christlichen Indianern die allerordentlichste Lebens-Art, denn wir beteten täglich etliche Stunden mit einander, die übrige Zeit aber wurde theils mit nöthigen Verrichtungen, theils aber in vergnügter Ruhe zugebracht. Ich merckte an keinen von beyden, daß sie sonderliche Lust hätten, wiedrum zu andern Menschen zu gelangen, und noch vielweniger war eine Begierde zum Frauen-Volck an ihnen zu spüren, sondern sie lebten in ihrer guten Einfalt schlecht und gerecht. Ich vor meine Person empfand in meinem Herzen den allergrößten Eckel an der Vermischung mit dem Weiblichen Geschlechte.

Voltaire

DIE GUNST DER DAMEN

Candide und sein Diener waren schon jenseits der Grenze, und noch wußte niemand im Lager etwas vom Tode des deutschen Jesuiten. Der umsichtige Cacambo hatte vorsorglich seinen Mantelsack mit Brot, Schinken, Schokolade, Früchten und einigen Maß Wein gefüllt. Auf ihren andalusischen Pferden drangen sie in ein unbekanntes Land vor, in dem keinerlei Weg zu entdecken war. Endlich breitete sich vor ihren Augen eine herrliche, von Bächen durchzogene Wiese aus. Unsere beiden Reisenden ließen erst einmal ihre Pferde weiden, dann bot Cacambo seinem Herrn zu essen an und ging selbst mit gutem Beispiel voran. »Wie kannst du erwarten, daß ich Schinken esse«, sagte Candide, »wo ich eben den Sohn des Herrn Baron getötet habe und nun dazu verdammt bin, die schöne Kunigunde niemals im Leben wiederzusehen? Wozu soll ich noch mein erbärmliches Dasein weiterfristen, wenn ich es nunmehr fern von ihr unter Gewissensbissen und voller Verzweiflung verbringen muß? Und was wird das ›Journal de Trévoux‹, das doch von den Jesuiten herausgegeben wird, dazu sagen?«

Während er so sprach, aß er tüchtig drauflos. Die Sonne begann zu sinken. Die beiden Verirrten vernahmen schwache Schreie, die offenbar von Frauen ausgestoßen wurden. Sie wußten nicht, ob es Schmerzensschreie oder Freudenrufe waren, aber sie sprangen auf, von jener Unruhe und Angst erfüllt, in die wir in einem fremden Lande durch tausend Kleinigkeiten versetzt werden. Das Geschrei rührte von zwei splitternackten Mädchen her, die leichtfüßig am Rande der Wiese entlangliefen, während zwei Affen sie verfolgten und sie in die Hinterbacken bissen. Candide wurde von Mitleid ergriffen. Er hatte bei den Bulgaren schießen gelernt und konnte eine Haselnuß in einem Baum treffen, ohne die Blätter zu berühren. Er nahm also seine spanische Doppelflinte, schoß und brachte die beiden Affen zur Strecke. »Gott sei gelobt, mein lieber Cacambo, ich habe diese beiden armen Geschöpfe von einer großen Gefahr befreit, und wenn ich eine Sünde begangen habe, weil ich einen Inquisitor und einen Jesuiten umbrachte, so habe ich sie wieder gutgemacht dadurch, daß ich diesen beiden Mädchen das Leben rettete. Vielleicht sind es Damen von hohem Rang, dann könnte uns das Abenteuer in diesem Lande große Vorteile bringen.«

Er wollte fortfahren, aber das Wort erstarb auf seinen Lippen, als er sah, wie die beiden Mädchen die Affen zärtlich umarmten, heiße Tränen über ihren Leichen vergossen und die Luft mit dem schmerzlichsten Wehgeschrei erfüllten. »Auf soviel Herzensgüte war ich nicht gefaßt«, sagte er schließlich zu Cacambo. Doch dieser erwiderte: »Da haben Sie etwas Schönes angerichtet, Herr. Sie haben nämlich die Liebhaber dieser beiden Fräulein getötet!« – »Ihre Liebhaber? Ist so etwas möglich? Du machst dich über mich lustig, Cacambo, wie soll ich dir das glauben?« – »Mein lieber Herr und Gebieter«, versetzte Cacambo, »Sie sind immer über alles erstaunt. Warum finden Sie es so absonderlich, daß in manchen Ländern Affen die Gunst der Damen genießen? Sie sind doch zu einem Viertel Menschen, so wie ich zu einem Viertel Spanier bin.« – »Ach ja!« rief Candide, »ich erinnere mich, von Meister Pangloß gehört zu haben, daß sich vor Zeiten ähnliche Vorfälle ereignet haben und daß aus solchen Paarungen Pane, Faune und Satyre hervorgingen. Mehrere bedeutende Persönlichkeiten des Altertums sollen sogar solche Wesen gesehen haben – aber ich hielt das für ein Märchen.« »Doch nun werden Sie überzeugt sein, daß es Tatsache ist«, sagte Cacambo, »und Sie sehen auch, wie sich Leute, denen es an Erziehung mangelt, ihrer bedienen. Ich fürchte nur, daß diese Damen uns einen Strick aus diesem Vorfall drehen werden.« Diese nüchternen Überlegungen bewogen Candide, die Wiese zu verlassen und im Wald zu verschwinden. Dort verzehrte er mit Cacambo sein Abendbrot, und nachdem sie den Inquisitor von Portugal, den Gouverneur von Buenos Aires und den Baron weidlich verflucht hatten, schliefen sie auf dem Moose ein.

Aus dem Französischen von Ilse Lehmann

Rudyard Kipling

BERTRAN UND BIMI

Der Orang-Utan im großen Eisenkäfig – festgemacht am Schafspferch – begann mit der Diskussion. Die Nacht war erstickend heiß, und als ich und Hans Breitmann, der schwergebaute Deutsche, unser Bettzeug zur Vorpiek des Dampfers schleppten und dabei an ihm vorübergingen, sprang er auf und plapperte obszön. Man hatte ihn irgendwo im Malaiischen Archipel gefangen, und er war auf dem Weg nach England, um für einen Shilling pro Kopf zur Schau gestellt zu werden. Vier Tage lang hatte er unaufhörlich gezappelt, geschrien und an den schweren Stäben seines Gefängnisses gerüttelt, und beinahe hätte er einen Laskaren getötet, der unvorsichtig genug gewesen war, in Reichweite der großen haarigen Pfote zu kommen.

»Es wäre gut für dich, mein Freund, wenn du ein bißchen seekrank wärst«, sagte Hans Breitmann; er blieb vor dem Käfig stehen. »Du hast zuviel Ego in deinem Kosmos.«

Der Arm des Orang-Utan glitt wie beiläufig zwischen den Stäben hervor. Keiner hätte geglaubt, daß er einen jähen schlangenhaften Stoß gegen die Brust des Deutschen führen würde. Die dünne Seide des Schlafanzugs riß; Hans trat ungerührt zurück, um eine Banane aus einem Büschel zu pflücken, das nah bei einem der Boote hing.

»Zuviel Ego«, sagte er, schälte die Frucht und bot sie dem eingesperrten Teufel an, der ein Stück Seide zu Fetzen riß.

Dann legten wir unser Bettzeug in den Bug, zwischen die schlafenden Laskaren, um jeden Windhauch zu nutzen, den uns die Fahrt des Schiffes bescheren mochte. Die See war wie rauchiges Öl, außer da, wo sie unter unserem Stevenschuh zu Feuer wurde und zurück ins Dunkel strudelte, in matt flammenden Schlieren. Ein paar Meilen entfernt war ein Gewitter; wir konnten das Glimmen der Blitze sehen. Die Schiffskuh, bedrückt von der Hitze und dem Geruch des Affenviehs im Käfig, muhte hin und wieder unglücklich, genau in der Tonlage, in der der Ausguck die Stundenrufe von der Brücke beantwortete. Die stampfende Melodie der Maschinen war deutlich auszumachen, und das Scheppern des Asche-Aufzugs, wenn sein Inhalt ins Meer gekippt wurde, störte die Prozession gedämpfter Geräusche. Hans legte sich neben mir nieder und zündete eine Gute-Nacht-Zigarre an. Das war natürlich der Beginn einer Unterhaltung. Er besaß eine Stimme so besänftigend wie das Schwappen der See und einen Vorrat an Erlebnissen so weit wie das Meer selbst; denn es war sein Geschäft im Leben, in der Welt umherzuwandern und Orchideen und wilde Tiere und ethnologische Objekte für deutsche und amerikanische Händler zu sammeln. In der Finsternis sah ich das glühende Ende seiner Zigarre leuchten und schwinden, wie die Sätze sich hoben und sanken, bis ich fast eingeschlafen war. Der Orang-Utan, geplagt durch irgendeinen Traum von den Wäldern seiner Freiheit, begann zu schreien wie eine Seele im Fegefeuer und zerrte wie wahnsinnig an den Stäben des Käfigs.

»Wenn er jetzt draußen wär, blieb von uns nicht viel übrig«, sagte Hans träge. »Er kreischt gut. Passen Sie mal auf, wie ich ihn zähme, wenn er ne Pause macht.«

Es gab eine Unterbrechung in dem Gezeter, und aus Hans' Mund kam die Imitation eines Schlangenzischens, so perfekt, daß ich fast aufgesprungen wäre. Das gedämpfte mörderische Geräusch drang übers Deck, und das Zerren an den Stäben endete. Der Orang-Utan zitterte in einer Ekstase puren Entsetzens.

»Das hat ihn gestoppt«, sagte Hans. »Den Trick hab ich in Mogung Tanjong gelernt, als ich da kleine Affen für ein paar Leute in Berlin gesammelt hab. Alles auf der Welt hat Angst vor Affen – außer der Schlange. Also spiel ich Schlange gegen Affe, und jetzt hält er fein still. Da war zuviel Ego in seinem Kosmos. Das ist einfach so bei Affenseelen. Schlafen Sie schon, oder mögen Sie zuhören? Dann erzähl ich Ihnen eine Geschichte, die Sie nicht glauben werden.«

»In der ganzen weiten Welt gibt es keine Geschichte, die ich nicht glauben kann«, sagte ich.

»Wenn Sie das Glauben gelernt haben, dann haben Sie schon was gelernt. Jetzt will ich Ihren Glauben mal prüfen. Gut! Als ich diese kleinen Affen gesammelt hab – das war anno '79 oder '80, und ich war auf den Inseln vor dem Archipel da – da drüben im Dunkel.« Er deutete nach Süden, allgemein Richtung Neuguinea. »Mein Gott! Ich würde lieber lebendige rotglühende Teufel sammeln als kleine Affen. Wenn sie einem nicht gerade die Daumen abbeißen, sterben sie immer an Schwermut – Heimweh –, weil sie diese unfertige Seele haben, mitten in der Entwicklung steckengeblieben – und zuviel Ego. Ich bin ungefähr ein Jahr lang da gewesen, und da hab ich einen Mann getroffen, der hieß Bertran. Er war Franzose und ein guter Mann – Naturkundler bis ins Mark. Es hieß, er wäre ein ausgebrochener Sträfling, aber er war Naturkundler, und das hat mir genügt. Er konnte alle wilden Tiere aus dem Wald rufen, und die sind gekommen. Ich hab gesagt, er wär Franz von Assisi in einer neuen Wiedergeburt, und er hat gelacht und gesagt, den Fischen hätt er noch nie gepredigt. Die hat er als Trepang verkauft – *bêche-de-mer*.

Und dieser Mann, der König aller Dompteure war, hatte im Haus grad noch mal so einen wie diesen Teufelsbraten da im Käfig – nen großen Orang-Utan, der sich für nen Menschen gehalten hat. Den hatte er gefunden, als er noch ein Kind war – der Orang Utan –, und für Bertran war der Kind und Bruder und *opéra comique* und überhaupt. Er hatte ein eigenes Zimmer in dem Haus – keinen Käfig, nee, ein Zimmer – mit nem Bett und Laken, und der ist ins Bett gegangen und morgens aufgestanden und hat seine Zigarre geraucht und mit Bertran am Tisch gegessen und ist mit ihm Hand in Hand rumgegangen, das war ganz grausig. Herrgott! Ich hab gesehn, wie sich das Tier im Sessel zurückfallen läßt und lacht, wenn Bertran mich auf den Arm nimmt. Er war *kein* Tier; er war ein Mensch, und er hat mit Bertran geredet, und Bertran hat's verstanden; ich hab sie nämlich gesehn. Und er war immer ganz höflich zu mir, außer wenn ich zu lang mit Bertran rede und nix zu *ihm* sag. Dann hat er mich immer weggezogen – dieser große dunkle Teufel, mit seinen riesigen Pfoten – einfach als ob ich ein Kind wär. Das war kein Tier; das war ein Mensch. Das hab ich kapiert, noch eh ich ihn drei Monate kenn, und Bertran hat das auch gesehn; und Bimi, der Orang-Utan, hat uns beide begriffen, mit seiner Zigarre zwischen den großen Hundezähnen und dem blauen Gaumen.

Ein Jahr bin ich da gewesen, da und auf den andern Inseln – manchmal wegen Affen und manchmal wegen Schmetterlingen und Orchideen. Einmal sagt Bertran zu mir, daß er heiraten will, weil er ein gutes Mädchen gefunden hat, und er fragt mich, was ich von seiner Heiratsidee halte. Ich wollte nix sagen; ich war das ja nicht, der da heiraten sollte. Dann ist er los und hat dem Mädchen den Hof gemacht – sie warn französisches Halbblut – sehr hübsch. Haben Sie noch mal Feuer für meine Zigarre? Uff! Sehr hübsch. Ich sag bloß: ›Hast du an Bimi gedacht? Wenn der mich schon wegzieht, wenn ich mit dir rede, was wird er dann erst mit deiner Frau machen? Die wird er in Stücke reißen. Wenn ich du wär, Bertran, würd ich meiner Frau als Hochzeitsgeschenk Bimi überreichen, ausgestopft.‹ Zu der Zeit hatte ich schon das eine oder andere gelernt, über die Affenvölker. ›Ihn erschießen?‹ sagt Bertran. ›Ist *dein* Tier‹, sag ich; ›wenn er meins wär, würd ich ihn auf der Stelle erschießen!‹

Dann hab ich im Nacken die Finger von Bimi gespürt. Mein Gott! Ich sag Ihnen, er hat mit den Fingern geredet. Das war das komplette Taubstummenalphabet. Er legt den haarigen Arm um meinen Hals und hebt mein Kinn und schaut mir in die Augen, bloß um zu sehen, ob ich ihn so gut verstanden hab wie er mich.

›Kuck dir das an!‹ sagt Bertran. ›Und du willst ihn erschießen, wo er doch mit dir schmust? Typisch teutonischer Undank!‹

Aber ich wußte, daß ich mir Bimi zum Todfeind gemacht hatte, weil mir seine Finger durch den Nacken was von Mord erzählt haben. Wie ich das nächste Mal Bimi treff, hab ich ne Pistole im Gürtel, und er faßt sie kurz an, und ich mach sie auf und zeig ihm, daß sie geladen ist. Er hat gesehn, wie die kleinen Affen im Wald geschossen werden: Er hat's begriffen.

Also hat Bertran geheiratet, und er hat überhaupt nicht an Bimi gedacht, der da allein den Strand langrennt mit ner halben menschlichen Seele im Bauch. Ich hab ihn springen sehn, und er hat nen dicken Ast genommen und in den Sand gedroschen, bis er ein großes Loch gemacht hatte, wie ein Grab. Deshalb sag ich zu Bertran: ›Um Gottes willen, du mußt Bimi töten. Er ist verrückt vor Eifersucht.‹

Bertran hat gesagt: ›Der ist überhaupt nicht verrückt. Der gehorcht meiner Frau und liebt sie, und wenn sie's ihm sagt, dann holt er ihr die Pantoffeln‹, und er hat durchs Zimmer seine Frau angekuckt. Sie war ein sehr hübsches Mädchen.

Dann sag ich zu ihm: ›Du willst behaupten, du kennst dich mit Affen aus, und das Tier da dreht durch und zerfleischt sich am Strand, weil du nicht mit ihm redest? Erschieß ihn, wenn er zum Haus kommt, der hat nämlich dieses Leuchten im Auge, und das bedeutet töten – und töten.‹ Bimi kommt zum Haus, aber da war kein Leuchten mehr im Auge. Das hatte er versteckt, gerissen – so gerissen –, und er holt dem Mädchen die Pantoffeln, und Bertran dreht sich zu mir und sagt: ›Kennst du ihn denn nach neun Monaten besser als ich nach zwölf Jahren? Wird ein Kind seinen Vater erdolchen? Ich hab ihn gefüttert, und er war mein Kind. Erzähl meiner Frau oder mir nie wieder solchen Unfug.‹

Am nächsten Tag ist Bertran zu meinem Haus gekommen und hat mir geholfen, Holzkisten für meine Sammelgegenstände zu machen, und er sagt mir, er hat seine Frau ein bißchen mit Bimi im Garten gelassen. Da mach ich meine Kisten schnell fertig, und ich sage: ›Komm, gehen wir zu dir, auf einen Drink.‹ Er lacht und sagt: ›Komm mit, du trockener Mann.‹

Seine Frau war nicht im Garten, und Bimi ist nicht gekommen, als Bertran gerufen hat. Und seine Frau kommt nicht, als er ruft, und da klopft er an ihre Schlafzimmertür, und die Tür ist zu – abgeschlossen. Da kuckt er mich an, und sein Gesicht ist weiß. Ich hab die Tür aufgebrochen, mit meiner Schulter, und ins Strohdach war ein großes Loch gerissen, und die Sonne hat reingeschienen, auf den Boden. Haben Sie je Papier im Abfallkorb gesehen, oder Karten, die beim Whist verstreut auf dem Tisch rumliegen? Da war keine Frau, die man hätte sehen können. Ich sag Ihnen, in dem Zimmer war nichts, was eine Frau hätte sein können. Da war Zeug auf dem Boden, und das war alles. Ich hab mir das Zeug angesehen, und mir war sehr schlecht; aber Bertran hat sich das ein bißchen länger angekuckt, was auf dem Boden und an den Wänden war, und das Loch im Dach. Dann fängt er an zu lachen, sanft und leise, und ich begreif und danke Gott, daß er verrückt geworden ist. Er hat nie geweint, er hat nie gebetet. Er hat ganz still da in der Tür gestanden und vor sich hin gelacht. Dann hat er gesagt: ›Sie hat sich hier im Zimmer eingeschlossen, und er hat das Dach aufgerissen. *Fi donc!* Das wär's. Wir wollen das Dach flicken und auf Bimi warten. Er kommt bestimmt.‹

Ich sag Ihnen, wir haben zehn Tage in dem Haus gewartet, nachdem wir aus dem Zimmer wieder ein Zimmer gemacht hatten, und ein- oder zweimal haben wir gesehen, wie Bimi ein paar Schritte aus dem Wald kommt. Er hatte Angst, weil er was Schlimmes angestellt hatte. Bertran hat ihn gerufen, als er am zehnten

Tag kommt, um nachzusehen, und Bimi hüpft den Strand lang und macht Geräusche, und er hat ne lange Strähne schwarzes Haar in den Händen. Da lacht Bertran und sagt: ›*Fi donc!*‹, als ob jemand bei Tisch ein Glas zerbrochen hätt; und Bimi kommt näher, und Bertrans Stimme ist ganz honigsüß, und er lacht vor sich hin. Drei Tage lang hat er Bimi den Hof gemacht, weil Bimi sich nicht anfassen lassen will. Dann kommt Bimi endlich zum Dinner, zu uns, an unseren Tisch, und die Haare auf seinen Händen waren ganz schwarz und dick von – von dem, was auf den Händen getrocknet war. Bertran hat ihm Sangria gegeben, bis Bimi betrunken und blöd war, und dann –«

Hans machte eine Pause, um an seiner Zigarre zu saugen.

»Und dann?« sagte ich.

»Und dann hat Bertran ihn mit seinen Händen umgebracht, und ich bin am Strand spazierengegangen. Das war Bertrans Sache. Wie ich zurückkommen, ist der Affe tot, und Bertran liegt auf ihm im Sterben; aber dabei lacht er immer noch ein bißchen, ganz leise, und ist ganz zufrieden. Nun kennen Sie ja die Formel, was die Stärke von Orang-Utans angeht – mehr als sieben zu eins im Verhältnis zum Menschen. Aber Bertran, der hat Bimi mit dem umgebracht, was Gott ihm gegeben hat. Das war das Wunder.«

Der höllische Lärm im Käfig ging wieder los.

»Aha! Unser guter Freund da hat noch immer zuviel Ego in seinem Kosmos. Sei ruhig, du!«

Hans zischte lange und giftig. Wir konnten hören, wie das große Tier in seinem Käfig zitterte.

»Aber warum bei allem in der Welt haben Sie Bertran nicht geholfen, statt zuzulassen, daß er getötet wird?« sagte ich.

»Mein Freund«, sagte Hans; er streckte sich gelassen zum Schlummer aus, »es war sogar für mich nicht schön, weiterleben zu müssen, nachdem ich das Zimmer gesehen hatte mit dem Loch im Dach. Und Bertran, Bertran war ihr Mann. Gute Nacht, und – schlafen Sie gut.«

Aus dem Englischen von Gisbert Haefs

Robert Walser

DER AFFE

Zart, doch gewissermaßen hartherzig, gilt es eine Geschichte anzupacken, die kundgibt, es sei eines Tages einem Affen eingefallen, ins Kaffeehaus zu laufen, um dort Zeit zu verhocken. Er trug auf dem durchaus nicht unintelligenten Kopf einen steifen Hut, es könnte auch ein Schlapphut gewesen sein, und an den Händen die elegantesten Handschuhe, die je in einem Herrenmodegeschäft zur Schau lagen. Der Anzug war tipp-topp. Mit ein paar eigentümlich gewandten, federleichten, an sich sehenswerten, ihn aber ein wenig bloßstellenden Sätzen befand er sich im Teeraum, den eine einladende Musik, gleich dem Gesäusel von Blättern, durchrauschte. Der Affe war in Verlegenheit, wohin er sich setzen solle, ob in einen bescheidenen Winkel oder ungeniert in die Mitte. Er zog letzteres vor, weil ihm einleuchtete, daß Affen, falls sie sich manierlich aufführten, sich sehen lassen dürfen. Melancholisch und doch auch freudig, unvoreingenommen und zugleich schüchtern, schaute er rings um sich, manches hübsche Meitschigesichteli entdeckend, mit Lippen begabt, wie von Kirschensaft gebildet, und Bäckeli, wie geformt aus lauter Schlagsahne oder Nidle. Schöne Augen und wohlklingende Melodien wetteiferten miteinander, und ich vergehe vor Erzählerwürde und -wonne, wenn ich mitteile, daß der Affe die ihn bedienende Kellnerin mit heimatlichem Anklang in der Sprache fragte, ob er sich im Haar kratzen dürfe. »Tun Sie's beliebig«, erwiderte sie freundlich, und unser Kavalier, falls er diese Benennung verdiente, machte von der Erlaubnis so ausgedehnten Gebrauch, daß anwesende Damen teils lachten, teils zur Seite schauten, um nicht mitansehen zu müssen, was er sich herausnahm. Als sich eine sichtlich liebe Frau an seinen Tisch setzte, fing er auch sogleich an, sie aufs geistvollste zu unterhalten; er sprach vom Wetter, hernach von Literatur. »Das ist ein ungewöhnlicher Mensch«, dachte sie bei sich, indes er seine Handschuhe in die Luft benggelte und geschickt auffing. Zu einer entzückenden Grimasse verzog er den Mund, als er rauchte. Die Zigarette kontrastierte lebhaft mit der herben Gesichtsfarbe.

Preziosa hieß das Mädchen, das nun in Begleitung einer

Pomeranze von Tante wie eine Ballade oder Romanze in den Saal trat, und von da an war es um die Ruhe des Affen geschehen, der bisher nie erfahren hatte, was Liebe heißt. Jetzt erfuhr er es. Alles dumme Zeug war plötzlich aus seinem Kopf weggefegt. Mit festem Schritt ging er auf die Auserkorne zu und begehrte sie zur Frau, ansonst er Sachen anstelle, aus denen man ersähe, wes Geistes Kind er sei. Die junge Dame sprach: »Begleite uns nach Hause. Zum Gemahl wirst du zwar kaum taugen. Wenn du dich gut benimmst, bekommst du jeden Tag einen Nasenstüber. Du strahlst! Das erlaub' ich dir. Du wirst zu sorgen haben, daß ich mich nie langweile.«

Derart redend erhob sie sich so würdevoll, daß den Affen ein schallendes Lachen ankam, wofür sie ihn ohrfeigte.

Zu Hause angekommen, setzte sich die Jüdin, nachdem sie die Tante mit einer Handbewegung entlassen hatte, auf ein mit goldenen Füßen versehenes, kostbares Sofa und ersuchte den in malerischer Haltung vor ihr stehenden Affen, ihr zu erzählen, wer er sei, worauf die Summe von Affigkeit sprach:

»Ich schrieb einst auf dem Zürichberg Gedichte, die ich der Bewunderten hier im Druck vorlege. Obgleich Ihre Augen mich niederzuschmettern suchen, was unmöglich ist, da mich Ihr Anblick immer wieder aufrichtet, ging ich doch ehemals oft in den Wald zu meinen Freundinnen, den Tannen, blickte zu ihren Wipfeln empor, streckte mich ins Moos, bis ich vor Munterkeit müde und vor Lustigkeit melancholisch wurde –«

»Faulenzer!« warf Preziosa ein.

Der Freund des Hauses, als den er sich schon zu betrachten erkühnte, fuhr fort, indem er sagte:

»Ich ließ einmal eine Zahnarztrechnung unbeglichen, im Glauben, daß es mir trotzdem im Leben gut gehen würde, und saß Frauen aus besseren Volksschichten zu Füßen, die mir manches wohlwollend gewährten. Alsdann mag Ihnen mitgeteilt sein, daß ich im Herbst Äpfel auflas, im Frühling Blumen pflückte und zeitweise dort wohnte, wo ein Dichter namens Keller aufwuchs, von dem Sie kaum schon je etwas vernommen haben werden, obschon Sie's nötig hätten –«

»Unverschämtheit!« rief die Gnädige. »Ich hätte Lust, Sie dadurch unglücklich zu machen, daß ich Ihnen den Laufpaß gäbe, will mich aber Ihrer erbarmen. Wenn du aber nochmals ungalant wirst, hast du ein für allemal in meiner Gegenwart geatmet, kannst dich dann umsonst nach mir sehnen. Jetzt fahre fort.«

Er setzte von neuem an und ließ vernehmen:

»Ich gab den Frauen noch nie viel, deshalb schätzen sie mich. Auch Ihnen, Fräulein, merke ich Hochachtung vor dem einfältigsten Tropf an, der von jeher Damen deshalb Unartigkeiten sagte, damit sie ihm zürnten und sich nachher wieder zufrieden gäben. Ich kam als Gesandter nach Konstantinopel –«

»Nicht schwindeln, Herr Aufschneider –«

»– und erblickte eines Tages auf dem Anhalter Bahnhof eine Hofdame, das heißt, ein andrer nahm sie wahr, ich saß neben ihm im Coupé, er teilte mir die Wahrnehmung mit, die ich Ihnen hier auftische, obschon nur bildlich, da kein Tisch da ist, wiewohl ich mich nach einem vollbesetzten sehne, da ich Appetit habe, nachdem ich die Probe meiner Redekunst ablegte.«

»Geh in die Küche und trage die Teller auf. Ich will inzwischen deine Verse lesen.«

Er tat, was ihm befohlen wurde, ging in die Küche, konnte sie aber nicht finden. Ging er denn hinein, ohne daß sie ihm zu Gesicht kam? Hier schlich sich ein Schreibfehler ein.

Er ging wieder zu Preziosa, die ob seinen Gedichten eingeschlafen war, die dalag wie ein Gebilde aus morgenländischen Märchen. Eine ihrer Hände hing herab wie eine Traube. Er hatte ihr berichten wollen, wie er in die Küche gegangen sei, ohne daß er sie zuvor fand, wie's lange, lange in ihm stumm wurde, aber ein unabweisliches Drängen ihn zur Imstichgelassenen zurückgetrieben habe. Er stand vor der Schlummernden, kniete vor der Schönheit Heiligtum hin und berührte die Hand, die ihm wie ein Jesuskind erschien, zu schön, um sie anzufassen, bloß mit seinem Atem.

Während er noch ehrfürchtelte, was man ihm gar nicht zugetraut hätte, gingen ihr die Augen auf. Sie wollte ihn vieles fragen, sagte aber bloß: »Du scheinst mir gar kein richt'ger Affe. Sage, bist du monarchisch?«

»Weshalb sollt' ich das sein?«

»Weil du so geduldig bist und von Hofdamen sprachest.«

»Ich wünsche nur artig zu sein.«

»Es scheint, du bist es.«

Am andern Tag wollte sie von ihm wissen, wie man glücklich würde. Er gab ihr die erstaunlichste Antwort. »Komm, ich will dir einen Brief diktieren«, sagte sie. Während er schrieb, guckte sie ihm über die Schulter, ob er alles treulich hinsetze. Hui, wie er flink schrieb und mit gespitztester Achtung auf jede ihrer Silben horchte. Wir lassen sie korrespondieren.

Im Käfig stolzierte ein Kakadu.

Preziosa dachte an etwas.

Robert Gernhardt

AFFENTHEATER

Der Mantelpavian, der hat
seine ganzen Weiber satt.

Und was trägt schuld
an dem Gegrantel?

Nicht eine

hilft ihm

in den

Mantel.

KUNST

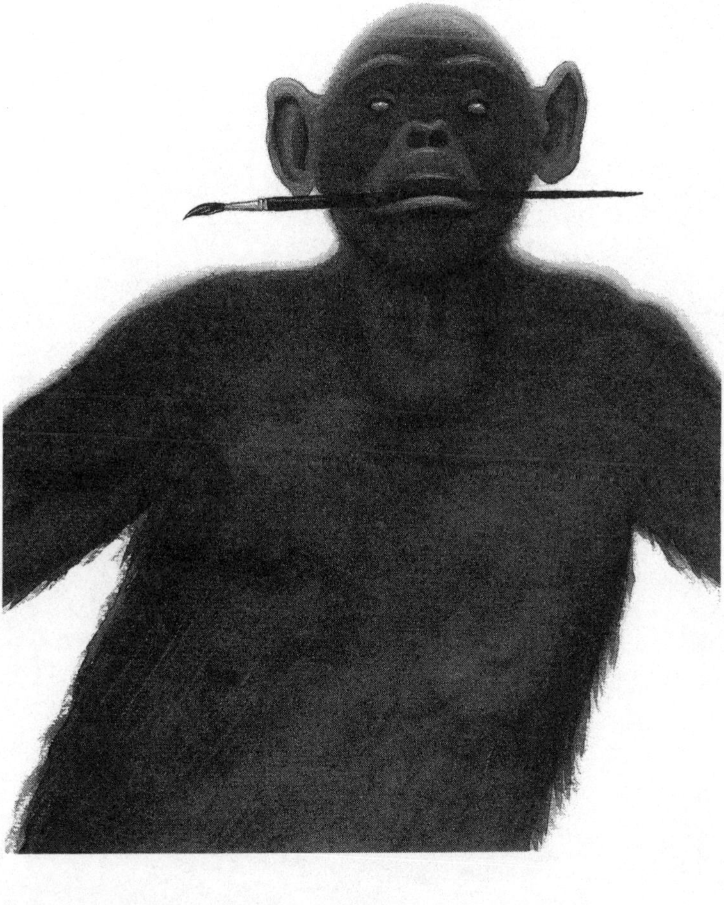

Gotthold Ephraim Lessing
DER AFFE UND DER FUCHS

Nenne mir ein so geschicktes Tier, dem ich nicht nachahmen könnte! so prahlte der Affe gegen den Fuchs. Der Fuchs aber erwiderte: Und du, nenne mir ein so geringschätziges Tier, dem es einfallen könnte, dir nachzuahmen.

Schriftsteller meiner Nation! – – Muß ich mich noch deutlicher erklären?

Johann Wolfgang Goethe
AUS DEN TAGEBÜCHERN

1777. März.

18 Conseil. Mit ♃ gessen gutes Gespräch über Leben und Kunst. Zu ⊙ gezeichnet, Englisch sehr lebhaffter Abend. Mit den Kindern gegessen. Affereyen, Nachts Regen.

***

1778. Januar.

Früh Knebel, zu ☽ essen, Probe des Westindiers. Affereyen, Nachts mit ♃ viel über unsre Zustände.

Zeichen.
⊙ (Sonne): Frau v. Stein.
♃ (Jupiter): Herzog Carl August.
☽ oder ☾ (Mond): Herzogin Anna Amalia.

Wilhelm Busch

FIPPS, DER MUSIKUS

Mit Recht erscheint uns das Klavier,
Wenn's schön poliert, als Zimmerzier.
Ob's außerdem Genuß verschafft,
Bleibt hin und wieder zweifelhaft.

Auch Fipps fühlt sich dazu getrieben,
Die Kunst in Tönen auszuüben.

Er zeigt sich wirklich recht gewandt,
Selbst mit der linken Hinterhand.

Und braucht er auch die Rechte noch,
Den Apfel den genießt er doch.

Zu Kattermäng gehören zwei,
Er braucht sich bloß allein dabei.

Piano klingt auf diese Weise
Besonders innig, weich und leise.

Jetzt stimmen ein mit Herz und Mund
Der Kater Gripps und Schnipps der Hund.

Bei dem Duett sind stets zu sehn
Zwei Mäuler, welche offen stehn.

Oft wird es einem sehr verdacht,
Wenn er Geräusch nach Noten macht.

Der Künstler fühlt sich stets gekränkt,
Wenn's anders kommt, als wie er denkt.

Wilhelm Busch

FIPPS UND DER HERR PROFESSOR

Wöhnlich im Wechselgespräch beim angenehm schmeckenden Portwein
Saßen Professor Klöhn und Fink der würdige Doktor.
Aber jener beschloß, wie folgt, die belehrende Rede:
»Oh, verehrtester Freund! Nichts gehet doch über die hohe
Weisheit der Mutter Natur. – Sie erschuf ja so mancherlei Kräuter,

Harte und weiche zugleich, doch letztere mehr zu Gemüse.

Auch erschuf sie die Tiere, erfreulich, harmlos und nutzbar;
Hüllte sie außen in Häute, woraus man Stiefel verfertigt,
Füllte sie innen mit Fleisch von sehr beträchtlichem Nährwert;
Aber erst ganz zuletzt, damit er es dankend benutze,
Schuf sie des Menschen Gestalt und verlieh ihm die Öffnung des Mundes

Aufrecht stehet er da, und alles erträgt er mit Würde.«

Also sprach der Professor, erhub sich und setzte den Hut auf.

Wehe, die Nase hernieder, ins Mundloch rieselt die Tinte.

Wehe, durch Gummi verklebt, fest haftet das nützliche Sacktuch.

Drohend mit Zorngebärde erhebt er den schlanken Spazierstock.

Autsch! Ein schmerzlich Geflecht umschlinget den schwellenden Daumen.

Hastig begibt er sich fort; indessen die Würde ist mäßig.

Hans Traxler

ALBERT SCHWEITZER IN LAMBARENE

Eine Geschichte im alten Stil

An der Orgel sitzt Herr Schweitzer
Bosambo macht den Orgelheizer

Herr Schweitzer fingert einen Triller
Bosambo flieht vor dem Gorilla

Herr Schweitzer bringt mit ernsten Blicken
den Aff dazu, den Balg zu drücken

Herr Schweitzer spielt die Kunst der Fuge
dem Aff vergeht die Zeit im Fluge

So spielen beide noch viel schöne
Motetten nachts in Lambarene.

Es ist Mitternacht, Dr. Schweitzer!

SPRACHE

Georg Schwidetzky

WÖRTERBÜCHER DES SCHIMPANSISCHEN UND DES PONGONISCHEN

Das Schimpansenwörterbuch von Yerkes-Learned

Ziffer	*Lautgruppe*	*Bedeutung*	*Ziffer bei Yerkes-Learned*
1.	ä ä (ae) Doppelton	1. Verlangen nach dem Aufnehmen.	1, 26
	i i	2. Ärger, Empörung (z. B. beim Einfangen).	86, 100, 102–107, 120, 126, 177, 182
		3. Enttäuschung: Ein anderer bringt Futter.	64, 65
		4. Ungeduld, Wut bei Lösung von Aufgaben.	28–31, 34–35, 41, 88
		5. Angst vor dem Stocke.	183
		6. Begierde n. d. nahenden Futter.	28
2.	ä ä gahk gahk	Enttäuschung, Hunger.	7, 8
3.	äängak	Freund D. nimmt Tschim auf. Der schreit (Freude?).	135
4.	ä ä m m	1. Wut bei Lösung v. Aufgaben.	28–31
		2. Langeweile, Unzufriedenheit, Trauer.	32
		3. Sehnsucht nach der Freiheit.	32
		4. Ärger über die Verhinderung des Entweichens.	166
		5. Trauer über Einsamkeit, Alleinbleiben.	167
		6. Begierde nach dem Futter des anderen, Futterneid.	95, 96
5.	ah o ah	1. Verzweiflung.	212, 261
		2. Furcht.	279, 208
		3. Furcht vor dem Alleinsein.	280
6.	gäh gäh	Freude über das nahende Essen, Hunger.	70
7.	gäk gäk gak gäk	Freude am Essen.	114
8.	ga gahk m m ngak ngak m m ngak	Freude beim Essen und Milchtrinken.	138
9.	gaha gaha	Staunen (über einen geschwärzten Mechaniker).	169
10.	gha gha	1. Unmut bei Lösung von Aufgaben.	54
		2. Freude auf das nahende Essen, Hunger.	70
11.	ghak ghak	1. Freude am Trinken (Milch).	
		2. Demut, Unterwürfigkeit.	116a
12.	gho (gko)	Willkommen, gut Freund, Freude.	216, 217
13.	ghu ghu (gkoo)	Achtung! (Auto.)	269
14.	ho, cho	Achtung P.	214
15.	hohoho-oh hoho-oh	Achtung (Eichhörnchen.)	266–267
16.	ho-oh	Achtung! (Pferd mit Reiter, fern.)	272
17.	ho-oh ho	Achtung! (Pferd mit Reiter, näher.)	273
18.	ho-ho-oh ho-oh ho-oh ho-oh	Achtung! (Pferd, ganz nahe.)	274
19.	ho-oh hoho hoho-oh	Achtung! (Eichhörnchen.)	270, 271
20.	ho-oh ho-oh ho-oh	Achtung! (Lieferwagen mit ratterndem Motor.)	268

Ziffer	*Lautgruppe*	*Bedeutung*	*Ziffer bei Yerkes-Learned*
21.	dass. mit 6 Gliedern, wobei der Rhythmus anscheinend nachgeahmt wird.	desgl.	275
22.	ho hua hoho hua	Erregung über Mißhandlungen.	73
23.	huah (whah) (bellend)	Ärger bei der Lösung von Aufgaben.	58
24.	huah huah	1. Hunger, Gier nach dem nahenden Essen.	12
		2. Willkommen, gut Freund, Freude P.	214
25.	huáh huáh (who-ah) m m	Hunger, Gier nach dem nahenden Essen.	23
26.	hu hu	Seufzer beim Schlafengehen.	222
27.	i i ih	Begierde nach Tschims Milch, Futterneid, P.	160
28.	i i i (ie)	Schmerzlaut über einen Biß in die Hand.	248
29.	kah hah kah hah kah haha	} Freude, Lachen.	185–186,
30.	kuh huh kuh huh		239–241
31.	kah kah m	Scham, Reue, Unterwürfigkeit, Bitte um Verzeihung.	134
32.	ka ka	Zorn im Faustkampf. P.	253
33.	kha kha	Freude am Essen (Apfel, Obst). P.	154
34.	khak khak	Freude am Essen (Haferbrei).	97
35.	ko ko	Freude über eine Mandarine (half-orange).	156
36.	kuai-ah kuai-ah	Wehe.	262
37.	kuh hu kuh hu kuh huh huh kuh huh huh	Freude, Lachen.	187, 188
38.	kuku	Freude am Essen (Mandarine [half-orange]). s. a. koko.	158
39.	kuóh kuóh	Freude über das nahende Essen, Hunger.	67
40.	m	1. Eifer beim Nestbau.	254, 255
		2. Suchen nach einem Schlupfloch, um zum Apfelbaum zu kommen.	179, 180
		3. Klettern auf einen Birnbaum, einen Apfelbaum.	123, 178
		4. Eifer beim Lausen.	175
		5. Begierde nach fremdem Futter Lust zum Stehlen, Bitte.	82, 87 97, 99
		6. Freude am Essen (Obst) P.	152
		7. Willkommen, gut Freund, Freude.	171
		8. Scham, Reue, Unterwerfung.	57
41.	m m	1. Eifer und Ungeduld beim Lösen von Aufgaben, Sinnen.	51, 52, 55, 59, 254, 255
		2. Behagen beim Klettern ins Heulager (mit Banane).	142
		3. Freude am Schwingen mit dem Seil, Aufforderung dazu*)	172
		4. Freude am Beifall der Zuschauer beim Seilschwingen, Eitelkeit.	75
		5. Eifer beim Entrinden einer Apfelsine mit den Zähnen, Kauen der Schale.	84, 108
		6. Scham, Reue, Unterwerfung, Unruhe.	168, 17
		7. Schmeicheln.	164

*) Vgl. Boutan: Gibbon hm Freude am Herumschwingen in den Bäumen.

Ziffer	*Lautgruppe*	*Bedeutung*	*Ziffer bei Yerkes-Learned*
41.	m m	8. Sehnsucht nach dem Freunde.	77–79, 173, 174
		9. Willkommen, gut Freund, Freude.	15, 16, 43, 171
		10. Trauer über das Alleinbleiben.	9, 18
		11. Schmerz über das Aufstoßen des Kopfes beim Schwingen.	76
		12. Enttäuschung: Ein anderer bringt Futter.	63
		13. Staunen.	127
		14. Freude am Essen, Hunger.	84, 108 123 178, 179, 180
		a) Obst (Apfelsine, Apfel, Birne, Banane).	14, 20–22, 25, 109 139, 142 147 152
		b) Wurzeln (Mohrrüben).	149
		c) Grünes (Gras, Klee, Erdbeerranken).	80
		d) Milch.	116, 135, 138a, 147
		15. Begierde nach fremdem Futter, Ärger über die Verhinderung.	98, 99 133
42.	m m ä ä	1. Eifer und Ungeduld beim Lösen von Aufgaben, Sinnen.	39–41, 44
		2. Gruß, Ungeduld, Sehnsucht.	2, 3, 4
43.	m ä ä m	Freude am Essen, Hunger.	131
44.	m ä m m	Eifer und Ungeduld beim Lösen von Aufgaben (Banane in der Flasche), Hunger.	42
45.	m m ä m m	Begierde nach fremdem Futter, Futterneid.	95
46.	m m ghäk	Freude am Essen, Hunger (Brot, Obst).	128
47.	m m ghak	Freude am Essen, Hunger (Haferbrei).	110
48.	m m gahk m m	Unzufriedenheit, Langeweile, Sehnsucht nach der Freiheit.	33
49.	m m ghak ghak	1. Unsicherheit, Gehorsam, Unterwürfigkeit.	129
		2. Freude am Trinken der Milch.	
50.	m m ngäk	Freude am Essen, Vorfreude (Erdbeerblätter, Rinde von jungen Birkenzweigen, Milch).	74
51.	m m ngahk m m	Freude am Essen (Banane).	145
52.	m m ngak	Freude am Trinken (Milch).	116, 116a
53.	m m ngak	Freude am Essen.	144
54.	m m ngak m (m)	Vorfreude auf Apfelsinen.	89, 91, 136
55.	m m ngak m m ngak	Freude am Essen.	145
56.	m m ngak ngak	Freude am Essen (Mohrrübe).	137, 149, 150
57.	m nkak m m	Begierde nach Obst.	114
58.	ngäk m m	Freude am Essen (Obst).	83

Ziffer	*Lautgruppe*	*Bedeutung*	*Ziffer bei Yerkes-Learned*
59.	ngäk ngäk m m ngäk ngäk m ngak	dasselbe.	122
60.	ngak	Freude am Essen (Birne).	124
61.	ngak m	Freude am Essen (Kauen der Rinde eines Birkenzweiges).	117
62.	ngak m m	Freude am Essen und Trinken (u. a. Mohrrüben).	140, 151
63.	ngak ngak	Freude am Essen (Mohrrüben, Erdbeerranken, Gras, Klee).	81, 150
64.	ngak ngak m m ngak m	Hunger, Begierde, Ungeduld.	90
65.	nghak	Freude am Essen (Haferbrei).	51
66.	nghak m	Freude am Essen (Haferbrei).	93, 94
67.	nkak m m	Freude am Essen.	112
68.	nkak nkak m	Freude am gestohlenen Kuchen.	113
69.	uh	1. Sei gut.	238, 252
		2. Beruhigung, Reue.	121
70.	uh o uh	Abwehr. P.	260
71.	uh uh	1. Klage über das Alleinbleiben.	10, 162, 163, 218
		2. Furcht, Warnung.	264, 276–278, 281–282
		3. Willkommen, gut Freund.	170
		4. Verlangen, getragen zu werden.	176, 193–195, 209–211
		5. Angst vor der Höhe (Baumast, Mauer).	189–190
		6. Erschrecken. P.	196, 265
		7. Abwehr. P.	223–225, 227–237, 242–247, 249, 250, 252, 256, 258–259, 263
		8. Begierde nach fremder Milch. P.	161
		9. Freude am Essen, Hunger	60, 66, 68–71
		(Milch) Tsch. u. P.	101, 153
		(Apfelsine) P.	154
		10. Behagen im Heulager. P.	219, 220
72.	u u uh	Verlangen, getragen zu werden.	198
73.	ui	Zorn, Angst.	226
74.	uh m m	1. Furcht vor dem Alleinbleiben.	56
		2. Freude am Essen (Haferbrei).	110
75.	vts	Einmalige Lautgruppe beim Lausen, wohl Zufallsgebilde, keine Sprache.	226

DAS PONGONISCHE WÖRTERBUCH.

	Lautgruppe	*Bedeutung*	*Beobachter*	*Bemerkungen*
1.	ă. ă. ă …?	Ärger über einen verfolgd. Mensch	Hackenberg	Laute aus der Beschreibung erschlossen (»ärgerliches Krächzen«). Entsprechung bei der Zwergmeerkatze.
2.	å. å. å … huuuh	Morgen- und Abendgesang	Gustav u. Rudolf Brandes, Eipper	Abgekürzt und ohne Tonangabe wiedergegeben. Nach G. Brandes auch a. Tage etwa alle 4 Stunden.
3.	chachacha?	Zorn, Gereiztheit	Eipper	Laute aus der Beschreibung erschlossen (»Faucht«), wohl wie das Fauchen sonst m. Ein- u. Ausatmung hervorgebracht.
4.	hă-hă-hă	Lachen	Gustav u. Rudolf Brandes	Der Kehlsack schwillt dabei an. Tonlos, Mund offen. Bei Ausatmung.
5.	hŏ.hŏ.hŏ-huh-huuh	a. Morgen- und Abendgesang b. Schreck im Schlaf (ein Urwaldbaum bricht krachend um)	Hackenberg	5 offenbar gleich 2. Hackenberg hört h im Anlaut.
6.	hŏ-hŏ-hŏ	Erregung, Anruf	Tierwärt. Amsterdam nach Schwidetzky	Wärter ahmt die Laute nach. Frisch eingefangener Pongo horcht auf u. schaut in die künstl. Palmen hinter dem Käfig hinauf. »Aus tiefster Brust« hervorgebracht.
7.	ih	Höchst. Erregung	M. Schmidt nach Otto Koerner	Weit verbreiteter Tierlaut
8.	iiing	Klageruf	Brehm, Heck, Tailor, Volz, Hauchecorne	Wie Winseln oder Miefen eines Hundes. Vgl. das Lemurische.
9.	ŏ-ŏ-ŏ – huh-uh-uh	Abendgesang	Eipper	Vgl. 2, 5.
10.	× pf	a. Lockruf an d. Kind	Eipper	Arteigene Lautgruppe des Pongos.
		b. Lockruf an ein junges Bergschaf	Eipper	Zweilippiger Schnalz.
		c. Trink! Saug! Ermunterung des lässig saugenden Kindes	Eipper	Übersetzung von Schwidetzky n. d. Beschreibung d. Vorganges von Eipper.
		d. Leckerbissen	Bungartz	
		e. Ei	Schwidetzky	Geräusch beim Aussaugen des hochgeschätzten Hühnereis.
		f. Fliege als Leckerbissen	Hauchecorne	
		g. Liebe, Vereinigung	Eipper, Hauchecorne	Nach H. Schnalz, mit den gespitzten Lippen auf der flachen Hand hervorgebracht.

	Lautgruppe	*Bedeutung*	*Beobachter*	*Bemerkungen*
10.	× pf	h. Kuß der Liebe	Eipper	
		i. Liebe, Eifersucht	Eipper	Dazu Schlagen des Bodens mit den Fäusten, darauf Lied o-o-o–hu-uh-uh.
		k. Liebe zur Mutter	Eipper	Kind küßt die Mutter auf alle Stellen des Körpers.
		l. Ärger (Futter her!)	W. Köhler	
		m. Ärger über eine Fliege	Schwidetzky	
		n. Ärger über einen unangenehmen Menschen	Schwidetzky	
		o. Unwille, Zorn	Schneider, Zukowsky	
11.	× pf × pf-ö-ö-ö – hu-uh-uh	Abendgesang	Eipper	Arteigene Lautgruppe des Pongos.
12.	× pf-ung	a. Besorgnis, Warnung, Schreck	Furness	Desgleichen.
		b. Sorge um das Kind	Eipper	
		c. Drohung a. den Gegner	Eipper, Knottnerus-Meyer	Arme ausgebreitet, Brust nach vorn gedrückt.
13.	sch, ss	Drohung	Delmont, G. u. R. Brandes, Tierwärter im Londoner Tiergarten nach Schwidetzky	Nach Brandes Speichelsaugegeräusch. Arteigene Lautgruppe des Pongos.
14.	tisch-schist (auch tiss-ssist?)	Ärger über einen Nebenbuhler, ein. anderen Affen	Darwin	Annähernde Wiedergabe. Erster Teil wahrscheinl. durch Stimmlauteinschub veränderter Zungenschnalz! Arteigene Lautgruppe des Pongos.
15.	ŭ-ŭ-ŭ	a. Ärger, Zorn	Darwin, Eipper	Wie i. Gibbonischen.
		b. Staun., Überraschung, Schreck	G. Brandes	
		c. Anblick großer Tiere (Nilpferd)		
16.	uäää-uäää	Klageruf d. Vaters zum gefangenen Kinde hin	Tailor	Gibbonisch ua-ua.
17.	ück	Ängstlichkeit d. Weibes vor dem Manne, mütterliche Sorge um das Kind	G. Brandes, R. Brandes	Vgl. lemur. uik.
18.	üh	gesteigerte Erregung	Max Schmidt u. Otto Koerner	Lemurisch ui.
19.	uh	Geheul, Weinen	Derselbe	Wie i. Gibbonischen.
20.	ung	a. Freude üb. eine mit dem Handrücken erschlagene Fliege	Eipper	Vgl. lemurisch öng u. siamangisch ooung.
	ung-ung- ung	b. Ärger, Unwille, Unzufriedenheit	Furness, G. Brandes	

	Lautgruppe	*Bedeutung*	*Beobachter*	*Bemerkungen*
21.	Zungenschnalz am mittleren Gaumen	Zufriedenheit	P. R. (= Eipper)	Vgl. IX. letzter Absatz. Entspricht dem gleichen Laut des Geckos, des Blaumauls, der Buschmänner usw.
22.	An den Zähnen gebildete Zungenschnalze. Lautwert ts.			Bei Pongosäuglingen wahrscheinlich vorhanden. Bisher aber noch nicht beobachtet. Entsprechungen wie bei 21.

Dieter E. Zimmer

DIE SPRECHENDEN AFFEN

Bis zum Ende der sechziger Jahre war es die allgemeine, felsenfeste Überzeugung, daß kein Tier über irgendeine Sprachfähigkeit verfüge. Zwischen Tier und Mensch klaffte ein unüberbrückbarer Graben. Bei dem beliebten Gesellschaftsspiel »Was unterscheidet den Menschen vom Tier?« wäre sicher kein anderes Attribut auch nur annähernd so häufig genannt worden wie die Sprache. Es bedeutete darum eine große Umwälzung für die Sprachforschung, aber nicht nur für sie, als es verschiedenen amerikanischen Psychologen in den siebziger Jahren gelang, berühmt gewordenen Schimpansenmädchen Ansätze von Sprache beizubringen – keine Lautsprache, für die die Atmungsorgane der Menschenaffen nicht eingerichtet sind und der sie sich auch durch noch soviel Training nicht anbequemen lassen, sondern verschiedene Zeichensprachen.

In Nevada brachten die Psychologen Beatrice und Allen Gardner dem Schimpansenmädchen Washoe in vier Jahren 132 Zeichen der Gebärdensprache ASL bei, die in Amerika die meisten Taubstummen benutzen. Das Zeichenrepertoire reichte für knappe Dialoge zwischen Affe und Mensch, etwa für diesen Austausch zwischen Washoe und ihrer Wärterin Susan, der allein schon es schwermacht zu glauben, daß Washoe nur bewußtlos memorierte Zeichenfolgen wiederholt haben soll: Susan: *Wer ist klug?* Washoe: *Doktor Gardner.* Susan: *Ja, Doktor Gardner. Wer ist dumm?* Washoe: *Susan dumm.* Susan (stirnrunzelnd): *Wer?* Washoe: *Washoe.* Washoe machte also sogar schon sehr menschenkindhafte Scherze mit ihrem Wenigen an Sprache.

In Atlanta, am Yerkes-Primatenforschungszentrum, brachte der Psychologe Duane Rumbaugh dem Schimpansenkind Lana eine andere Sprache bei: Bildsymbole, die auf einer großen Tastatur angebracht waren, welche mit einem Computer in Verbindung stand. Die Symbole bildeten nicht ab, was sie bedeuteten, sondern waren willkürliche Zeichen. Der Computer zeichnete Lanas sämtliche Sprachversuche auf. Er war so programmiert, daß die junge Äffin nur dann für eine Äußerung belohnt wurde, und zwar mit einem Bonbon, der unter der Tastatur automatisch ausgeworfen wurde, wenn sie eine bestimmte »Wortfolge«, also eine bestimmte Reihenfolge der gedrückten Tasten einhielt und vollständige »Sätze« aus den Zeichen bildete. So sollte geklärt werden, wie weit die syntaktischen Fähigkeiten der Schimpansen reichen.

In Kalifornien unterrichtete der Psychologe David Premack das Schimpansenmädchen Sarah wiederum in einer dritten Sprache. Sarah lernte willkürliche Plastiksymbole auf einer Magnettafel anzuordnen. Zum Beispiel bedeutete ein violettes Dreieck »Apfel«, ein rotes Quadrat »Banane«, ein kleines blaues Rechteck »Aprikose«, ein auf der Seite liegendes schwarzes T »gelb«, eine Art gelber Dudelsack »ist« – jede Ähnlichkeit mit den bezeichneten Dingen war wiederum sorgfältig vermieden; wenn Sarah »Sätze« bildete wie »Rotes Quadrat/gelber Dudelsack/schwarzes T« (*Banane ist gelb*), kann sie sich nicht am Aussehen der Plastikchips orientiert haben.

Auch ein Gorillamädchen wurde in menschlicher Sprache unterrichtet: Koko, der die Psychologin Francine Patterson in Stanford wiederum die amerikanische Gebärdensprache ASL beibrachte und die das umfangreichste Gestenvokabular erwarb.

Vielleicht ist die Sprachfähigkeit der Affen begrenzter, als es in der ersten Euphorie dieser Experimente erschien. Aber daß man sich mit den Affenkindern in wohlgeformten langen Satzperioden über ihre Lebensphilosophie unterhalten könne, hatte auch niemand ernstlich erwartet. Sie »sprechen« nur über ihre schlichte Erfahrungswelt; meistens handeln ihre Sätze vom Futter. Ihre »mittlere Äußerungslänge« bleibt schon bald hinter der von menschlichen Kindern zurück. Mit zwei Jahren sind sie sprachlich so entwickelt wie Menschenkinder gleichen Alters, teilweise ihnen sogar etwas voraus. Mit drei Jahren aber haben die Menschenkinder sie überholt und lassen sie von nun an weit hinter sich zurück, im Stadium der Ein- und Zweiwort-Äußerungen. Ob diese syntaktisch strukturiert sind, ist bis heute unentschieden; so läßt sich also auch nicht sagen, ob die Schimpansen überhaupt über irgendeine Syntax verfügen. Wenn, dann wäre es eine, die jenseits der Zweiwort-Äußerungen ins Schwimmen gerät. Jedenfalls ist die Annahme nicht abwegig, daß diese Ein- und Zweiwort-Äußerungen, die Kinder passieren und bei denen

Affen stehenbleiben, eine allgemeine primitive Sprachform darstellen, erzwungen von der noch begrenzten Verarbeitungskapazität des Gehirns – und daß auch die »Ursprache« der Hominiden ähnlich beschaffen gewesen sein könnte.

Affenkinder wurden dabei beobachtet, wie sie ungefragt mit sich selber »sprachen«, zum Beispiel das Zeichen »still« machten, wenn sie irgendwo hinschlichen. Affensprache kann also spontan sein. Aber untereinander scheinen sie von sich aus kaum Gebrauch von der ihnen beigebrachten Sprache zu machen. Sie können dazu genötigt werden, wie es in Atlanta geschah, und dann tun sie es auch; aber bisher haben sprachgelehrte Affen, die sich selber überlassen blieben, offenbar untereinander nirgends weitergesprochen.

Die Sprachfähigkeit der Menschenaffen hat also recht enge Grenzen. Gerade das macht sie so interessant für jeden, der die Menschensprache nicht als fertig gegeben hinnimmt, sondern nach ihrer Evolution fragt. Vielen sagt eine solche Kontinuität überhaupt nicht zu – sie stört aufs neue die stolze Vorstellung von der Unvergleichlichkeit des Menschen. So wurden manche Zweifel vorgebracht. Könnte es sich bei den sprachlichen Leistungen der Affen nicht um andressierte Kunststücke gehandelt haben? Die Wissenschaft fürchtet das Kluger-Hans-Phänomen. Der Kluge Hans – das war jenes Berliner Pferd der Jahrhundertwende, das scheinbar rechnen konnte. Man rief ihm eine Rechenaufgabe zu, und es scharrte das Ergebnis in den Sand. Sechs und sieben? Der Kluge Hans kratzte dreizehnmal mit dem Huf. Aber er verstand weder die Aufgabe, noch konnte er Algebra. Er beobachtete vielmehr seinen Trainer, Wilhelm von Osten; seiner Körperhaltung und der Stellung seiner Augenbrauen entnahm er, ob er weiter scharren oder aufhören sollte. Wissenschaftler, die sich mit den Intelligenzleistungen von Tieren beschäftigen, setzen heute viel daran, jeden absichtlichen oder unabsichtlichen Kluger-Hans-Effekt zu vermeiden; das Tier soll durch kein Stichwort, keine »Stichgeste« zu irgendeiner Reaktion gedrängt werden. In den Schimpansenexperimenten wurde dem Kluger-Hans-Effekt durch Doppelblind-Anordnungen vorgebeugt. Bei Vokabeltests, wie Washoe sie regelmäßig zu absolvieren hatte, stellte gar kein für das Affenkind sichtbarer Mensch die Aufgaben. Vielmehr wurden ihm Bilder vorgeführt, zum Beispiel von vier verschiedenen Autos, die es noch nie gesehen hatte. Und seine Antwort (in diesem Fall also gegebenenfalls das Zeichen für »Auto«) wurde von jemand registriert, der seinerseits nicht wußte, was der Affe gesehen hatte, worauf er antwortete. Dem Tier wurden also keine Antworten suggeriert, und was es antwortete, konnte von den Experimentatoren nicht unwillentlich uminterpretiert werden, bis es zur Frage paßte. Der Kluger-Hans-Effekt ist sicher eine Realität. Aber er erklärt die sprachlichen Leistungen der Affen mitnichten, denn er wurde bei einigen der Experimente sorgfältig ausgeschlossen. Auch unter diesen strengen Bedingungen blieben die Sprachproduktionen der Affen bescheidene, aber sinnvolle improvisierte Äußerungen, keine auswendig gelernten starren Zeichenfolgen und auch kein zufälliges Herumprobieren.

In bescheidenem Maß war ihnen sogar Kreativität eigen: Die Affen kombinierten ihnen bekannte Zeichen, um Konzepte auszudrücken, für die sie noch kein Zeichen besaßen. So erfanden sie: *Wasser-Vogel* (also die Kombination der Zeichen für Wasser und für Vogel) für den Schwan, *Weinen-Wehtun-Frucht* für ein Radieschen, *Metall-heiß* für das Feuerzeug, *Hör-Getränk* für ein Glas mit Sprudelwasser. Dieser kreative Umgang mit den ihnen beigebrachten Zeichen hat besonders viel Mißtrauen auf sich gezogen. Hugh Terrace, der seine Zweifel an den linguistischen Fähigkeiten der Affenkinder in etlichen Artikeln und einem Buch ausgedrückt hat, meint, Washoe habe nicht den Schwan einen »Wasservogel«, also einen im Wasser lebenden Vogel genannt, sondern nur die Szene, vor der sie sich fand, mit zwei ihr zur Verfügung stehenden Zeichen bedacht: zum einen das Wasser, zum andern den Vogel auf dem Wasser. Was Terrace übersah, war, daß die Kombination *Wasser, Vogel* für den Schwan nicht nur einmal auftauchte, sondern Washoes Standardbegriff für den Schwan wurde, den sie zudem ganz unabhängig davon benutzte, ob sich ein Schwan gerade im Wasser befand oder nicht. Und daß ihr *Wasser-Vogel* nur ein Fall unter mehreren ähnlich war. Wahrscheinlicher also, daß die Affenkinder genau das taten, was Menschen tun, wenn sie etwas Neues bezeichnen wollen – sie verbinden vorhandene Wörter zu einem neuen Begriff, der etwas anderes ist als die Summe der Begriffe, die in ihn eingehen: *Eisenbahn, Horchposten, Großküche.* Das aber heißt, daß die Schimpansenkinder in irgendeinem Maß auch eine der kreativsten Möglichkeiten menschlicher Sprache für sich entdeckt und genutzt haben, das übertragene Sprechen.

Auch waren ihre Äußerungen nicht immer nur situationsunmittelbar. Zuweilen bezogen sie sich durchaus auf zeitlich oder räumlich Fernes. So Washoes unwirsche Aufforderung an einen ihrer Wärter, der ihr gesagt hatte, er könne ihr keine Apfelsine geben, weil er keine habe: *Du gehen Auto geben – mir Apfelsine schnell.* Sie sah kein Auto, als sie das sagte, war selber seit über zwei Jahren nicht mehr Auto gefahren, wußte aber offenbar, daß man in Amerika mit Autos einkaufen fährt, daß es im Supermarkt Apfelsinen gibt – und zwar wußte sie es durchaus in Abwesenheit von Autos, Apfelsinen, Supermärkten.

Damit aber ist, in schönstem Einklang mit den Erwartungen der Evolutionstheorie, die früher für die Sprache angenommene kategorische Diskontinuität zwischen Mensch und Tier hinfällig. Sprache, so schien es einmal, kann ein Lebewesen nur haben oder nicht haben; und das einzige Lebewesen, das sie habe, und zwar in vollem Umfang, sei der Mensch. Jetzt dagegen, nach den Sprachexperimenten mit den Menschenaffen, sieht es eher so aus, wie es auch aussehen müßte: daß die Sprache eine lange evolutionäre Geschichte hat und daß man Vorformen, Vorstufen der menschlichen Sprache durchaus bei den ihm verwandtesten Tieren studieren kann.

Die sprechenden Affen lenkten einige Forscher, vor allem den kalifornischen Psychologen David Premack, zu der Frage, welche Intelligenzleistungen es eigentlich sind, die Sprache möglich machen; und in welchem Maß sie auch Menschenaffen schon zu Gebote stehen.

Auch bei Affen sind die beiden Gehirnhälften nicht genau symmetrisch. Aber ob mit dieser anatomischen Asymmetrie wie beim Menschen eine funktionale verbunden ist, ist bisher unklar. Sollte eines Tages auch bei den Affen eine verschiedene Spezialisierung der beiden Hirnhälften aufgefunden werden, so hätte sie wahrscheinlich nichts mit der äffischen Sprachfähigkeit zu tun. Denn wenn beim Menschen die Sprachproduktion von einer einzigen –

der linken – Hemisphäre regiert wird, so weil die Sprache des Menschen eine Lautsprache ist und der Stimmtrakt als Einheit bewegt werden muß, seine Steuerungsbefehle also auch nur aus einer Zentrale erhalten darf. Für die etwaige quasi-sprachliche Intelligenz des Affen gäbe es vermutlich keinen entsprechenden Grund, sich auf einer einzigen Hirnseite anzusiedeln.

Auch die höheren Affen können sprachliche Laute von anderen unterscheiden und verstehen etwas an der gesprochenen Sprache des Menschen, schwer zu sagen was – ihre Gefühlsbedeutung (Wut, Aufforderung, Fragen) aber wohl eher als etwas von ihrem Sinn.

Eine Voraussetzung jeder Sprache ist die Fähigkeit zur Konzeptbildung: etwa zur Bildung des Konzepts »Apfel«. Konzeptbildung setzt die Fähigkeit zur Klassifikation voraus, und diese die Fähigkeit zum einen der Abstraktion, zum andern der Generalisierung. Von allen tatsächlich gesehenen Äpfeln muß der Geist die zufälligen Eigenschaften, in denen sie sich unterscheiden, abziehen können; und was übrigbleibt, diese abstrakte Idee eines »Apfels«, muß man auf eine ganze Klasse von Dingen (eben allen Äpfeln, auch den noch nicht gesehenen und vielleicht wiederum ganz anderen) verallgemeinern können. Solche Konzeptbildungen sind den Affen möglich; es gibt sie vor jeder Sprache.

Die menschliche Sprache hat nicht nur Begriffe für Dinge der realen Welt, sondern auch für gedachte Beziehungen. Darum bildet die menschliche Sprache die Welt nicht nur ab, sondern interpretiert sie. In bescheidenem Maß haben auch die Schimpansen solche abstrakten Begriffe erworben. Premack brachte Sarah zum Beispiel ein Zeichen für »wenn-dann« bei, die logische Implikation also. Das führte unter anderem zu dem folgenden Dialog. Pflegerin (schreibt in Plastikzeichen an die Magnettafel): *Sarah nehmen Banane wenn/dann Mary geben Sarah Schokolade.* Sarah (liest den Satz, geht eine Banane holen, gibt sie Mary, wartet). Pflegerin (gibt Sarah einen Ball). Sarah (wütend): *Ball ist/nicht Schokolade.*

Die Fähigkeit zur Konzeptbildung wurde lange für eine Folge der mehrmodalen Wahrnehmung gehalten, die es den Menschen möglich macht, jene Daten, die über verschiedene Sinneskanäle sein Gehirn erreichen, wieder zusammenzusetzen. Man sieht ein Tier, man hört ein Grunzen, man riecht einen Gestank

– und wo sich die Daten überkreuzen, entstehe das Konzept »Schwein«. Mehrmodale Wahrnehmung ist jedoch, wie inzwischen feststeht, kein Alleinbesitz des Menschen. Auch bei verschiedenen Affen wurde sie nachgewiesen.

Keine Sprache ohne ein großes Gedächtnis. Es muß sich die Wörter merken nicht nur, um sie wiedererkennen zu können, sondern um sie zum Einsatz verfügbar zu haben. »Die Macht des Worts hängt von der Informationsmenge ab, die eine Art speichern kann« (Premack).

Statt von »Vorstellung« spricht die Psychologie, wo nicht gerade bildliche Vorstellungen gemeint sind, heute gern von »Repräsentation«: der »Vertretung« der Welt im Geist. In irgendeiner Weise ist in unserem Kopf äußere Wirklichkeit repräsentiert. Sprache hat eine hohe Repräsentationsfähigkeit zur Voraussetzung. Die Biene, die ihre Artgenossinnen durch die Bewegungen ihres Tanzes zu entfernten Blüten dirigiert, stellt ihnen möglicherweise nicht ihre innere Repräsentation der Lage der Futterquelle dar, sondern beantwortet eine Reihe von Reizen automatisch, roboterhaft mit einer genetisch festgelegten Bewegungsfolge. In diesem Fall hätte sie keine eigentliche Sprache, so fein und umfangreich ihr Zeichenrepertoire auch ist.

Eine Sprache muß kreativ sein: Sie besteht nicht aus einem starren Repertoire von Signalen, sondern ist offen, Neues auszudrücken. Die Menschenaffen, die neue Wörter erfanden wie *Gesichtshut* (für Maske) oder *Metall-Tasse-trink-Kaffee* (für die Thermosflasche), bewiesen solche Kreativität.

Ein Kommunikationssystem, das den Namen Sprache verdient, muß in einem noch elementareren Sinn kreativ sein: Es muß eine begrenzte Zahl von Elementen zu einer beliebigen Zahl von Aussagen kombinieren können. Die sprechenden Menschenaffen können genau dies – nicht etwa nur gelernte Aussagen richtig und im richtigen Zusammenhang wiederholen, sondern aus den Symbolen neue Aussagen bilden. Zum Beispiel in diesem Dialog zwischen dem Gorilla-Mädchen Koko und ihrer Pflegerin und Lehrerin Francine »Penny« Patterson, geführt in der Gebärdensprache ASL, in dem es sogar um einen zeitlich fernen Gegenstand geht, einen Biß, den Koko seiner Pflegerin am Vortag beigebracht hat, und in dem Koko so etwas wie moralische

Gefühle zum Ausdruck bringt. Penny: *Was hast du mit Penny gemacht?* Koko: *Beißen.* (Als sie gebissen hatte, hatte sie es »kratzen« genannt.) Penny: *Du gibst es zu?* Koko: *Leidtun beißen kratzen.* (Penny zeigt Koko die Verletzung an der Hand, die wirklich wie eine Schramme aussieht). Koko: *Falsch beißen.* Penny: *Warum beißen?* Koko: *Weil wütend.* Penny: *Warum wütend?* Koko: *Nicht wissen.*

Entscheidend für die Sprache ist vor allem die Fähigkeit, an die Konzepte von Dingen und von Beziehungen zwischen den Dingen willkürliche Symbole zu heften, zum Beispiel – im Fall der menschlichen Lautsprache – irgendwelche in sich nichtssagende Lautfolgen. Premacks Schimpansin Sarah beispielsweise, die gelernt hatte, daß ein violettes Plastikdreieck »Apfel« bedeutet, machte Aussagen über Äpfel und nicht über violette Plastikdreiecke, wenn sie über das Apfelsymbol befragt wurde. Auch diese symbolisierende oder semiotische Fähigkeit ist also offenbar nicht auf den Menschen beschränkt.

Die große, nach wie vor ungeklärte Frage ist freilich die: Warum hat die Evolution bei den höchsten Primaten so viele Voraussetzungen für Sprache hervorgebracht, eine so enorme »evolutionäre Reserve« geschaffen, wenn sie diese ihre Sprachfähigkeit von sich aus überhaupt nicht anwenden? Die neurophysiologischen Voraussetzungen für eine wenn auch nur erst einfache Sprachbegabung anzulegen, wie sie bei den Schimpansen und Gorillas zutage trat, als Menschen kamen und sie ihnen abverlangten, ist gewiß eine aufwendige Investition der Natur gewesen; wieso hat sie sie geleistet, wenn sie doch im natürlichen Leben dieser Tiere zu nichts nütze ist?

Einige Forscher sind der Meinung, wild lebende Schimpansen setzten das beträchtliche Repertoire ihrer Gesten und Laute durchaus in einer Weise ein, die bereits einige Eigenschaften einer Sprache hat (Plooij 1978): Vor allem sei sie »offen«, könne also neue Bedeutungen ausdrücken. Ihre Zeichen werden ferner in verschiedenem Kontext angewandt, wobei sich ihre Bedeutung sinngemäß überträgt – so bedeutet ein erhobener Arm normalerweise »kraule mich«, und da die gegenseitige Fellpflege in einem Schimpansentrupp die Form freundlichen sozialen Kontakts par excellence ist, bedeutet sie noch mehr, nämlich »wir wollen nett zueinander sein«. Aber sie wird auch verwendet, wenn es gar nicht ums Kraulen geht, sondern wenn etwa die Ängste eines Gespielen beschwichtigt werden sollen. Vor allem aber können verschiedene Zeichen miteinander kombiniert werden. Zum Beispiel wendet ein Schimpanse einem andern den Rücken zu, kratzt sich an einer Stelle, grunzt: drei Zeichen. Der andere kommt daraufhin herbei und beginnt ihn auf dem Rücken zu kraulen. Es könnte schon sein, daß er in seinen drei Zeichen so etwas wie die Proposition »kraule mich/auf dem Rücken/bitte« ausgedrückt hat. Oder anders gesagt: daß sich aus der Fähigkeit, mehrere Zeichen gleichzeitig zu denken, einen simultan gedachten Sinn auf mehrere einzelne Zeichen zu verteilen, das propositionale Denken entwickelt hat, dessen Kode die syntaktische Sprache wurde.

Zu denken geben auch die Experimente des Psychologen Emil Menzel (1971). Er zeigte einem einzigen Schimpansen aus dem Affenhaus die Veränderungen, die er in dem vier Morgen großen Freigelände der Gruppe vorgenommen hatte, führte ihn zu seinem Trupp ins Affenhaus zurück und beobachtete, wie die anderen Tiere sich verhielten, wenn sie nun selber in das Gelände ausschwärmen konnten. Sie verhielten sich, als wüßten sie Bescheid, wo sich etwas Interessantes befand und was es war, Futter zum Beispiel. Einige liefen dem eingeweihten Tier sogar voraus. Einmal zeigte man einem Schimpansen eine tote Schlange und nahm sie weg, ehe der ganze Trupp erschien. Er verließ das Affenhaus dichtgedrängt, den Tieren sträubten sich die Haare, zusammen gingen sie zu dem Ort, wo der informierte Schimpanse die Schlange gesehen hatte, und dieser nahm einen Knüppel und warf ihn an die genaue Stelle. Offenbar hatte das informierte Tier sein Wissen irgendwie an die anderen weitergegeben. Schwer zu sagen, wie. Aber sie wußten jeweils nicht wenig, nämlich was sie draußen im Gelände erwartete und wo es zu finden war. Der Verdacht ist kaum abweisbar, daß der informierte Schimpanse es ihnen irgendwie »berichtet« hatte.

Möglicherweise unterschätzen wir, was sich diese Tiere untereinander mitteilen; möglicherweise wird sich bei genauerer Kenntnis der schimpansischen Kommunikation herausstellen, daß sie von ihren bescheidenen und trotzdem beeindruckenden Sprachfähigkeiten in ihrem natürlichen Alltag durchaus regen und nützlichen Gebrauch zu machen wissen.

Affe: mich laust der Affe! (ugs.): *das überrascht mich!:* Als sich die Tür öffnet – ich denke, mich laust der Affe! –, steht vor mir meine alte Klavierlehrerin. Er kniff das linke Auge zu, grinste und sagte: »Mich laust der Affe! Du bist doch der Abi!« (Hörzu 48, 1980, 32).

einen Affen sitzen haben (ugs.): *betrunken sein:* Als er nachts nach Hause kam, hatte er einen Affen sitzen.

sich einen Affen kaufen/antrinken (ugs.): *sich betrinken:* Heute abend werden wir uns einen Affen kaufen.

einen Affen an jmdn. gefressen haben (ugs.): *jmdn. im Übermaß mögen, gern haben:* Sie hat an ihren Kindern einen Affen gefressen. An dem Münchner Libero hat der Bundestrainer einen Affen gefressen. Willi hatte an der schwarzhaarigen, immer lustigen Lilli, wie man so sagt, »einen Affen gefressen« (Kühn, Zeit 430).

◇ Diese Wendung bezieht sich wahrscheinlich wie die drei vorangehenden auf den Kobold, der manchmal wie ein ausgelassenes Äffchen in einem herumspukt, z. B. wenn man Alkohol getrunken hat oder wenn man nach jmdm. ganz närrisch ist. Auch die Beobachtung, daß die Affenmutter ihr Junges vor Zärtlichkeit fast erdrückt und auffrißt, kann dieser Wendung zugrunde liegen.

seinem/dem Affen Zucker geben (ugs.): *sein Steckenpferd reiten, über sein Lieblingsthema immer wieder sprechen:* die meisten, die sich zur Diskussion meldeten, wollten nur ihrem Affen Zucker geben. Jeder gibt seinem Affen Zucker, so gut er kann (Jaeger, Freudenhaus 113). Man freut sich, wie er dem Affen Zucker gibt, wenn er in vielerlei Masken schlüpft (Hörzu 50, 1983, 13).

◇ Auch diese Wendung bezieht sich auf die Ausgelassenheit und das närrische Benehmen des Affen. So einen putzigen Kobold vermeint man im Leibe zu haben, wenn man etwas getrunken hat, oder man möchte ihn in sich haben. Man gibt ihm Zucker, um ihn bei guter Laune zu halten, so wie früher einmal der Leierkastenmann oder Scherenschleifer seinem Äffchen ein Stück Zucker gab, damit es neue Kunststücke zeigte.

jmdn. zum Affen halten (ugs.): *jmdn. anführen, narren:* Ich laß mich doch nicht von euch zum Affen halten.

[wie] vom wilden Affen gebissen [sein] (ugs.): *verrückt, von Sinnen [sein:]:* Was machst du denn da? Du bist wohl vom wilden Affen gebissen! Ich spritze hoch wie vom wilden Affen gebissen (Quick 28, 1958, 32).

das ist Geschmack[s]sache, sagte der Affe und biß in die Seife: ↑ Geschmack[s]sache, **Klappe zu, Affe tot:** ↑ Klappe. **schwitzen wie ein Affe:** ↑ schwitzen. **wie ein Affe auf dem Schleifstein sitzen:** ↑ sitzen. **nicht für einen Wald von Affen:** ↑ Wald.

affenartig: mit affenartiger Geschwindigkeit (ugs.): *sehr schnell:* Der Ladendieb verschwand mit affenartiger Geschwindigkeit.

Affenschande: eine Affenschande sein (ugs.): *unglaublich, unerhört sein:* Wie man uns hier untergebracht hat, ist eine Affenschande. Dieses Deutsch ist eine Affenschande (Tucholsky, Werke 362). »... Eine Affenschande, daß dieses Werk im Schreibtisch liegt«, ereifert sich Theaterdirektor Striese (Hörzu 52, 1973, 39).

Affenzahn: einen Affenzahn draufhaben (ugs.): *sehr schnell sein:* Sie hatte einen Affenzahn drauf, als sie gegen die Leitplanke prallte.

mit einem Affenzahn (ugs.): *sehr schnell:* Ich bin mit einem Affenzahn die Treppe runtergerannt. Der Bus fuhr mit einem Affenzahn die Serpentinen hinunter. Das zweimotorige Riva-Boot schoß mit einem wahren Affenzahn über das Meer (Borell, Verdammt 167).

Aus dem Duden

Affe – §

Nicht sehr kluger Mensch, der andere gern nachäfft. – **Lackaffe** (Berlin): Geck, der modisch auffallen will. – Univ.-Prof. Adolf Lasson, Berlin, um 1910: »Da gibt es Menschen, die behaupten, sie stammen vom Affen ab; wenn man die ansieht, dann glaubt man's ihnen.« – Affe: auch Rausch (»Er hat einen Affen«). – **Affenähnliche Beweglichkeit** wurde in der »Wiener Presse« vom 18. Juni 1866 den preußischen Truppen nachgesagt, später abgewandelt zu affenartige Beweglichkeit, affenmäßige Geschwindigkeit. – **Affe** auch Tornister des Soldaten. – **Affenliebe**: blinde, urteilslose Liebe (z.B. zu seinen Kindern, werden verzogen). – **Affenschaukel** (Soldatenausdruck): Adjutanten-Abzeichen an der Offiziersuniform, silbergeflochtene »Fangschnur«, vom Achselstück zum zweiten Knopf des Waffenrocks, das beim Marschieren »schaukelte«, auf und ab wippte.

Kapeller: Das Schimpfbuch

Affe

die mit Abstand beliebteste Vokabel aus dem Bereich der »tierischen« Vokabeln (→ *Bock*, → *Fliege*, → *Katze/Kätzchen*, → *Hündi*, → *saustark/saugut*, → *schweinegeil*, → *rabenstark*, *stiermäßig; ich denk, mich knutscht ein* → *Elch* etc.); in den verschiedensten Ableitungen wie → *affengeil, affenhart, Affenarsch, Affenkopf, Affenfraß, Affenkasten* (= Schulgebäude), *Affenkäfig* (= Turnhalle), *Affenpinscher* (→ *Fuzzi* etc.) gebräuchlich; 1. Dummkopf, Tölpel, Tolpatsch; Person, mit der man nahezu alles ungestraft machen kann; 2. In der Drogensprache: auf Entzug sein, körperliche Entzugssymptome spüren; 3. Homosexueller; 4. In der Schülersprache: Schultasche, Büchermappe; 5. in bestimmten Wendungen: sich ungesittet benehmen, nicht ganz bei Trost sein; Bsp.: *Ich soll hier immer nur für euch den Affen machen. Der Joe hat grad 'nen Affen/ist grad auf dem Affen.* → *Ey Mann, sag bloß, der Boy George ist auch so'ne Affensuse? Mensch, dein* → *Alter ist wohl vom wilden Affen gebisssen?*

affengeil

besonders gut, schön, interessant; vor allem bei 13–18 jährigen → *Kids* beliebtes überregionales Steigerungswort für → *geil* (auch → *saugeil, schweinegeil*); eignet sich besonders für die Superlativierungstendenzen des Schülerjargons; siehe auch → *Affe*; Bsp.: *Der* → *Typ ist überultraoberaffengeil.*

Ehmann: Affengeil

Christian Morgenstern

WIE SICH DAS GALGENKIND DIE MONATSNAMEN MERKT

Jaguar
Zebra
Nerz
Mandrill
Maikäfer
Ponny
Muli
Auerochs
Wespenbär
Locktauber
Robbenbär
Zehenbär.

ANHANG

NACHWORT

»Der Affe ist der Mensch unter den Tieren.« Auf diese Formel aus den ›Fliegenden Blättern‹ von 1859 lassen sich nahezu sämtliche literarische Äußerungen über Affen bringen. Sie sind, wie wir seit Darwin wissen, unsere nächsten Verwandten im Tierreich – für die Affen eine höchst zweifelhafte Ehre, wie zu zeigen ist.

Verwandtschaftsbeziehungen sind grundsätzlich heikel: Man ist unentrinnbar miteinander verbunden, Ähnlichkeiten sind nicht zufällig und schwer zu leugnen, und doch – oder gerade deshalb – kann man sich oft nicht gut ertragen und geht sich lieber aus dem Weg. Dieselbe Herkunft kann belastend sein: Wer eine höhere gesellschaftliche Ebene erreicht hat, läßt sich nur ungern an die niederen Schichten erinnern, denen er entstammt. Arme Verwandte sind oft peinlich. Aber bei allen Streitereien und Belastungen bleibt doch immer ein Stück Faszination: das Fremde im Vertrauten, das Vertraute im Fremden, die Grenzen sind da fließend.

Diese zwischen Neugier, Bewunderung und Abscheu irrlichternde Faszination hat auch am Ausgangspunkt dieser Anthologie gestanden. Sie ist, das muß hier gesagt sein, die erste ihrer Art, was ein wenig erstaunt, denn im Grunde liegt die Idee doch recht nahe. Natürlich stand auch das Bewußtsein besagter Verwandtschaftsbeziehungen am Anfang und die Erwartung, Aufschlüsse über den Affen als Menschen und den Menschen als Affen zu gewinnen.

Das Ergebnis, das am Ende dieser Arbeit steht: Der Affe als Gegenstand der Literatur ist offensichtlich eine ziemlich zweifelhafte Type mit ziemlich negativen Eigenschaften. (An dieser Stelle wäre es notwendig, auf die Vielfalt von Affenarten hinzuweisen. Belassen wir es bei einem Verweis auf den in diesem Punkt zuverlässigen und ausführlich zitierten Brehm. Es versteht sich von selbst, daß das überwältigende Gros der Texte Menschenaffen als Hauptpersonen hat.) Für unsere Zwecke mag die Auflistung einiger wesentlicher Charakterzüge genügen, wobei wir im Hinterkopf nach Wilhelm Busch die Frage behalten sollten: Sind Affen denn auch Leute? Oder, um das Motto dieses Buches aufzugreifen: Bei den Affen ist es nämlich nicht anders als bei den Menschen.

Affen, was Wunder, äffen nach: Ihre Intelligenz versetzt sie in die Lage, durch Erfahrung und Nachahmung zu lernen; allerdings sind sie nicht so hoch entwickelt, daß sie systematisch und selbstbestimmt lernen und das Angeeignete anwenden könnten. In der Literatur erscheinen sie daher als Musterbeispiele fremdbestimmter, lenkbarer Untertanen (Meyrink, Verne), als satirische Karikaturen des wohlerzogenen Kulturmenschen (Hauff, Hoffmann), als durch Erziehung verkrüppelte Freie (Kafka). Aber vergessen wir nicht: Die Affen sind hier nicht die realen Tiere, sondern poetische Fabelwesen, die der Mensch erfindet – um sich selbst darin wiederzufinden.

Affen sind aggressiv und bösartig: Diese Charakterzüge, die auch in gelehrten Werken wie dem Brehm behauptet werden, prädestinieren den Affen zum Verbrecher. Zwar sind die kriminellen Affen bei Poe, Highsmith oder Le Fanu keine vorsätzlichen Täter; ihre ungehemmte, nur sporadisch kontrollierbare Triebstruktur ist aber – siehe Hauff oder Flaubert – nicht zu domestizieren.

Affen sind triebhaft und geil. Ihre Sexualität leben sie ungehemmt aus, was bereits Brehm mit Ekel erfüllt. Gleichwohl ist es gerade dies, was so fasziniert: Bei Voltaire z.B. übt die äffische Sexualität einen ausgesprochenen Reiz auf die Frauen aus, eine Konstruktion, die sehr gut als männliche Wunschvorstellung interpretiert werden kann. Die Kombination der Schönen mit der Bestie feiert bei King Kong einen populären Höhepunkt: Die Liebe verstört die ungetrübte animalische Existenz und vermittelt dem dumpfen Tier eine Ahnung von Kultur, ohne daß das wilde Wesen diese Kultur je erreichen könnte, es sei denn – als gebürtiger Mensch wie Tarzan. In prüden Zeiten wich man offensichtlich auf Affen aus, um Sexualität zu schildern und den unterdrückten Eros zu seinem Recht kommen zu lassen.

Man könnte die Reihe fortspinnen: Selbstverständlich sind Affen blasphemisch (Le Fanu), von kindischer Tanzlust besessen (Hauff), den Drogen hemmungslos ergeben (Merfield), eitel und überheblich (Lichtwer), geschwätzig, arrogant, hinterlistig usw. usw. – dumme, lächerliche, durchweg negative Gestalten also. Und bei all dem ziemlich menschliche Wesen.

Nur selten ist der Versuch festzustellen, den Affen als Affen gerecht zu werden. Doch selbst in den Geschichten und Gedichten, in denen Affen unser Mitleid erregen dürfen, sind sie Symbolfiguren für menschliches Schicksal: Der Affe als Abbild der Verlorenheit bei Heym, der Affe als Opfer domestizierender Erziehung bei Kafka, der Affe als Exemplum geschundener Kreatur, unverstanden und tragisch, gefangen und den Ursprüngen freien Lebens entfremdet, z. B. bei Fuchs und Flaubert.

Die hier skizzierten Grundmuster sind repräsentativ und haben Tradition. Im Gegensatz zu afrikanischen und asiatischen Mythen, in denen der Affe als Verbündeter, als friedliebender Bruder des Menschen geradezu heroisiert wird, ist seine Rolle in der abendländischen Literatur fast durchgängig dubios, was er von Anbeginn an seiner Funktion als (Zerr-)Spiegelbild des Menschen verdankt.

Schon bei Äsop spielt er vorzugsweise den Part des vertrottelten Idioten unter den Tieren, ein Clown und Gaukler, der auf lachhafte Weise versucht, sich zu verstellen, aber stets scheitert und als dumme Figur entlarvt wird.

Schlimmer noch das Mittelalter, wo der Ekel vor der Ähnlichkeit von Mensch und Affe zur Gleichsetzung von Affe und Teufel führte. Da der Mensch das Ebenbild Gottes war, zugleich dem Affen so diabolisch ähnlich sah, konnte hier nur der Teufel dahinter stecken.

Mit der Aufklärung änderte sich das Bild des Affen als minderwertiger Verwandter nur unwesentlich. Allenfalls durfte er fortan eine Narrenrolle in Gesellschaftssatiren spielen, als Metapher auf das Welttheater.

Von einschneidender Bedeutung war im 19. Jahrhundert die Veröffentlichung von Darwins Theorien, die einen regelrechten Schock bewirkten. Der Mensch begab sich auf die panische Flucht vor seinem Spiegelbild: Brüderliche Koketterie, brüske Abwertung, ironische Darstellung des Affen als Karikatur auf den Menschen waren mögliche Strategien gegenüber der beleidigenden Erkenntnis. Und nicht zuletzt die Möglichkeit, den Affen in den psychischen Dienst zu nehmen: als Wesen, das die geheimen Wünsche ausleben darf, als herrlich schamloser Exekutor von Gewalt und Sexualität, als lustvoller Vertreter von Unmoral und Grausamkeit, als Inbild schrankenloser, von keinen sozialen

Normen beschnittener Freiheit, als Wesen, das dem menschlichen Ernst mit tierischem Spaß beikommt.

Ist es noch nötig, auf die denkwürdige Rolle des Affen im täglichen Sprachgebrauch hinzuweisen? Da haben wir bis heute noch alles aufgereiht: von »Affentheater« bis »affengeil«, von »affig« bis hin zum »Affen«, den man sich ansäuft, mal ganz abgesehen von »Affe« als Schimpfwort in Reinkultur, das nicht einmal eines ergänzenden, schmähenden Adjektivs bedarf.

Es wird also Zeit, dem Affen eine ehrlichere Presse zu verschaffen, schon aus menschlichem Eigeninteresse. Denn: Die Geschichten und Gedichte, Dramen und Aufsätze, in denen von Affen die Rede ist, erzählen in erster Linie von Menschen, ob vom jeweiligen Autor nun gewollt oder nicht. Der Affe, der in den Texten agiert, ist immer (auch) der Mensch. Die Affen ihrerseits schweigen bis heute. Selbst die eindrucksvollen Sprachexperimente, die zu Verständigungsansätzen geführt haben, konnten die beteiligten Affen noch nicht zu tiefgreifenden Auskünften animieren. So bleiben sie als Folie unserer Ängste, Phantasien und Wünsche, und mithin auch Gegenstand unserer literarischen Ambitionen. Daß das von großem Unterhaltungswert ist, beweist – hoffentlich – auch dieses Buch.

Zahlreich ist die Literatur, in der Affen eine Rolle spielen. Daß wir zur Auswahl gezwungen waren, leuchtet ein: Manches war unbrauchbar, auf manches mußten wir verzichten, weil Texte zu umfangreich und nicht sinnvoll zu kürzen waren, manches werden wir übersehen haben. Diejenigen, die weiterlesen wollen, seien auf Horst Juergen Gerigks verdienstvolle Untersuchung »Der Mensch als Affe. In der deutschen, französischen, russischen, englischen und amerikanischen Literatur des 19. und 20. Jahrhunderts« (Hürtgenwald 1989) verwiesen, die eine umfangreiche Bibliographie enthält und der wir einiges zu verdanken haben: als Bestätigung unserer eigenen Recherche und als Fundort für Unbekanntes.

Für Hinweise und flankierendes Sympathisantentum danke ich insbesondere meiner Schwester, meinem Vater, Michael Krüttgen und Rudolf Schmitt.

T. S.

NACH- UND HINWEISE

Mit * versehene Titel sind von den Herausgebern.

Douglas Adams (geb. 1952): *N-te Cousins n-ten Grades** (S. 51) aus: D. A./Mark Carwardine: *Die Letzten ihrer Art*, deutsch von Sven Böttcher. Es handelt sich um Auszüge aus dem Kapitel *Ein Pillenschachtel-Hütchen aus Leopardenfell.* Copyright © 1991 by Rogner & Bernhard Verlag, Hamburg. Abdruck mit freundlicher Genehmigung.

Gottfried Benn (1886–1956): *Das Affenlied* (S. 99) aus: G. B.: *Sämtliche Werke.* Stuttgarter Ausgabe, in Verbindung mit Ilse Benn herausgegeben von Gerhard Schuster, Band 2. *Gedichte* 2. Copyright © 1986 by Klett-Cotta Verlag, Stuttgart. Abdruck mit freundlicher Genehmigung.

Alfred E[dmund] Brehm (1829–1884): *Einige Geschichten von zivilisierten Affen** (S. 215) sowie *Handthiere zweiter Ordnung** (S. 17) aus: *Illustrirtes Thierleben. Eine allgemeine Kunde des Thierreichs,* Band 1. *Die Säugethiere.* Erste Hälfte. *Affen und Halbaffen, Flatterthiere und Raubthiere.* Verlag des Bibliographischen Instituts, Hildburghausen 1864, S. 31 und S. 26f.; S. 1–12.

Edgar Rice Burroughs (1875–1950): *Tarzan bei den Affen* (S. 195) aus: E. R. B.: *Tarzan bei den Affen. Erlebnisse eines von Menschenaffen Gefangenen,* deutsch von Tony Kellen. Österreichische Buchgemeinschaft. Wien 1954, S. 41–49.

Wilhelm Busch (1832–1908): *Das A und O** (S. 11); *Die Affen* (S. 235); *Fipps' Gefangennahme** (S. 221); *Fipps und der Herr Professor** (S. 367); *Fipps der Musikus** (S. 362) aus: W. B.: *Gesamtausgabe in vier Bänden,* herausgegeben von Friedrich Bohne. Erich Vollmer Verlag, Wiesbaden o. J., Band 1, S. 56 und S. 63; Band 4, S. 270f.; Band 3, S. 276–289; Band 3, S. 336–340; Band 3, S. 331–335.

Charles Darwin (1809–1882): *Über die Verwandtschaften und die Genealogie des Menschen* (S. 73) aus: Ch. D.: *Die Abstammung des Menschen und die geschlechtliche Zuchtwahl,* deutsch von J. Victor Carus. E. Schweizerbart'sche Verlagshandlung (E. Koch), Stuttgart 1871, Band 1, S. 167f., 169, 173–176 und Band 2, S. 356f.

Paula Delsol: *Erfolgreiche Affen** (S. 208); *Schlau wie ein Affe* (S. 113) aus: P. D.: *Chinesische Horoskope,* deutsch von Helmut Kossodo. Copyright © 1980 by Rowohlt Verlag, Reinbeck bei Hamburg. Abdruck mit freundlicher Genehmigung.

Duden. *Redewendungen und sprichwörtliche Redensarten. Wörterbuch der deutschen Idiomatik* (S. 399), bearbeitet von Günter Drosdowski und Werner Scholze-Stubenrecht (= Duden Band 11), Copyright © 1992 by Bibliographisches Institut, Mannheim. Abdruck mit freundlicher Genehmigung.

Hermann Ehmann (geb. 1964): *affengeil. Ein Lexikon der Jugendsprache* (S. 399). Copyright © 1992 by C. H. Beck Verlag, München. Abdruck mit freundlicher Genehmigung.

Friedrich Engels (1820–1895): *Anteil der Arbeit an der Menschwerdung des Affen* (S. 90) aus: F. E.: *Studienausgabe* 2, herausgegeben von Hartmut Mehringer und Gottfried Mergner. Copyright © 1973 by Rowohlt Verlag, Reinbeck bei Hamburg. Abdruck mit freundlicher Genehmigung.

Gustave Flaubert (1821–1880): *Der Schmerz eines Verdammten** (S. 281) aus: G. F.: *Jugendwerke,* deutsch von Traugott König. Es handelt sich um die Kapitel 5ff. der Erzählung *Quidquid volueris.* Copyright © 1980 by Diogenes Verlag, Zürich. Abdruck mit freundlicher Genehmigung.

Friedrich II. von Preußen (1712–1786). *Zwei Anekdoten von Friedrich II. von Preußen** (S. 124) aus: *Anekdoten von Friedrich dem Großen.* Eingeleitet von Reinhold Schneider. Insel, Leipzig 1940, S. 49f. und 77.

Günter Bruno Fuchs (1928–1977): *Ein Affe am Abend; Affen* (S. 242) aus: G.B.F.: *Gemütlich summt das Vaterland.* Copyright © 1984 by Hanser Verlag, München. Abdruck mit freundlicher Genehmigung.

Sir Galahad (eigentlich Bertha Eckstein-Dičner, 1874–1948): *Etwas wie eine Affenhypothese* (S. 97) aus: S.G.: *Mütter und Amazonen. Liebe und Macht im Frauenreich.* Copyright © 1987 by Ullstein Verlag, Berlin. Abdruck mit freundlicher Genehmigung.

Christian Fürchtegott Gellert (1715–1769): *Der Affe* (S. 121) aus: Chr.F.G.: *Sämtliche Schriften,* herausgegeben von J.L. Klee, Leipzig 1839.

Robert Gernhardt (geb. 1937): *Affentheater* (S. 355) aus: R.G.: *Hier spricht der Dichter,* Haffmans Verlag, Zürich 1985, S. 22.

Johann Wolfgang Goethe (1749–1832): *Aus den Tagebüchern** (S. 361) aus: J.W.G: *Goethes Werke,* herausgegeben im Auftrage der Großherzogin Sophie von Sachsen, III. Abteilung. Goethes Tagebücher, Band 1. 1775–1787, Böhlau Verlag, Weimar 1887, S. 35 und S. 60.

Axel Hacke (geb. 1956): *Ein Affe für mich allein* (S. 140) aus: A.H.: *Nächte mit Bosch. 18 unwahrscheinlich wahre Geschichten.* Copyright © 1991 by Verlag Antje Kunstmann, München. Abdruck mit freundlicher Genehmigung.

Wilhelm Hauff (1802–1827): *Der Affe als Mensch* (S. 147) unter dem Titel: *Der junge Engländer* in: *Märchen für Söhne und Töchter gebildeter Stände,* Abteilung: *Der Scheik von Alessandria und seine Sklaven* aus: Wilhelm Hauff: *Sämmtliche Werke in 5 Bänden,* Band 4, Stuttgart 1853.

Georg Wilhelm Friedrich Hegel (1770–1831): *Eine Satyre auf den Menschen** (S. 106) aus: G.W.F.H.: *Sämtliche Werke,* herausgegeben von Hermann Glockner, Band 9. *System der Philosophie,* Teil 2. *Die Naturphilosophie,* herausgegeben von Karl Ludwig Michelet, Stuttgart 1965, S. 694f.

Ernst Herbeck (1920–1991): *Der Schimpanse* (S. 68) aus: *Alexanders poetische Texte,* hrsg. von Leo Navratil. Copyright © 1977 by Deutscher Taschenbuch Verlag. Abdruck mit freundlicher Genehmigung.

Georg Heym (1887–1912): *Der Affe* (S. 235) aus: G.H.: *Dichtungen,* herausgegeben von K. Pinthus und E. Loewenson, 1922.

Patricia Highsmith (geb. 1921): *Räuber-Affe Eddie* (S. 318) aus: P.H.: *Kleine Mordgeschichten für Tierfreunde,* deutsch von Anne Uhde. Copyright © 1976 by Diogenes Verlag, Zürich. Abdruck mit freundlicher Genehmigung.

E[rnst] T[heodor] A[madeus] Hoffmann (1776–1822): *Nachricht von einem gebildeten jungen Mann* (S. 164) zuerst in: Breitkopf und Härtel: *Allgemeine Musikalische Zeitung,* 16. Jahrgang, Leipzig 16. März 1814, nach: *Kreisleriana / Fantasiestücke in 4 Bänden,* Band I, herausgegeben von Carl Friedrich Kunz, Bamberg 1814.

Erich Kästner (1899–1974): *Die Entwicklung der Menschheit* (S. 139) aus: E.K.: *Kästner für Erwachsene, Ausgewählte Schriften in 4 Bänden,* Atrium Verlag, Zürich 1983. Die Rechte liegen beim Nachlaßverwalter. Abdruck mit freundlicher Genehmigung.

Franz Kafka (1883–1924): *Ein Bericht für eine Akademie* (S. 199) aus: F.K.: *Sämtliche Erzählungen,* herausgegeben von Paul Raabe. Copyright © 1970 by S. Fischer

Verlag, Frankfurt/Main. Abdruck mit freundlicher Genehmigung.

Immanuel Kant (1724–1804): *Affengeschlecht* (S. 105) aus: I. K.: *Gesammelte Schriften in 21 Bänden*, herausgegeben von der Königlich Preußischen Akademie der Wissenschaften, Band 9. *Logik, Physische Geographie, Pädagogik*, Berlin 1900 ff.

Ludwig Kapeller: *Das Schimpfbuch. Von Amtsschimmel bis Zimtziege* (S. 399), Horst Erdmann Verlag, Herrenalb/Schwarzwald 1964, S. 14.

Rudyard Kipling (1865–1936): *Das klügste Volk im Dschungel** aus: R. K.: *Das Dschungelbuch*, neu übersetzt von Gisbert Haefs, Haffmans Verlag, Zürich 1987, S. 40–63. Es handelt sich um das geringfügig gekürzte Kapitel *Kaas Jagd. Bertran und Bimi* erschien im Magazin *Der Rabe* Nr. 38, übersetzt von Gisbert Haefs, Haffmans Verlag, Zürich 1993.

Matthias Koeppel (geb. 1937): *Aurangk Uchtan* (S. 140) aus: M. K.: *Koeppels Tierleben. In Starckdeutsch.* Mit Zeichnungen des Autors. Copyright © 1991 by Wagenbach Verlag, Berlin. Abdruck mit freundlicher Genehmigung.

Gotthold Ephraim Lessing (1729–1781): *Der Affe und der Fuchs* (S. 361) aus: G. E. L.: *Sämtliche Schriften in 13 Bänden*, herausgegeben von K. Lachmann, Berlin 1838–1840.

Magnus Gottfried Lichtwer (1719–1783): *Der Affe und die Uhr* (S. 123) aus: M. G. L.: *Herrn M. G. Lichtwers auserlesene verbesserte Fabeln und Erzählungen in zweyen Büchern*, Johann Jacob Weitbrecht, Greifswalde und Berlin 1761, S. 90. *Der Löwe und Affe* (S. 122) aus: M. G. L: *Vier Bücher aesovischer Fabeln in gebundener Schreib=Art*, Wolffgang Deer, Leipzig 1748, S. 106 f.

Fred G. Merfield: *Der kettenrauchende Schimp** (S. 37) aus: F. G. M.: *Gorillas waren meine Nachbarn*, deutsch von Anneliese Schmundt-Wyneken. Copyright © 1961 by Adolf Sponholtz Verlag, Hannover. Abdruck mit freundlicher Genehmigung.

Gustav Meyrink (ursprünglich Gustav Meyer, 1868–1932): *Schöpsoglobin* (S. 133) aus: G. M.: *Des deutschen Spießers Wunderhorn. Gesammelte Novellen*, Band 1, Ullstein Langen Müller Verlag, München 1913. Abdruck mit freundlicher Genehmigung.

Monty Python (= Graham Chapman [1941–1989], John Cleese [geb. 1939], Terry Gilliam [geb. 1949], Eric Idle [geb. 1943], Terry Jones [geb. 1942], Michael Palin [geb. 1943]): *Aus dem afrikanischen Tagebuch von Colonel B. B. Wakenham-Palsh M. C., O. B. E.*, deutsch von Thomas Bodmer (S. 44) aus: *Das Hausbuch der literarischen Hochkomik*, herausgegeben von Bernd Eilert, Haffmans Verlag, Zürich 1987, S. 1093–1099.

Christian Morgenstern (1871–1914): *Wie sich das Galgenkind die Monatsnamen merkt* (S. 401), *Das Vermächtnis* (S. 95) aus: C. M.: *Alle Galgenlieder*, nach der ersten Gesamtausgabe von Bruno Cassirer, 1932.

Robert Musil (1880–1942): *Die Affeninsel* (S. 239) aus: R. M.: *Gesammelte Werke*, herausgegeben von Adolf Friesé, Band 3. *Prosa. Dramen. Späte Briefe.* Copyright © 1957 by Rowohlt Verlag, Reinbeck bei Hamburg. Abdruck mit freundlicher Genehmigung.

Friedrich Nietzsche (1844–1900): *Was ist der Affe für den Menschen?** (S. 110) aus: F. N.: *Also sprach Zarathustra*, Kröners Taschenbuchausgabe mit einem Nachwort von K. Hildebrandt, Kröner Verlag, Leipzig 1931.

Franz Pocci (1807–1876): *Schimpanse, der Darwinaffe* (S. 79) aus: F. P.: *Sämtliche Kasperle Komödien*, herausgegeben von E. Schmidt, 1909.

Edgar Allan Poe (1809–1849): *Die Morde in der Rue Morgue* (S. 249) aus: E. A. P.:

Werke, Walter Verlag, Olten 1973. Abdruck mit freundlicher Genehmigung der Arno-Schmidt-Stiftung, Bargfeld.

Emil Reinecke: *Der schlaue Affe* (S. 42) aus: *Der Rabe 7*, Haffmans Verlag, Zürich 1984, S. 141 f. Zuerst in *Für Kinder, die gern lachen. Ein Bilderbuch*, Braun & Schneider Verlag, München 1910.

Johann Gottfried Schnabel (1692–nach 1750): *Affenliebe** (S. 341) aus: *Der Rabe 13*, Haffmans Verlag, Zürich 1986, S. 35 f. Es handelt sich um einen Auszug aus dem Monumentalroman *Wunderliche Fata einiger See-Fahrer, absonderlich Alberti Julii, eines geborenen Sachsens, auf der Insel Felsenburg.*

Arthur Schopenhauer (1788–1860): *Vom Intellekt** (S. 107), zusammengestellt aus: A. Sch.: *Werke in fünf Bänden*, herausgegeben von Ludger Lütkehaus, Haffmans Verlag, Zürich 1991, und zwar: *Kleinere Schriften*, S. 234 f. und 237 f.; *Die Welt als Wille und Vorstellung*. 2. Band, welcher die Ergänzungen zu den vier Büchern des ersten Bandes enthält, S. 326 und 462 f.; *Parerga und Paralipomena, Kleine philosophische Schriften*, 2. Band, S. 69.

Georg Schwidetzky (1875–ca. 1948): *Wörterbücher des Schimpansischen und des Pongonischen** (S. 383) aus: G. S.: *Schimpansisch. Urmongolisch. Indogermanisch*, Deutscher Verlag, Leipzig 1932, S. 46–51 sowie G. S.: *Rasse und Sprache 3. Pongonisch, Urdinarisch und Indogermanisch*, Verlag der Gesellschaft [für Tier- und Ursprachenforschung], Leipzig 1936, S. 17–19.

Joseph Sheridan Le Fanu (1814–1873): *Grüner Tee*, deutsch von Elisabeth Schnack (S. 300) aus: J. S. Le Fanu: *Unheimliche Geschichten*, herausgegeben von Walter Meier. Copyright © 1956 by Manesse Verlag, Zürich. Abdruck mit freundlicher Genehmigung.

Hans Traxler (geb. 1929): *Albert Schweitzer in Lambarene* (S. 372) aus: H. T.: *Freud in der Krise. 18 Bildergeschichten*. Copyright © 1988 by Diogenes Verlag, Zürich. Abdruck mit freundlicher Genehmigung.

Kurt Tucholsky (1890–1935): *Affenkäfig* (S. 237) aus: K. T.: *Gesammelte Werke*, herausgegeben von Mary Gerold-Tucholsky und Fritz J. Raddatz, Band 3. 1921–1924. Copyright © 1975 by Rowohlt Verlag, Reinbek bei Hamburg. Abdruck mit freundlicher Genehmigung.

Jules Verne (1828–1905): *Gil Braltar*, deutsch von Volker Dehs (S. 125). Deutsche Erstveröffentlichung in: J. V.: *Le Chemin de France*, J. Hetzel, Paris 1887.

Voltaire (eigentlich François Marie Arouet, 1694–1778): *Die Gunst der Damen** (S. 343) aus: V.: *Candide oder der Optimismus*, deutsch von Ilse Lehmann. Copyright © 1972 by Sammlung Dieterich Verlagsgesellschaft, Leipzig. Abdruck mit freundlicher Genehmigung.

Robert Walser (1878–1956): *Der Affe* (S. 351) aus: *Das Gesamtwerk*, herausgegeben von Jochen Greven, Band 3. *Poetenleben. Seeland. Die Rose.* Copyright © 1967 by Suhrkamp Verlag, Frankfurt/Main. Abdruck mit freundlicher Genehmigung.

Johann Gottlieb Willamov (1736–1777): *Zwei Affen* (S. 124) aus: J. G. W.: *Sämtliche Poetische Schriften*, 1779.

Wu Cheng-en (ca. 1500–1582): *Wege zur Weisheit** (S. 111) aus: W. Ch.: *Monkeys Pilgerfahrt*, deutsch von Georgette Boner und Maria Nils nach der englischen Übertragung von Arthur Waley. Copyright © 1980 by Hugendubel Verlag, München. Abdruck mit freundlicher Genehmigung.

Dieter E. Zimmer (geb. 1934): *Die sprechenden Affen* (S. 390) aus: D. E. Z.: *So kommt der Mensch zur Sprache. Über Spracherwerb, Sprachentstehung und Sprache & Denken*, Haffmans Verlag, Zürich 1986, S. 110–118.